U0946257

Xilinx FPGA/CPLD 设计初级教程

沈 涛 李传志
编著
张小平 李 斌

西安电子科技大学出版社

2009

内 容 简 介

本书介绍了美国 Xilinx 公司的 FPGA 和 CPLD 产品的基本结构、硬件描述语言 Verilog HDL 的编程方法以及一些设计技巧。

本书分为上、下两篇。上篇为基础内容，其中第 1 章介绍了可编程逻辑器件的发展史及 Xilinx 的 FPGA、CPLD 器件的基本结构和工作原理；第 2 章介绍了 Xilinx 产品的器件资源；第 3、4 章介绍了硬件描述语言 Verilog HDL 及其编程方法；第 5 章介绍了数字电路设计中一些最基本的设计技巧；第 6 章介绍了 Xilinx FPGA 器件中全局时钟资源的使用；第 7 章简单介绍了 PicoBlaze 软核的工作流程。下篇为实验案例，详细介绍了使用 Xilinx 公司的 ISE 开发工具设计数字电路的八个实验。

本书的最大特色是强调培养初学者的动手能力。

本书可作为各高校数字电路相关专业课程的教材，也可作为 FPGA/CPLD 初学者的参考用书。

★本书配有电子教案，需要者可登录出版社网站，免费下载。

图书在版编目（CIP）数据

Xilinx FPGA/CPLD 设计初级教程 / 沈涛等编著. —西安：西安电子科技大学出版社，2009. 9

ISBN 978 - 7 - 5606 - 2257 - 6

Ⅰ. X… Ⅱ. 沈… Ⅲ. 可编程逻辑器件—系统设计—教材 Ⅳ. TP332.1

中国版本图书馆 CIP 数据核字(2009)第 071684 号

策　　划　戚文艳

责任编辑　许青青　戚文艳

出版发行　西安电子科技大学出版社(西安市太白南路 2 号)

电　　话　(029)88242885　88201467　邮　　编　710071

网　　址　www.xduph.com　电子邮箱　xdupfxb001@163.com

经　　销　新华书店

印刷单位　陕西天意印务有限责任公司

版　　次　2009 年 9 月第 1 版　2009 年 9 月第 1 次印刷

开　　本　787 毫米×1092 毫米　1/16　印　张　15.25

字　　数　359 千字

印　　数　1～4000 册

定　　价　23.00 元

ISBN 978 - 7 - 5606 - 2257 - 6/TN・0512

XDUP 2549001-1

＊＊＊ 如有印装问题可调换 ＊＊＊

本社图书封面为激光防伪覆膜，谨防盗版。

前 言

众所周知，集成电路的出现引领了一场新的技术革命，目前这场革命仍在继续。有人预测，这场革命最终的领导者将是大规模可编程器件——FPGA。随着整个电子行业对FPGA/CPLD的依赖性越来越大，FPGA技术及Verilog HDL/VHDL硬件描述语言编程已成为电子工程师所必备的技能。有数据显示，在未来数年内，整个电子行业对FPGA人才的需求将会逐年增加。除此之外，越来越多的高校开始注重学生自身动手能力的培养，已经开始有意识地由应试教育向素质教育转变。国内许多大学的课程体系中，已经出现了与FPGA/CPLD技术及Verilog语言相关的教学计划，或正在筹划此类课程的开展。

基于以上原因，编者认为，市场上需要这样一本有关FPGA/CPLD技术的入门级参考书：

(1) 此参考书面向且仅面向FPGA/CPLD技术的初学者，内容通俗易懂；

(2) 此参考书除了讲述FPGA/CPLD技术的基础理论知识外，还应该配备由简到难的阶梯式实验案例；

(3) 此参考书应该配备低成本的硬件实验平台，并保证书中所介绍的实验案例能够在此硬件平台上验证。

为此，上海星尘电子科技有限公司集合本公司的技术力量，从技术人员的实际学习经验及工程经验出发，按以上3点要求编写了本书，并且为本书设计了低成本的EZBoard CPLD开发板。该开发板的板上硬件资源及实验案例与教材内容紧密结合，完全可以使初学者完成基础实验，更好地掌握书中所介绍的内容。书中有关FPGA/CPLD的理论及实验案例等内容围绕着全球最大的FPGA供应商——美国Xilinx公司的产品及软件开发环境展开。

本书由沈涛、李传志、张小平和李斌共同编著。其中，高级工程师沈涛在书面内容及实验案例整理方面做了大量工作，FPGA教育顾问李斌对本书的内容及结构等提出了宝贵意见，硬件工程师赵鑫出色地完成了EZBoard开发板的硬件设计工作。

由于时间仓促，书中难免会有不足之处，恳请读者不吝赐教。

编 者

2009年5月

目　录

上篇　基础内容

下篇 实验案例

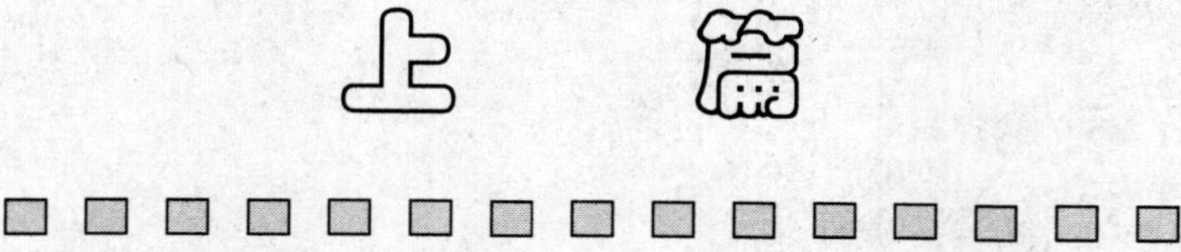

基础内容

第 1 章　PLD 概 述

1.1　PLD 发展历程

在数字化时代的今天，我们到处都可以见到数字产品的“身影”。随着数字技术的发展，数字产品在性能提高和复杂度增大的同时，其更新换代的步伐也越来越快，导致这一现象的根本原因在于半导体生产制造和电子设计技术的进步。

著名的摩尔先生曾经对半导体的发展做出预言：大约每 18 个月，芯片的集成度提高 1 倍，功耗下降为原来的 1/2。他的预言被人们称为摩尔定律(Moore's Law)。几十年来，集成电路的发展与这个预言惊人地吻合，数字器件经历了从 SSI (Small Scale Integrated circuites，小规模集成电路)、MSI (Medium Scale Integrated circuites，中规模集成电路)、LSI (Large Scale Integrated circuites，大规模集成电路)、VLSI(Very Large Scale Integrated circuites，超大规模集成电路)到 ULSI(Ultra Large Scale Integrated circuites，甚大规模集成电路)，直到现在的 SoC(System on Chip，系统级芯片)。目前我们已经能够把一个完整的电子系统集成在一个芯片上。此外，还有一种器件的发明与使用使我们设计制作电子系统的方法大为改观，这就是可编程逻辑器件(Programmable Logic Device，PLD)。PLD 器件是 20 世纪 70 年代后在 ASIC 设计的基础上发展起来的新型逻辑器件，它可以利用软件将设计者用硬件语言描述的电路特性转化成硬件电路。在实际应用中它简化了电路设计，降低了开发成本等，因此 PLD 器件的出现给数字系统的设计方式带来了革命性的变化。

PLD 器件自出现以来，其工艺和结构经历了不断的发展与变革。

在 20 世纪 70 年代初，可编程器件只有简单的可编程只读存储器(PROM)、紫外线可擦除只读存储器(EPROM)和电可擦除只读存储器(EEPROM)三种。由于结构的限制，它们只能完成简单的数字逻辑功能。

20 世纪 70 年代中期，可编程逻辑阵列(Programmable Logic Array，PLA)与可编程阵列逻辑(Programmable Array Logic，PAL)相继出现了。PLA 器件在结构上由一个可编程的与阵列和一个可编程的或阵列构成，阵列规模较小，编程也较繁琐；PAL 器件由一个可编程的与阵列和一个固定的或阵列构成，采用熔丝编程方式，其设计较灵巧，器件速度快，因而成为第一个得到普遍应用的 PLD 器件。

20 世纪 80 年代初，美国的 Lattice 公司发明了通用阵列逻辑(Generic Array Logic，GAL)。

GAL 器件采用了输出逻辑宏单元(Output Logic MicroCell，OLMC)结构和 EEPROM 工艺，具有可编程、可擦除、可长期保存数据的优点，且使用灵活，所以得到了广泛的应用。

这些早期的 PLD 器件虽然有较快的逻辑运算速度，但其过于简单的结构也使它们只能用于规模较小的电路。为了弥补这一缺陷，在 20 世纪 80 年代中期以后，相继出现了现场可编程门阵列（Field Programmable Gate Array，FPGA）器件和复杂可编程逻辑器件（Complex Programmable Logic Device，CPLD）。

FPGA 是 1985 年美国 Xilinx 公司推出的一种采用单元型结构的新型 PLD 器件。它采用 CMOS、SRAM 工艺制作，在结构上与简单的阵列型 PLD 不同，它的内部由许多独立的可编程逻辑单元构成，各逻辑单元之间可以灵活地相互连接，具有密度高、速度快、编程灵活、可重新配置等优点。因此，FPGA 成为当前主流的 PLD 器件之一。

CPLD 是从 PAL 和 GAL 器件发展起来的，相对而言规模大，结构复杂，属于大规模集成电路范围。CPLD 也是当前另一主流的 PLD 器件。

现在 PLD 器件仍向着高密度、高速度、低功耗的方向发展。特别是 FPGA 器件，现在它的集成度已经不能和以前的 FPGA 相提并论。另外，由于专用集成电路(ASIC)芯片设计具有周期长、难点多、耗资大等缺点，因此用 PLD 器件来代替一般的 ASIC 芯片进行设计已经成为一种发展趋势。

1.2 PLD 器件的分类

可编程逻辑器件有很多种，因为公司不同，可编程逻辑器件的结构和特点也随之不同。按照不同的标准，PLD 器件可以按照集成度、编程特点、结构特点等来分类。集成度、功耗等是可编程逻辑器件的重要指标，所以这里着重介绍 PLD 器件按集成度的分类。

按照可编程逻辑器件的集成度，PLD 器件可以分为简单的 PLD 和复杂的 PLD。现在简单的 PLD 器件已经很少生产和使用，而复杂的 PLD 器件已成为当前 PLD 的主流器件。

1. 简单的 PLD

简单的 PLD 包括 PROM、PLA、PAL 和 GAL 四种器件。

1) 可编程只读存储器(Programmable Read-Only Memory，PROM)

PROM 是最早的 PLD 器件，编写和修改受到极大限制，只能完成一次编写，并且不能擦除。之后又出现了紫外线可擦除只读存储器(EPROM)和电可擦除只读存储器(EEPROM)。它们都具有成本低、编程容易的特点，但由于结构的限制，它们只能完成简单的数字逻辑功能。

2) 可编程逻辑阵列(Programmable Logic Array，PLA)

可编程逻辑阵列简称 PLA，它是一种可程式化的装置，可用来实现组合逻辑电路。PLA 具有一组可程式化的 AND 阶，AND 阶之后连接一组可程式化的 OR 阶，这样可以达到只在符合设定条件时才允许产生逻辑信号输出。

3) 可编程阵列逻辑(Programmable Array Logic，PAL)

PAL 是 20 世纪 70 年代末由 MMI 公司率先推出的一种可编程逻辑器件。它采用双极型工艺制作，并采用熔丝编程方式。PAL 器件由可编程的与逻辑阵列、固定的或逻辑阵列和输出电路三部分组成。通过对与逻辑阵列编程可以获得不同形式的组合逻辑函数。

4) 通用阵列逻辑(Generic Array Logic，GAL)

通用阵列逻辑器件是在 PAL 器件的基础上发展起来的新一代增强型器件，它直接继承了 PAL 器件的“与或”阵列结构，利用灵活的输出逻辑宏单元 OLMC 结构来增强输出功能，同时采用电子标签和宏单元结构字符等新技术和 EECMOS 新工艺，具有可擦除、可重新编程和可重新配置其结构等功能。用 GAL 器件设计逻辑系统，不仅灵活性大，而且能对 PAL 器件进行仿真，并能完全兼容。

以上四种简单的 PLD 器件都基于“与或”阵列结构。

2. 复杂的 PLD

复杂的 PLD 主要包括 CPLD 和 FPGA 两类器件，这两类器件是当前 PLD 器件的主流。

1) 复杂可编程逻辑器件(Complex Programmable Logic Device，CPLD)

CPLD 是一种用户根据各自需要而自行构造逻辑功能的数字集成电路。其基本设计方法是借助集成开发软件平台，用原理图、硬件描述语言等方法生成相应的目标文件，通过下载电缆（“在系统”编程）将代码传送到目标芯片中，实现设计的数字系统。它具有编程灵活、集成度高、设计开发周期短、适用范围宽、开发工具先进、设计制造成本低、对设计者的经验要求低、标准产品无需测试、保密性强、价格大众化等特点，可实现较大规模的电路设计，因此被广泛应用于产品的原型设计和产品生产中。

2) 现场可编程门阵列(Field Programmable Gate Array，FPGA)

FPGA 是在 PAL、GAL、PLD 等可编程器件的基础上进一步发展的产物。它是作为专用集成电路(ASIC)领域中的一种半定制电路出现的，既解决了定制电路的不足，又克服了原有可编程器件门电路数有限的缺点。FPGA 采用了逻辑单元阵列 LCA(Logic Cell Array)这样一个新概念，内部包括可配置逻辑模块 CLB(Configurable Logic Bolck)、输入/输出模块 IOB(Input Output Block)和内部连线(Interconnect)三个部分。可以说，FPGA 芯片是小批量系统提高系统集成度、可靠性的最佳选择之一。

1.3 简单的 PLD 器件结构

任何组合逻辑表达式都可以化为“与或”表达式，因此用与门和或门组成的二级阵列硬件电路可以代替任何组合逻辑表达式。这类似于数字表达式中只有乘、加运算一样，只要先乘后加进行两级运算后就可以得出各种结果。简单的 PLD 器件采用“与或”逻辑电路的结构，再加上可以灵活配置的互连线及存储元件，从而实现任意的逻辑功能。

PROM、PLA、PAL 和 GAL 这四种简单的 PLD 器件都基于“与或”阵列结构，不过在其内部逻辑控制阵列上有一些不同，具体如表 1.1 所示。

表 1.1 四种简单的 PLD 器件的区别

器件	与阵列	或阵列	电路构造性质
PROM	固定	可编程	固定
PLA	可编程	可编程	固定
PAL	可编程	固定	固定
GAL	可编程	固定	可组态

PROM 的阵列结构如图 1.1 所示，PROM 中包含一个固定的“与阵列”和一个可编程的“或阵列”，图中所示的 PROM 有 4 个输入端、16 个乘积项、4 个输出端。其中，“•”表示固定连接点，“∘”表示可编程连接点。

PLA 器件的阵列结构如图 1.2 所示，它的“与阵列”和“或阵列”都是可编程的。PAL 和 GAL 器件的门阵列结构是相同的，即“与阵列”是可编程的，“或阵列”是固定的。图 1.3 所示为 PAL 和 GAL 的阵列结构。

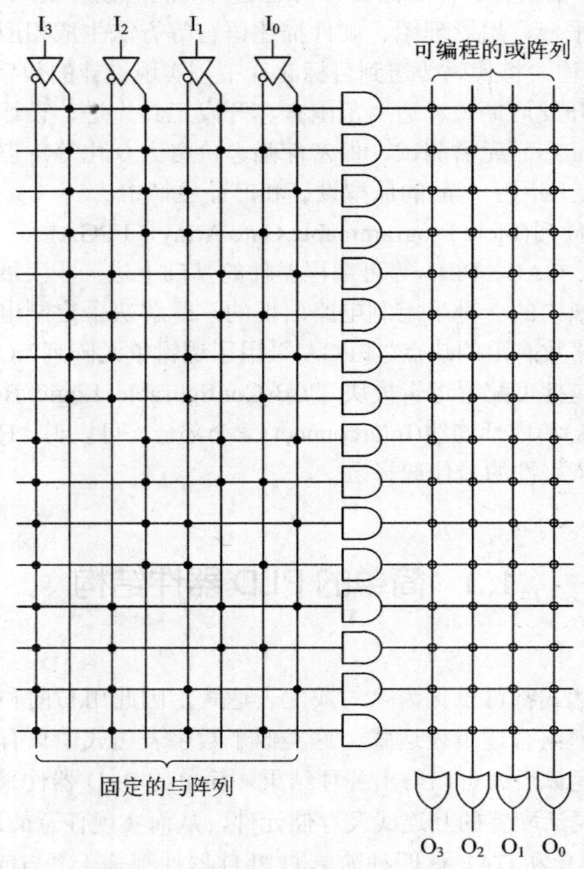

图 1.1 PROM 的阵列结构

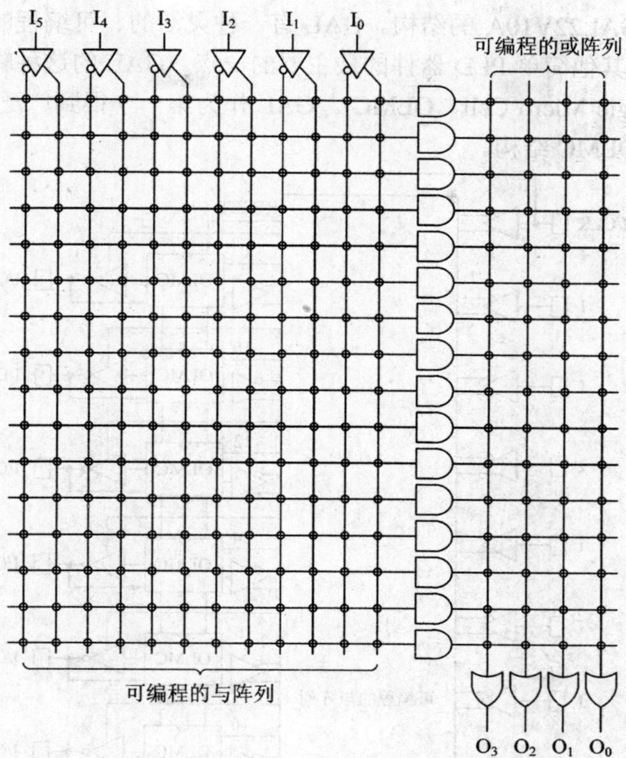

图 1.2　PLA 的阵列结构

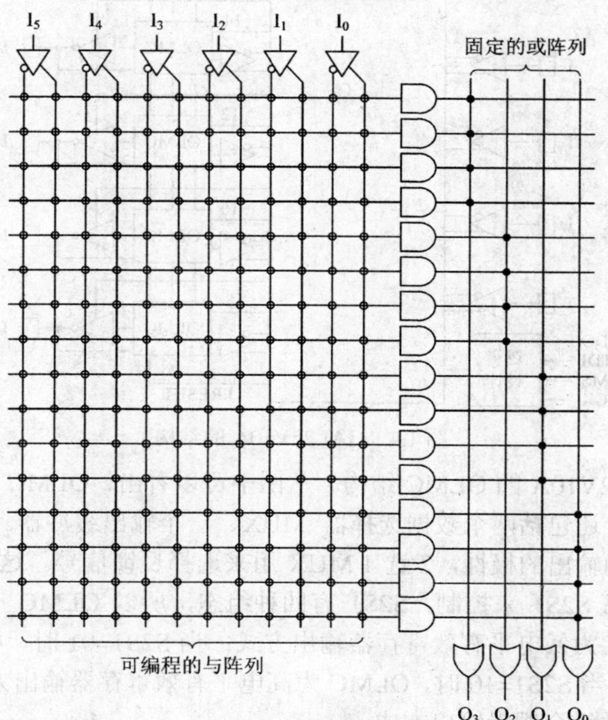

图 1.3　PAL 与 GAL 的阵列结构

图 1.4 给出了 GAL22V10A 的结构。GAL 有一种灵活的、可编程的输出结构，这也是 GAL 区别于 PAL 和其他简单 PLD 器件的最主要的一点。GAL 的这种输出结构称为输出逻辑宏单元(Output Logic Micro Cell，OLMC)。GAL 作为第一个得到广泛应用的 PLD 器件，其许多优点都源于 OLMC 结构。

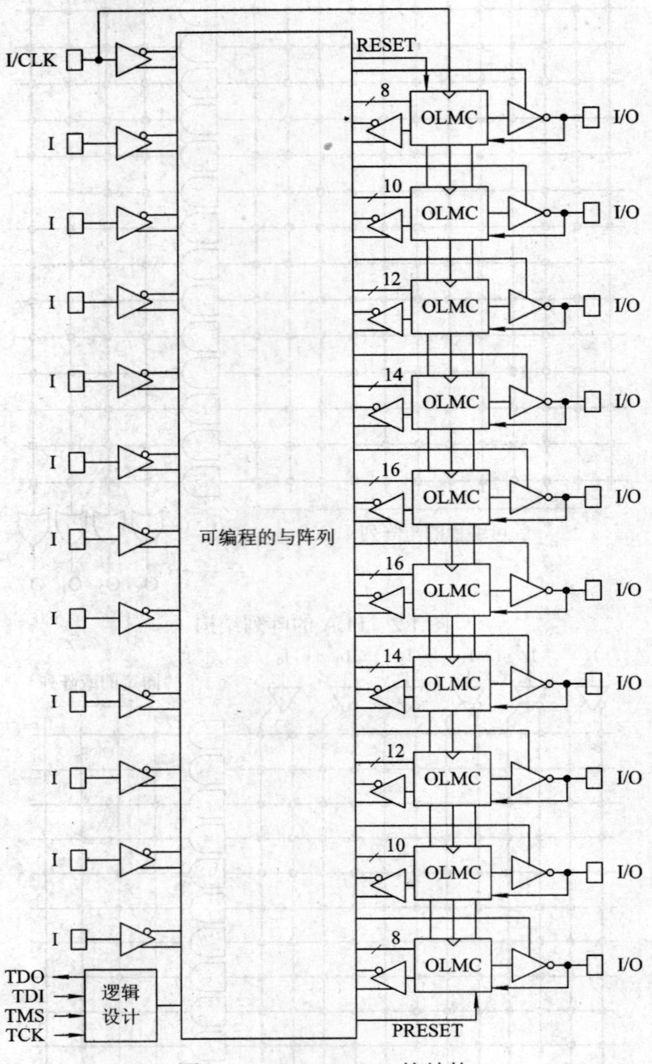

图 1.4　GAL22V10A 的结构

图 1.5 是 GAL22V10A 的 OLMC 结构。从图中可以看出，OLMC 主要由“或”门和 D 触发器构成，此外，还包括两个数据选择器 MUX、一个输出缓冲器。其中，4 选 1 MUX 用来选择输出方式和输出的极性，2 选 1 MUX 用来选择反馈信号。这两个 MUX 的状态由两位可编程的特征码 S2S1 来控制，S2S1 有四种组态，所以 OLMC 有 4 种输出方式。当 S2S1=00 时，OLMC 为低电平有效寄存器输出方式；当 S2S1=01 时，OLMC 为低电平有效组合逻辑输出方式；当 S2S1=10 时，OLMC 为高电平有效寄存器输出方式；当 S2S1=11 时，OLMC 为高电平有效组合逻辑输出方式。

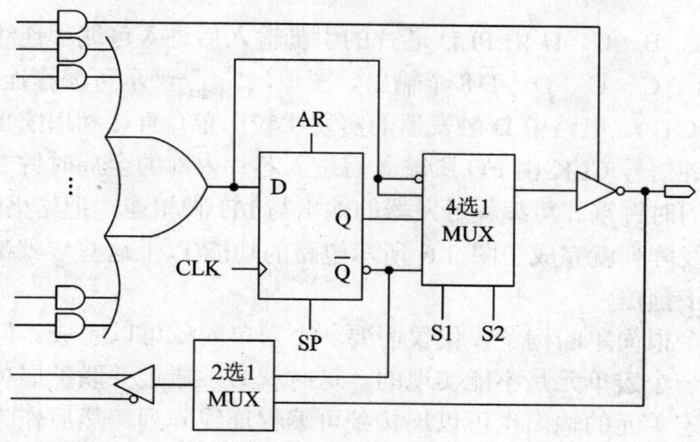

图 1.5　GAL22V10A 的 OLMC 结构

1.4　FPGA/CPLD 的基本概念

Xilinx 把基于查找表(Look Up Table，LUT)技术、SRAM 工艺、要外挂配置用的 EEPROM 的 PLD 称为 FPGA；把基于乘积项(Product Items)技术、Flash(类似于 EEPROM)工艺的 PLD 称为 CPLD。

1.4.1　基于乘积项的 CPLD 结构和原理

简单的 PLD 和 CPLD 都是基于乘积项结构的器件。下面以一个简单的逻辑电路(如图 1.6 所示)为例，具体说明简单的 PLD 和 CPLD 器件是如何利用其结构实现逻辑功能的。

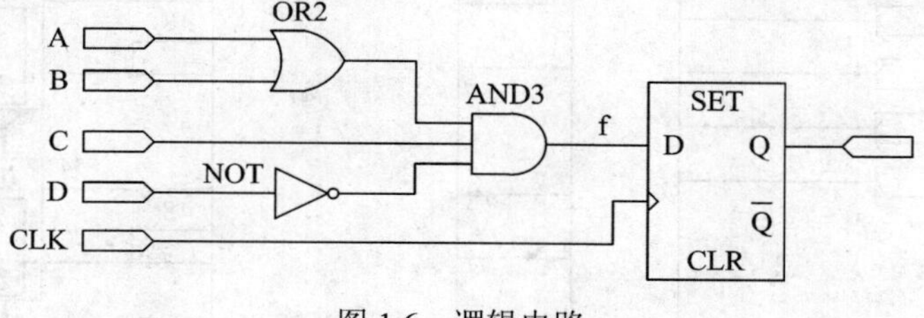

图 1.6　逻辑电路

由图 1.6 可知，$f=(A+B)C(\overline{D})=AC\overline{D}+BC\overline{D}$。简单的 PLD 和 CPLD 器件将以图 1.7 的方式来实现组合逻辑 f 的输出。

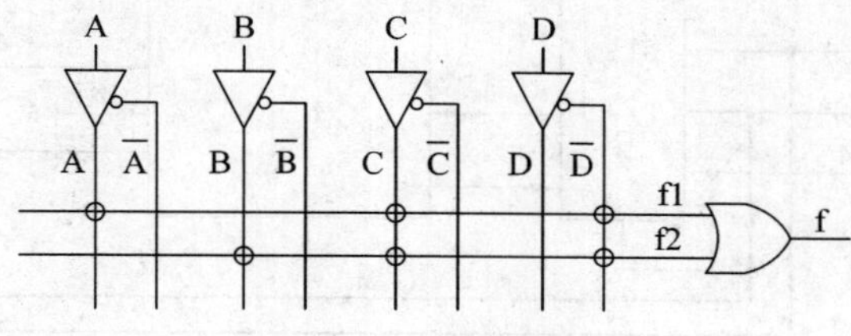

图 1.7　可编程连线阵列

在图 1.7 中，A、B、C、D 由 PLD 芯片的引脚输入后进入可编程连线阵列，在内部会产生 A、$\overline{A}$、B、$\overline{B}$、C、$\overline{C}$、D、$\overline{D}$ 8 个输出。图中，“ ◦ ”表示可编程连接点，所以得到：f=f1+f2=(AC$\overline{D}$)+(BC$\overline{D}$)。电路中 D 触发器的实现比较简单，直接利用宏单元中的可编程 D 触发器来实现。时钟信号 CLK 由 I/O 脚输入后进入芯片内部的全局时钟专用通道，直接连接到可编程触发器的时钟端。可编程触发器的输出与 I/O 脚相连，把结果输出到芯片引脚。这样通过可编程连线阵列就完成了图 1.6 所示电路的功能(以上这些步骤都是由软件自动完成的，不需要人为干预)。

上述电路是一个很简单的例子，仅仅需要一个宏单元就可以完成。但是对于一个复杂的电路而言，仅仅一个宏单元是不能实现的，这时就必须通过并联扩展项和共享扩展项将多个宏单元相连，宏单元的输出也可以连接到可编程连线阵列，然后作为另一个宏单元的输入。这样基于乘积项的 PLD 器件就可以实现更加复杂的逻辑功能。

这种基于乘积项的 PLD 基本都是由 EEPROM 和 Flash 工艺制造的，一上电就可以工作，无需其他芯片配合。

CPLD 是高密度的可编程逻辑器件的一个典型代表，其在硬件电路优化设计中的影响力是相当大的。Xilinx 公司的 CPLD 以其操作灵活、使用方便、开发迅速、投资风险低、编程/擦除达一万次以上等特点，成为一种具有竞争力的产品。Xilinx 的 CPLD 主要有 5 V 的 XC9500 系列、3.3 V 的 XC9500XL 系列以及低功耗的 Cool Runner CPLD 系列。下面我们着重介绍 XC9500XL 系列 CPLD 的基本结构和工作原理。图 1.8 为 XC9500XL 3.3 V 系列 CPLD 的结构框图。

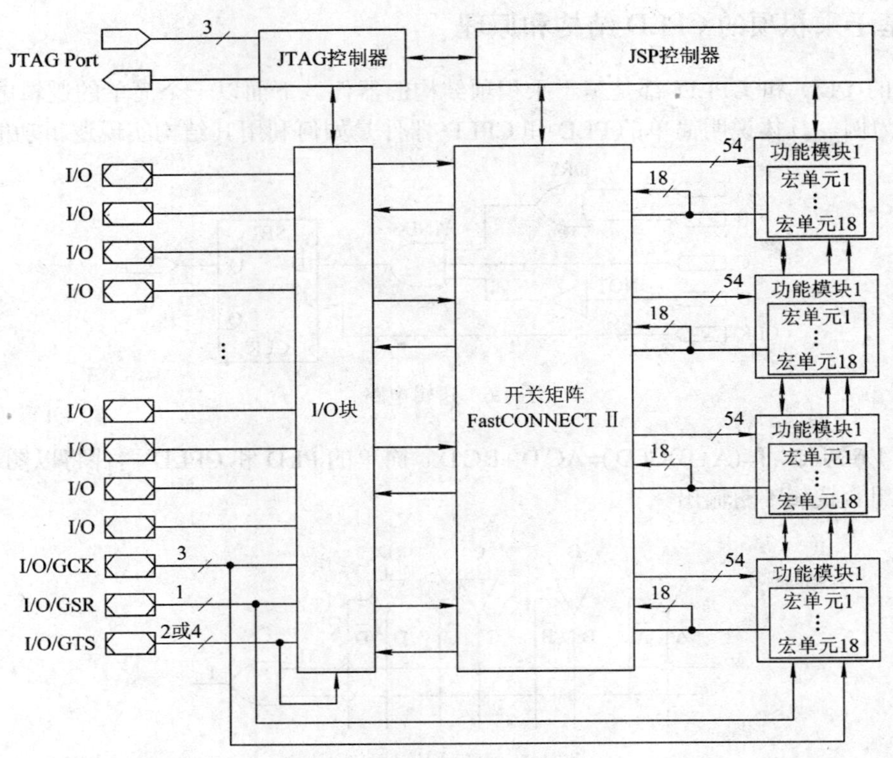

图 1.8　XC9500XL 的结构框图

每一个 XC9500XL 系列 CPLD 都由多个功能块和 I/O 块组成，I/O 块提供器件输入和输出的缓冲，每个功能块提供具有 54 个输入和 18 个输出的可编程逻辑的容量。可用开关矩阵 FastCONNECT Ⅱ连接所有功能块的输出、输入信号。每个功能块有高达 18 个输出(根据封装的引脚数)和相对应的输出使能信号直接驱动 I/O 块。

1. 功能块

每个功能块均由 18 个独立的宏单元构成。其中每个宏单元都可以实现一定的组合逻辑或寄存器功能。功能块也可以接收全局时钟信号、输出使能信号和置位/复位信号。功能块共有 18 路输出，用于驱动开关矩阵 FastCONNECT Ⅱ。这 18 路输出以及它们相应的输出使能信号也用于驱动 I/O 块。

功能块内的逻辑利用一个乘积和表达式来实现功能。54 个输入提供了 108 种信号输入给与阵列，产生 90 个乘积项，这些乘积项可通过乘积项分配器分配给每个宏单元。

2. 宏单元

每个 XC9500XL 器件的宏单元都可以独立配置实现一种组合逻辑功能或时序逻辑功能。

3. 乘积项分配器

乘积项分配器用于控制输入给每个宏单元的 5 个直接输入乘积项的使用。另外，乘积项分配器还可以对功能块内的其他乘积项进行重新配置，以增强一个宏单元除五个直接输入乘积项之外的逻辑容量。任何一个需要附加的乘积项宏单元都可以利用在功能块内的其他宏单元的乘积项。

4. 开关矩阵 FastCONNECT Ⅱ

开关矩阵 FastCONNECT Ⅱ将信号与功能块输入连接在一起。所有 I/O 块输出(相应的用户引脚的输入)和所有功能块输出驱动开关矩阵 FastCONNECT Ⅱ。

5. I/O 块

I/O 块(IOB)为 CPLD 的内部逻辑和芯片的用户 I/O 引脚之间的连接提供接口。每个 I/O 块均包括一个输入缓冲器、输出驱动器、输出使能多路选择器以及用户可编程的接地控制。

1.4.2　基于查找表的 FPGA 结构和原理

查找表(Look Up Table)简称 LUT，LUT 本质上就是一个 RAM。目前 Xilinx FPGA 中多采用 4 输入的 LUT 结构(Virtex-5 器件中采用 6 输入 LUT)，所以每一个 LUT 可以看成一个有 4 位地址线的 16×1 的 RAM。当用户通过原理图或 HDL 语言描述一个逻辑电路后，PLD/FPGA 开发软件会自动计算逻辑电路的所有可能的结果，并把结果事先写入 RAM 中。这样，每输入一个信号进行逻辑运算就等于输入一个地址进行查表，找出地址对应的内容，然后输出结果即可。表 1.2 是一个 4 输入与门的例子。

表 1.2　4 输入与门逻辑电路的 LUT 实现

实际逻辑电路		LUT 的实现方式	
a b c d out		地址线 a b c d 16×1 RAM (LUT) 输出	
a，b，c，d 输入	逻辑输出	地址	RAM 中存储的内容
0000	0	0000	0
0001	0	0001	0
...	0	...	0
1111	1	1111	1

Xilinx FPGA 器件是基于 LUT 结构设计的可编程逻辑芯片。下面我们看一下 Xilinx Spartan-Ⅱ的内部结构，如图 1.9 所示。

Spartan-Ⅱ主要包括 CLB、I/O 块、RAM 块和 DLL。在 Spartan-Ⅱ中，一个 CLB 包括 4 个 Slice，每个 Slice 包括两个 LUT、两个触发器和相关逻辑。Slice 可以看成是 Spartan-Ⅱ实现逻辑的最基本结构(Xilinx 其他系列，如 Spartan-XL，Virtex 的结构与此稍有不同，具体请参阅芯片数据手册)。

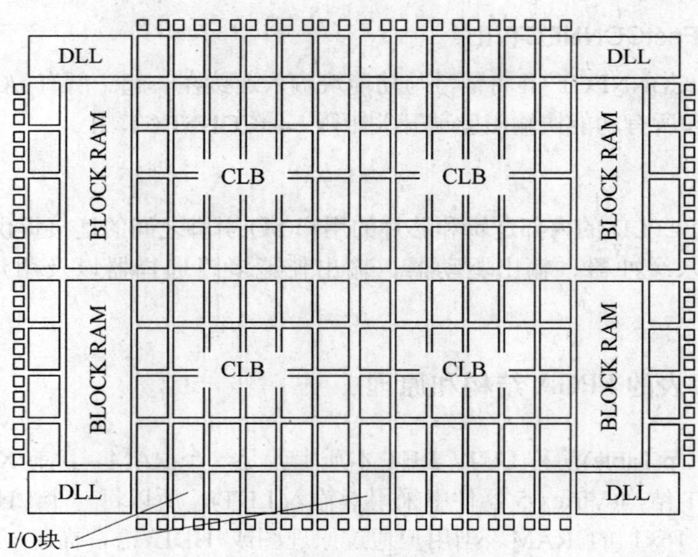

图 1.9　Spartan-Ⅱ系列 FPGA 的基本结构框图

1. 可配置逻辑块(Configurable Logic Block，CLB)

每个 CLB 包含 4 个 Slice，如图 1.10 所示。

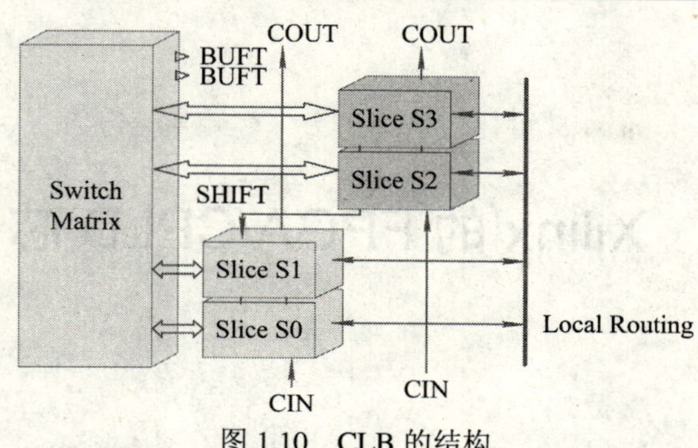

图 1.10　CLB 的结构

(1) 本地布线资源(Local Routing)提供在同一个 CLB 内 Slice 之间的连接，以及和相邻 CLB 之间的连接。

(2) 切换矩阵模块(Switch Matrix)提供 Slice 与通用布线资源的连接。

(3) CLB 中包含 2 个三态缓冲(BUFT)，可以被 16 个输出访问。

2. I/O 块

FPGA 的 I/O 块为芯片提供各种输入/输出端口。

3. RAM 块

在 Spartan-Ⅱ系列 FPGA 中有几个大的 RAM 块。这些 RAM 块是按列排列的。所有的 Spartan-Ⅱ系列 FPGA 器件都有两个这样的列，它们沿着芯片的垂直边排列。每个 RAM 是一个完全同步的 4096 bit 的双端 RAM，其中每一端都有独立的控制信号，可独立配置两个端口的数据宽度。

4. 延迟锁相环(DLL)

在 Spartan-Ⅱ系列 FPGA 中，与每个全局时钟输入缓冲器相连一个数字式的延迟锁相环。具体的 DLL 功能将在第 6 章中详细介绍。

由于 LUT 主要适合 SRAM 工艺生产，所以目前大部分 FPGA 都基于 SRAM 工艺，而基于 SRAM 工艺的芯片在掉电后信息就会丢失，必须外加一片专用配置芯片，在上电时，由这个专用配置芯片把数据加载到 FPGA 中，FPGA 才可以正常工作。由于配置时间很短，因此不会影响系统正常工作。此外，也有少数 FPGA 采用反熔丝或 Flash 工艺，对这种 FPGA，就不需要外加专用的配置芯片了。

上述 Spartan-Ⅱ芯片只是 Xilinx 公司的低端 FPGA 芯片，Xilinx FPGA 的一些高端芯片已经集成了更为高级的硬件模块，如 Virtex-Ⅱ Pro 芯片上集成了 Power PC 405 硬核处理器，用户可以在此芯片上进行嵌入式系统设计，Spartan-3ADSP 芯片上集成了高性能的 DSP48A 核，可完成高速的数字运算等。

习　题　1

1. 什么是 PLD 器件？PLD 器件的分类有哪些？
2. CPLD 与 FPGA 在结构和原理上有什么明显的区别？

第 2 章　Xilinx 的 FPGA/CPLD 芯片介绍

Xilinx 公司目前有两大类 FPGA 产品：Spartan 类和 Virtex 类，前者主要面向低成本的中低端应用，是目前业界成本最低的一类 FPGA；后者主要面向高端应用，属于业界的顶级产品。

2.1　FPGA 芯片介绍

2.1.1　Virtex 系列

Xilinx 以其 Virtex-5、Virtex-4、Virtex-Ⅱ Pro、Virtex-Ⅱ和 Virtex-E 系列 FPGA 产品引领现场可编程门阵列行业。目前在很多应用中可用 Virtex 系列 FPGA 来代替专用集成电路(Application Specific Integrated Circuit，ASIC)和专用标准产品(Application Specific Standard Parts，ASSP)，包括网络、电信、存储器、服务器、计算、无线、广播、视频、成像、医疗、工业和军用产品。

1. Virtex-5 系列

Virtex-5 器件是目前 Xilinx 公司生产的性能最好的系列器件产品。Virtex-5 包括 5 个子系列产品：LX、LXT、SXT、FXT、TXT。LX 系列器件用于实现高性能逻辑设计；LXT 系列器件用于实现具有低功耗串行连接功能的高性能逻辑设计；SXT 系列器件用于实现具有低功耗串行连接功能的 DSP 和存储器密集型应用；FXT 系列器件用于具有速率最高的串行连接功能的嵌入式处理；TXT 系列器件用于实现具有速率最高的串行连接功能的嵌入式处理，还可用于实现超高带宽应用。Virtex-5 的主要特点如下：

(1) 采用了最新的 65 nm 铜 CMOS 制造工艺技术，1.0 V 核电压，12 层金属提供最强的布线功能，并可容纳硬 IP 植入。

(2) Express Fabric 架构使用了真正的 6 输入 LUT，可以减少逻辑级数并提供超快速对角对称布线以降低连线延时。

(3) 550 MHz 的时钟技术，内置多达六个时钟管理模块(Clock Management Tile，CMT)，每个 CMT 包含两个 DCM 和一个 PLL/PMCD，时钟发生器总数多达 18 个，有 32 个时钟全局网络。

(4) 多达 1200 个用户 I/O，I/O 的选择范围为 1.2～3.3 V，可在所有的单端 I/O 上实现高达 800 Mb/s 的 HSTL 和 SSTL，在所有差分 I/O 对上实现高达 1.25 Gb/s 的 LVDS。

(5) LXT 和 SXT 平台上的低功耗 Rocket IO GTP 收发器实现了 100 Mb/s～3.75 Gb/s 串行协议，FXT 和 TXT 平台上性能最高的 Rocket IO GTX 收发器实现了 150 Mb/s～6.5 Gb/s 串行协议。

(6) FXT 系列的器件还内置了 Power PC 440 处理器模块，可用于嵌入式系统设计。

(7) 内置有 550 MHz DSP48E 模块，可实现 25×18 补数乘法运算，可用于增强性能的可选流水线级数、乘法累加(MACC)运算的可选 48 位累加器(可选择将累加器级联为 96 位)、复数乘法运算或乘加运算的集成加法器。

(8) 更加灵活的时钟管理管道结合了用于进行精确时钟相位控制与抖动滤除的新型 PLL 以及用于各种时钟综合的数字时钟管理器(DCM)。

(9) 采用第二代 sparse chevron 封装，改善了信号完整性，并降低了系统成本。

(10) 增强了器件配置，支持商用 Flash 存储器，从而降低了成本。

现有的 Virtex-5 系列产品的主要性能特征如表 2.1 所示。

表 2.1　Virtex-5 系列产品的主要性能特征

型　号	Slice	分布式 RAM/kb	块 RAM 容量/kb	DCM	PLL PMCD	DSP48E Slice	Power PC 440	以太网 MAC	最大 I/O 引脚
XC5VLX30	4800	320	1152	4	2	32	—	—	400
XC5VLX50	7200	480	1728	12	6	48	—	—	560
XC5VLX85	12 960	840	3456	12	6	48	—	—	560
XC5VLX110	17 280	1120	4608	12	6	64	—	—	800
XC5VLX155	24 320	1640	6912	12	6	128	—	—	800
XC5VLX220	34 560	2280	6912	12	6	128	—	—	800
XC5VLX330	51 840	3420	10 368	12	6	192	—	—	1200
XC5VLX20T	3120	210	936	2	1	24	—	2	172
XC5VLX30T	4800	320	1296	4	2	32	—	4	360
XC5VLX50T	7200	480	2160	12	6	48	—	4	480
XC5VLX85T	12 960	840	3888	12	6	48	—	4	480
XC5VLX110T	17 280	1120	5328	12	6	64	—	4	680
XC5VLX155T	24 320	1640	7632	12	6	128	—	4	680
XC5VLX220T	34 560	2280	7632	12	6	128	—	4	680
XC5VLX330T	51 840	3420	11 664	12	6	192	—	4	960
XC5VSX35T	5440	520	3024	4	2	192	—	4	360
XC5VSX50T	8160	780	4752	12	6	288	—	4	480
XC5VSX95T	14 720	1520	8784	12	6	640	—	4	640
XC5VSX240T	37 440	4200	18 576	12	6	1056	—	4	960
XC5VFX30T	5120	380	2448	4	2	64	1	4	360
XC5VFX70T	11 200	820	5328	12	6	128	1	4	640
XC5VFX100T	16 000	1240	8208	12	6	256	2	4	680
XC5VFX130T	20 480	1580	10 728	12	6	320	2	6	840
XC5VFX200T	30 720	2280	16 416	12	6	384	2	8	960
XC5VTX150T	23 200	1500	8208	12	12	80	1	4	680
XC5VTX240T	37 440	2400	11 664	12	6	96	1	4	680

2. Virtex-4 系列

Virtex-4 器件是 Virtex-5 的前一级系列产品，它包括的 3 个子系列分别是：Virtex-4 LX FPGA(面向逻辑密集的设计)、Virtex-4 SX FPGA(面向高性能信号处理应用)和 Virtex-4 FX FPGA(面向高速串行连接和嵌入式处理应用)。Virtex-4 的主要特点如下：

(1) 采用了 90 nm 铜 CMOS 制造工艺技术，1.2 V 核电压，4 输入 LUT。

(2) 550 MHz 的时钟技术，内置 20 个 DCM、32 个时钟全局网络。

(3) 多达 960 个用户 I/O，I/O 的选择范围为 1.5～3.3 V，在所有单端 I/O 上可实现高达 600 Mb/s 的 HSTL 和 SSTL，在所有差分 I/O 对上可实现高达 1 Gb/s 的 LVDS，支持 DDR、DDR-2 SDRAM、QDR-Ⅱ以及 RLDRAM-Ⅱ的存储器接口。

(4) 500 MHz DSP Slice 内置 18×18 位乘法器、乘法累加器或乘法加法器专用块，可用于增强性能的可选流水线级数、乘法累加运算的可选 48 位累加器(MACC)、复数乘法运算或乘加运算的集成加法器，以及可级联的乘法或 MACC 运算。

(5) FX 系列内置以太网 MAC 模块和 Power PC 405 处理器模块。

现有的 Virtex-4 系列产品的主要性能特征如表 2.2 所示。

表 2.2　Virtex-4 系列产品的主要性能特征

型号	Slice	分布式 RAM 容量 /kb	块 RAM 容量/kb	DCM	PMCD	DSP48E Slice	Power PC 405	以太网 MAC	I/O bank 数目
XC4VLX15	6144	96	864	4	0	32	—	—	9
XC4VLX25	10 572	168	1296	8	4	48	—	—	11
XC4VLX40	18 432	288	1728	8	4	64	—	—	13
XC4VLX60	26 624	416	2880	8	4	64	—	—	13
XC4VLX80	35 840	560	3600	12	8	80	—	—	15
XC4VLX100	49 152	768	4320	12	8	96	—	—	17
XC4VLX160	67 584	1056	5184	12	8	96	—	—	17
XC4VLX200	89 088	1392	6048	12	8	96	—	—	17
XC4VSX25	10 240	160	2304	4	0	128	—	—	9
XC4VSX35	15 360	240	3456	8	5	192	—	—	11
XC4VSX55	24 576	384	5760	8	5	320	—	—	13
XC4VFX12	5472	86	648	4	0	32	1	2	9
XC4VFX20	8544	134	1224	4	0	32	1	2	9
XC4VFX40	18 624	291	2592	8	4	48	2	4	11
XC4VFX60	25 280	395	4176	12	8	128	2	4	13
XC4VFX100	42 176	659	6768	12	8	160	2	4	15
XC4VFX140	63 168	987	9936	20	8	192	2	4	17

3. Virtex-Ⅱ Pro 系列

Virtex-Ⅱ Pro 系列在 Virtex-Ⅱ的基础上增强了嵌入式处理功能，内嵌了 Power PC 405

内核，还包括了先进的主动互联(Active Interconnect)技术，以解决高性能系统所面临的挑战。此外，还增加了高速串行收发器，提供了千兆以太网的解决方案。Virtex-ⅡPro 系列的主要特征如下：

(1) 采用了 0.13 μm 工艺，1.5 V 核电压，4 输入 LUT。

(2) 420 MHz 的时钟技术，内置多达 12 个 DCM 模块。

(3) 支持 20 多种 I/O 接口标准。

(4) 增加多个 3.125 Gb/s 速率的 Rocket 串行收发器。

(5) 内置 18×18 位乘法器模块。

(6) 内嵌 Power PC 405 硬核处理器。

Virtex-Ⅱ Pro 系列产品的主要性能特征如表 2.3 所示。

表 2.3　Virtex-Ⅱ Pro 系列产品的主要性能特征

型号	Slice	分布式 RAM 容量/b	块 RAM 容量/kb	DCM	18×18 乘法器	Power PC 405	Rocket I/O	最大可用 I/O 数
XC2VP2	1408	440	216	4	12	—	4	204
XC2VP4	3008	940	504	4	28	1	4	348
XC2VP7	4928	1540	792	4	44	1	8	396
XC2VP20	9280	2900	1584	8	88	2	8	564
XC2VPX20	9792	3060	1584	8	88	1	8	552
XC2VP30	13 696	4280	2448	8	136	2	8	644
XC2VP40	19 392	6060	3456	8	192	2	8 或 12	804
XC2VP50	23 616	7380	4176	8	232	2	16	852
XC2VP70	33 088	10 340	5904	8	328	2	16 或 20	996
XC2VPX70	33 088	10 340	5544	8	308	2	20	992
XC2VP100	44 096	13 780	7992	12	444	2	20	1164
XC2VP125	55 616	17 380	10 008	12	556	4	20 或 24	1200

4. Virtex-Ⅱ系列

Virtex-Ⅱ是基于 Virtex 的结构，内部集成了硬件乘法器、DCM 和块 RAM 等。Virtex-Ⅱ系列的主要特征如下：

(1) 采用 0.15/0.12 μm 工艺，1.5 V 核电压，4 输入 LUT。

(2) 工作时钟可以达到 420 MHz，内置多达 12 个 DCM 模块。

(3) 支持 20 多种 I/O 接口标准。

(4) 内置有 18×18 位乘法器模块。

Virtex-Ⅱ系列产品的主要性能特征如表 2.4 所示。

表 2.4　Virtex-Ⅱ系列产品的主要性能特征

型号	系统门数	Slice	分布式 RAM/kb	块 RAM/kb	DCM	18×18 乘法器	最大可用 I/O 数
XC2V40	40 k	256	8	72	4	4	88
XC2V80	80 k	512	16	144	4	8	120
XC2V250	250 k	1536	48	432	8	24	200
XC2V500	500 k	3072	96	576	8	32	264
XC2V1000	100 k	5120	160	720	8	40	432
XC2V1500	1500 k	7680	240	864	8	48	528
XC2V2000	2000 k	10 752	336	1008	8	56	624
XC2V3000	3000 k	14 336	448	1728	12	96	720
XC2V4000	4000 k	23 040	720	2160	12	120	912
XC2V6000	6000 k	33 792	1056	2592	12	144	1104
XC2V8000	8000 k	46 592	1456	3024	12	168	1108

5. Virtex-E 系列

Virtex 系列器件是在 1998 年推出的，工作电压为 2.5 V，采用 0.22 μm 处理工艺制造。Virtex-E 系列器件是 1999 年推出的,工作电压为 1.8 V,采用 0.18 μm 处理工艺制造。Virtex-E 的主要性能指标如表 2.5 所示。

表 2.5　Virtex-E 系列产品的主要性能特征

系列	型号	系统门数	Logic Cell	块 RAM/bit	DLL	最大可用 I/O 数
Virtex (2.5 V)	XCV50	57 906	1728	32 768	4	180
	XCV100	108 904	2700	40 960	4	180
	XCV150	164 674	3888	49 152	4	260
	XCV200	236 666	5292	57 906	4	284
	XCV300	322 970	6912	65 536	4	316
	XCV400	468 252	10 800	81 920	4	404
	XCV600	661 111	15 552	98 304	4	512
	XCV800	888 439	21 168	114 688	4	512
	XCV1000	1 124 022	27 648	131 072	4	512
Virtex-E (1.8 V)	XCV50E	71 693	1728	65 536	8	176
	XCV100E	128 236	2700	81 920	8	196
	XCV200E	306 393	5292	114 688	8	284
	XCV300E	411 955	6912	131 072	8	316
	XCV400E	569 952	10 800	163 840	8	404
	XCV600E	985 882	15 552	294 912	8	512
	XCV1000E	1 569 178	27 648	393 216	8	660
	XCV1600E	2 188 742	34 992	589 824	8	724
	XCV2000E	2 541 952	43 200	655 360	8	804
	XCV2600E	3 263 755	57 132	749 568	8	804
	XCV3200E	4 074 387	73 008	851 968	8	804

2.1.2 Spartan 系列

Spartan 系列适用于普通的工业、商业等领域，目前主流的芯片包括：Spartan-ⅡE、Spartan-Ⅱ、Spartan-3、Spartan-3A 以及 Spartan-3E 等。其中，Spartan-Ⅱ最高可达 20 万系统门，Spartan-ⅡE 最高可达 60 万系统门，Spartan-3 最高可达 500 万门，Spartan-3A 和 Spartan-3E 不仅系统门数更大，还增加了大量的内嵌专用乘法器和专用块 RAM 资源，具备实现复杂数字信号处理和片上可编程系统的能力。

1. Spartan-3A 延伸系列

Spartan-3A 延伸系列 FPGA 解决了众多大批量、成本敏感型电子应用中的设计问题。该 FPGA 系列具有 50 000～3 400 000 个系统门，可以提供包括总系统成本最低的集成式 DSP MAC 在内的大量选项。Spartan-3A 延伸系列器件包括：Spartan-3A(主流应用)、Spartan-3A DSP(DSP 应用)和 Spartan-3AN(非易失性应用)。

1) Spartan-3A 系列

Spartan-3A 在 Spartan-3 和 Spartan-3E 平台的基础上，整合了各种创新特性帮助客户极大地削减了系统总成本，利用独特的器件 Device DNA 技术(Device DNA 技术可帮助防范克隆者、超量生产者和反向工程者。Device DNA 设计级安全功能可以保护设计、IP 和嵌入式代码。Device DNA 是一种特殊的 57 位 ID，对于每个器件都是独一无二的。这种 57 位 ID 是在 Xilinx 工厂中固化或设定的，因而不能更改)防止发生窜改、克隆和过度设计的现象，并且具有集成式看门狗监控功能的增强型多重启动特性，支持商用 Flash 存储器，有助于削减系统总成本。其主要特性如下：

(1) 采用 90 nm 工艺技术，密度高达 74 880 逻辑单元。

(2) 工作时钟范围为 5～320 MHz。

(3) 高达 576 kb 的块 RAM 和高达 176 kb 的分布式 RAM。

(4) 多达 32 个用于高性能 DSP 应用的嵌入式 18×18 位乘法器。

(5) 多达 8 个数字时钟管理器(DCM)。

(6) 利用独特的 Device DNA 安全技术，可防止发生克隆现象。

Spartan-3A 系列产品的主要性能特征如表 2.6 所示。

表 2.6 Spartan-3A 系列产品的主要性能特征

型号	系统门数	Slice 数目	分布式 RAM 容量/kb	块 RAM 容量/kb	18×18 乘法器	DCM 数目	最大差分 I/O 对数	最大可用 I/O 数
XC3S50A	50 k	864	11	54	3	2	64	144
XC3S200A	200 k	2016	28	288	16	4	112	248
XC3S400A	400 k	4032	56	360	20	4	142	311
XC3S700A	700 k	6624	92	360	20	8	165	372
XC3S1400A	1400 k	12 673	176	576	32	8	227	502

2) Spartan-3ADSP 系列

Spartan-3ADSP 平台提供了最具成本效益的 DSP 器件，其架构的核心就是 Xtreme DSP

DSP48A Slice，还提供了性能超过 30 GMAC/s、存储器带宽高达 2196 Mb/s 的新型 XC3SD3400A 和 XC3SD1800A 器件。新型 Spartan-3ADSP 平台是成本敏感型 DSP 算法和需要极高 DSP 性能的协处理应用的理想之选。其主要特征如下：

(1) 采用 90 nm 工艺技术，密度高达 74 880 逻辑单元。

(2) 采用结构化的 Select RAM 架构，提供了大量的片上存储单元，有高达 2268 kb 的块 RAM 和高达 376 kb 的分布式 RAM。

(3) 内嵌的高性能 DSP48A 核可以工作到 250 MHz。

(4) 8 个数字时钟管理器(DCM)。

(5) 低功耗效率，Spartan-3ADSP 器件具有很强的信号处理能力。

(6) 利用独特的 Device DNA 安全技术，防止发生克隆现象。

Spartan-3ADSP 系列产品的主要性能特征如表 2.7 所示。

表 2.7　Spartan-3ADSP 系列产品的主要性能特征

型号	系统门数	Slice 数目	分布式 RAM 容量/kb	块 RAM 容量/kb	DSP48A 模块数目	DCM 数目	最大差分 I/O 对数	最大可用 I/O 数
XC3S1800A	1800 k	18 770	260	1512	84	8	227	519
XC3S3400A	3400 k	26 856	373	2268	126	8	213	469

3) Spartan-3AN 系列

Spartan-3AN 芯片为最高级别系统集成的非易失性安全 FPGA，它具有领先的 SRAM FPGA 的大量特性及其高性能，还具有非易失性 FPGA 的安全性、节省板空间和易于配置性等特性。其主要特征如下：

(1) 业界首款 90 nm 非易失性 FPGA。

(2) 业内最大的片上用户 Flash，容量高达 11 Mb。

(3) 提供最广泛的 I/O 标准支持，包括 26 种单端与差分信号标准。

(4) 灵活的电源管理模式，休眠模式下可节省超过 40%的功耗。

(5) 8 个数字时钟管理器(DCM)。

(6) 利用独特的 Device DNA 安全技术，防止发生克隆现象。

Spartan-3AN 系列产品的主要性能特征如表 2.8 所示。

表 2.8　Spartan-3AN 系列产品的主要性能特征

型号	系统门数	Slice 数目	分布式 RAM 容量/kb	块 RAM 容量/kb	18×18 乘法器	DCM 数目	最大差分 I/O 对数	最大可用 I/O 数
XC3S50AN	50 k	792	11	54	3	2	50	108
XC3S200AN	200 k	2016	28	288	16	4	90	195
XC3S400AN	400 k	4032	56	360	20	4	142	311
XC3S700AN	700 k	6624	92	360	20	8	165	372
XC3S1400AN	1400 k	12 672	176	576	32	8	227	502

2. Spartan-3 系列

Spartan-3 基于 Virtex-Ⅱ器件架构，采用 90 nm 工艺、8 层金属连线制造，其系统门数超过 5 百万，内嵌了硬核乘法器和数字时钟管理模块。其主要特性如下：

(1) 采用 90 nm 工艺技术，1.2 V 核电压。

(2) 最高系统时钟为 340 MHz。

(3) 端口电压为 3.3 V、2.5 V、1.2 V，支持 24 种 I/O 标准。

(4) 高达 1872 k 的块 RAM 和高达 520 k 的分布式 RAM。

(5) 多达 104 个用于高性能 DSP 应用的嵌入式 18×18 位乘法器。

(6) 4 个数字时钟管理器(DCM)。

(7) 具有嵌入式 Xtreme DSP 功能，每秒可执行 3300 亿次乘加。

Spartan-3 系列产品的主要性能特征如表 2.9 所示。

表 2.9　Spartan-3 系列产品的主要性能特征

型号	系统门数	Slice 数目	分布式 RAM 容量/kb	块 RAM 容量/kb	18×18 乘法器	DCM	最大差分 I/O 对数	最大可用 I/O 数
XC3S50	50 k	864	12	72	4	2	56	124
XC3S200	200 k	2260	30	216	12	4	76	173
XC3S400	400 k	4032	56	288	16	4	116	264
XC3S1000	1000 k	8640	120	432	24	4	175	391
XC3S1500	1500 k	14 976	208	576	32	4	221	487
XC3S2000	2000 k	23 040	320	720	40	4	270	565
XC3S4000	4000 k	31 104	432	1728	96	4	312	712
XC3S5000	5000 k	37 440	520	1872	104	4	344	784

3.　Spartan-3E 系列

Spartan-3E 是在 Spartan-3 的基础上进一步改进的产品，具有系统门数从 10 万到 160 万的多款芯片，它比 Spartan-3 有更多的 I/O 端口和更低的单位成本。由于更好地利用了 90 nm 的工艺技术，在单位成本上实现了更多的功能和处理带宽，因此 Spartan-3E 是 Xilinx 公司新的低成本产品的代表，是 ASIC 的有效替代品，主要面向消费电子应用，如宽带无线接入、家庭网络接入以及数字电视设备等。其主要特点如下：

(1) 采用 90 nm 工艺技术，1.2 V 核电压。

(2) 支持 DDR 接口。

(3) 高达 684 k 的块 RAM 和高达 231 k 的分布式 RAM。

(4) 多达 36 个用于高性能 DSP 应用的嵌入式 18×18 位乘法器。

(5) 多达 8 个数字时钟管理器(DCM)。

Spartan-3E 系列产品的主要性能特征如表 2.10 所示。

表 2.10　Spartan-3E 系列产品的主要性能特征

型号	系统门数	Slice 数目	分布式 RAM 容量/kb	块 RAM 容量/kb	18×18 乘法器	DCM 数目	最大差分 I/O 对数	最大可用 I/O 数
XC3S100E	100 k	960	15	72	4	2	40	108
XC3S250E	250 k	2448	38	216	12	4	68	172
XC3S500E	500 k	4656	73	360	20	4	92	232
XC3S1200E	1200 k	8672	136	504	28	8	124	304
XC3S1600E	1600 k	14 752	231	648	36	8	156	376

4. Spartan-Ⅱ/Spartan-ⅡE 系列

Spartan-Ⅱ器件是以 Virtex 器件的结构为基础发展起来的 FPGA，其工作电压为 2.5 V，采用 0.22 μm/0.18 μm CMOS 工艺、6 层金属连接制造，其集成度可达到 20 万门，速度可达 200 MHz。Spartan-Ⅱ和 Spartan-ⅡE 系列产品的主要性能指标如表 2.11 所示。

表 2.11　Spartan-Ⅱ和 Spartan-ⅡE 系列产品的主要性能特征

系列	型号	系统门数	Logic Cell	块 RAM/kb	DLL	最大可用 I/O 数
Spartan-Ⅱ (2.5 V)	XC2S15	15 k	473	4	4	86
	XC2S30	30 k	972	6	4	132
	XC2S50	50 k	1728	8	4	176
	XC2S100	100 k	2700	10	4	196
	XC2S150	150 k	3888	12	4	260
	XC2S200	200 k	5292	14	4	284
Spartan-ⅡE (1.8V)	XC2S50E	50 k	1728	8	8	182
	XC2S100E	100 k	2700	10	8	202
	XC2S200E	200 k	5292	14	8	289
	XC2S300E	300 k	6912	16	8	329
	XC2S400E	400 k	10 800	40	8	410
	XC2S600E	600 k	15 552	72	8	514

2.2　CPLD 芯片介绍

Xilinx 的 CPLD 器件分为 XC9500(其主要性能指标如表 2.12 所示)系列和 CoolRunner 系列(其主要性能指标如表 2.13 所示)。XC9500 分为 XC9500XV 和 XC9500XL 两种类型，前者内核电压为 2.5 V，后者内核电压为 3.3 V。

表 2.12　XC9500 系列器件的主要性能特征

XC9500XL(3.3 V)	XC9500XL(2.5 V)	宏单元	系统门	输入兼容电压/V	输出兼容电压/V	最大 I/O 数
XC9536XL	XC9536XV	36	800	2.5/3.3	1.8/2.5/3.3	36
XC9572XL	XC9572XV	72	1600	2.5/3.3	1.8/2.5/3.3	72
XC95144XL	XC95144XV	144	3200	2.5/3.3	1.8/2.5/3.3	117
XC95288XL	XC95288XV	288	6400	2.5/3.3	1.8/2.5/3.3	192

表 2.13　CoolRunner 系列器件的主要性能特征

CoolRunner-Ⅱ(1.8 V)	CoolRunner(3.3 V)	宏单元	系统门	最大 I/O 数
XC2C32	XCR3032XL	32	750	33/36
XC2C64	XCR3064XL	64	1500	64/68
XC2C128	XCR3128XL	128	3000	100/108
XC2C256	XCR3256XL	256	6000	184/164
XC2C384	XCR3384XL	384	9000	240/220
XC2C512	XCR3512XL	512	12 000	270/260

XC9500XV 器件的主要特性如下：

(1) 采用快闪存储技术(Fast Flash)，器件速度快，功能强，引脚到引脚的延时最低为 4 ns。

(2) 最高系统时钟为 200 MHz。

(3) 引脚输入可以接收 3.3 V、2.5 V、1.8 V、1.5 V 等电压，输出可以配置 3.3 V、2.5 V 和 1.8 V。

(4) 支持在线系统编程、JTAG 边界扫描测试功能，器件可反复编程达 1 万次。

(5) 集成度为 36～288 个宏单元，800～6400 个可用门。

XC9500XL 器件的主要特性如下：

(1) 采用快闪存储技术(Fast Flash)，器件速度快，引脚到引脚的延时为 5 ns。

(2) 最高系统时钟为 178 MHz。

(3) 引脚输入可以接收 5 V、3.3 V、2.5 V 等电压。

(4) 支持在线系统编程，器件可反复编程达 1 万次，编程数据可以保存 20 年。

(5) 集成度为 800～6400 个可用门。

CoolRunner 器件又分为 CoolRunner 和 CoolRunner-Ⅱ两种。其中，CoolRunner-Ⅱ器件是 Xilinx 最新一代 1.8 V 低功耗 CPLD 产品。

习　题　2

1. Virtex-5 器件包括哪几个子系列产品？它们各用于哪些领域？
2. Virtex-Ⅱ Pro 系列器件是哪一代系列器件的更新产品？它们最主要的区别有哪些？
3. Spartan 系列器件有哪些种类？它们各自的特点是什么？

第 3 章　Verilog HDL 语言基础知识

Verilog HDL 和 VHDL 都是描述硬件电路设计的语言。其中，VHDL 在 1987 年成为 IEEE 标准，而 Verilog HDL 则在 1995 年才正式成为 IEEE 标准。之所以 VHDL 比 Verilog HDL 更早成为 IEEE 标准，是因为 VHDL 是美国军方组织开发的，而 Verilog HDL 则是从一个普通民间公司的私有财产转化而来的，基于 Verilog HDL 的优越性，才成为 IEEE 标准。由于 Verilog HDL 最早是面向企业的语言，因而 Verilog HDL 拥有更广泛的设计群体，成熟的资源也远比 VHDL 丰富。又因 Verilog HDL 是基于 C 语言开发的硬件电路设计语言，故只要有 C 语言的编程基础，初学者很容易掌握这种设计语言。但是学习 VHDL 语言，需要有 Ada 编程基础，掌握 VHDL 设计技术也比较困难。因此本章只介绍 Verilog HDL 语言，其实 Verilog HDL 和 VHDL 语言在描述数字电路上并没有本质的区别，一般认为 Verilog HDL 在系统级抽象方面比 VHDL 略差一些，而在门级开关电路描述方面比 VHDL 强得多。

3.1　Verilog HDL 简介

3.1.1　硬件描述语言 HDL

硬件描述语言(Hardware Description Language，HDL)是一种用文本形式描述数字电路和设计数字逻辑系统的语言。数字逻辑电路设计者可利用这种语言来描述硬件电路的思想，然后利用电子设计自动化(Electronic Design Automation，EDA)工具进行仿真，再自动综合到门级电路，用 ASIC 或 FPGA 实现其功能。目前，这种称之为高层次设计(High Level Design)的方法已被广泛采用。

硬件描述语言的发展至今已有 20 多年的历史，并成功应用于设计的各个阶段(仿真、验证、综合等)。到 20 世纪 80 年代，已出现了上百种硬件描述语言，它们对设计自动化起到了极大的促进和推动作用。但是，这些语言一般各自面向特定的设计领域与层次，而且众多的语言使用户无所适从，因此急需一种面向设计的多领域、多层次且得到普遍认同的标准硬件描述语言。进入 20 世纪 80 年代后期，硬件描述语言向着标准化的方向发展。最终，VHDL 和 Verilog HDL 语言适应了这种趋势的要求，先后成为 IEEE 标准。

3.1.2　Verilog HDL 的历史

Verilog HDL 是在 1983 年，由 GDA(Gateway Design Automation)公司的 Phil Moorby 为模拟器产品开发而首创的硬件建模语言。Phil Moorby 后来成为 Verilog-XL 的主要设计者和 Cadence 公司的第一个合伙人。在 1984～1985 年，Moorby 设计出了第一个关于 Verilog-XL 的仿真器，1986 年，他提出了用于快速门级仿真的 XL 算法，这是他在 Verilog HDL 的发展史上做出的又一巨大贡献。

随着 Verilog-XL 算法的成功，Verilog HDL 语言得到了迅速发展。1989 年，Cadence 公司收购了 GDA 公司，Verilog HDL 语言成为 Cadence 公司的私有财产。1990 年，Cadence 公司决定公开 Verilog HDL 语言，于是成立了 OVI(Open Verilog International)组织来负责 Verilog HDL 语言的发展。基于 Verilog HDL 的优越性，IEEE 于 1995 年制定了 Verilog HDL 的 IEEE 标准，称为 IEEE Standard 1364-1995。

3.1.3　Verilog HDL 语言与 C 语言的比较

Verilog HDL 作为一种高级的硬件描述编程语言，具有类似于 C 语言的风格。其中的许多语句(如 if 语句、case 语句等)和 C 语言中的对应语句十分相似。表 3.1 中列举了两种语言中一些相同或相似的关键字，表 3.2 中对比了这两种语言的运算符。由此可看出，如果读者已经掌握 C 语言编程的基础，那么学习 Verilog HDL 并不困难，我们只要对 Verilog HDL 某些语句的特殊方面着重理解，并加强上机练习就能很好地掌握它，就能利用它的强大功能来设计复杂的数字逻辑电路。

表 3.1　C 语言与 Verilog HDL 语言相对应的关键字比较

C	Verilog HDL
sub-function	module, function, task
if-then-else	if-then-else
case	case
{,}	begin, end
for	for
while	while
break	disable
define	define
int	int
printf	monitor, display, strobe

表 3.2　C 语言与 Verilog HDL 语言相对应的运算符比较

C	Verilog HDL	功　能
*	*	乘
/	/	除
+	+	加
−	−	减
%	%	取模
!	!	逻辑非
&&	&&	逻辑与
||	||	逻辑或
>	>	大于
<	<	小于
>=	>=	大于等于
<=	<=	小于等于
==	==	等于
!=	!=	不等于
~	~	位反相
&	&	按位逻辑与
|	|	按位逻辑或
^	^	按位逻辑异或
~^或^~	~^或^~	按位逻辑同或
>>	>>	右移
<<	<<	左移
?:	?:	等同于 if-else

值得注意的是，Verilog HDL 语言与 C 语言的最大不同在于，C 程序是顺序执行语句，Verilog HDL 程序是并行执行语句，即用 C 语言写出的代码是一行接一行依次执行的，而用 Verilog HDL 语言写出的代码是在同一时间同时运行的。

3.2　Verilog HDL 模块的基本结构

Verilog HDL 程序的基本设计单元是“模块”(module)。一个模块又由几个部分组成。为了清晰地说明模块的构成，下面举例说明如何用 Verilog HDL 语言描述一个简单的与门逻辑单元结构。其与门逻辑单元如图 3.1 所示。

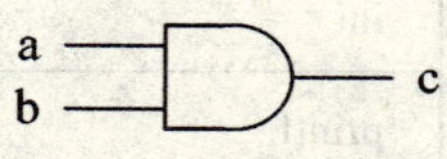

图 3.1　与门逻辑单元

用 Verilog HDL 语言对该与门逻辑单元的描述如下：

```
module and2_inst(a,b,c);
    input a,b;
    output c;
    wire a,b,c;
    assign c = a & b;
endmodule
```

上述程序中，第一行定义了模块的端口，声明了模块的输入/输出口；第二行利用 input 关键字定义 a、b 为输入端口；第三行利用 output 关键字定义 c 为输出端口；第四行定义了端口的数据类型；第五行则描述了模块实现的功能，描述完成后用 endmodule 关键字完成这个模块的设计。上述程序的第五行也可写成“and A1 (c, a, b)”，其中，A1 为与门逻辑单元定义的名字。在 Verilog HDL 语言中一些基本的逻辑门和开关级结构模型都内置在其中，在程序设计中可直接使用。这种描述电路的方式叫做门级结构描述，此方式将在第 4 章中详细介绍。

通过上面的例子可以看出，Verilog HDL 的模块设计是通过 module 和 endmodule 声明语句实现的。每个 Verilog HDL 程序包括 4 个主要部分：模块声明、I/O 说明、信号类型说明和逻辑功能描述。

1. 模块声明

模块的端口声明了模块的输入/输出口。其格式如下：

```
module    模块名(口 1，口 2，口 3，口 4, …);
```

模块结束的关键字为：endmodule。

2. I/O 说明

对模块的输入/输出端口说明有如下三种格式：

(1) 输入口：

```
input   端口名 1，端口名 2，…，端口名 N;          //(共有 N 个输入口)
```

(2) 输出口：

```
output  端口名 1，端口名 2，…，端口名 N;          //(共有 N 个输出口)
```

(3) 输入/输出口：

```
inout  端口名 1，端口名 2，…，端口名 N;          //(共有 N 个输入/输出口)
```

I/O 说明也可以写在端口声明语句中。其格式如下：

```
module module_name(input port1,input port2,…,output port1,output port2，…，inout port1,inout port2，...);
```

3. 信号类型说明

Verilog HDL 语言提供了各种信号类型，它们代表数字电路中的各种物理连接和物理实体。在模块中所有用到的信号都必须进行数据类型的定义。如果类型没有定义，则综合器将其默认为 wire 型数据类型。

下面为定义信号数据类型的几个例子。

```
wire   A，B，C;                //定义信号 A、B、C 的数据类型为 wire 连线型
reg[3:0] counter;              //定义信号 counter 的数据类型为 4 位 reg 型
```

4. 逻辑功能描述

逻辑功能描述是模块中最重要的部分。对电路的逻辑描述有多种方法，除了下面工程中常用的三种方法外，还可以调用用户自定义函数(function)和任务(task)等来描述逻辑电路。

1) 用"assign"声明语句

例如：

```
assign f = (~ a & c);
```

"assign"语句一般给 wire 型数据信号赋值。这种方法的句法很简单，只需写一个"assign"，后面再加一个逻辑方程式即可。

2) 用元件例化

例如：

```
nand nand2_inst(c, a, b);
```

上述语句表示在设计中用到一个同与非门(nand)一样的名为 nand2_inst 的与门，其输入端为 a、b，输出端为 c。要求每个实例元件的名字必须是唯一的，以避免与其他调用与非门(nand)的实例混淆。

采用元件例化的方法就如同在 C 语言下调用库函数一样。用 Verilog HDL 语言进行数字电路设计时有两种元件例化的方式：一种是例化 Verilog HDL 语言中本身内置的基本逻辑门和开关级结构模型；另一种是通过支持 Verilog HDL 语言的数字电路设计软件例化自带的扩充系列元件库。比如，在本书第 6 章提到的 DCM(数字时钟管理器)就是 ISE 中自带的元件库，而在其他公司的设计软件中将不会有此 DCM 元件库。

3) 用"always"块

例如：

```
always @(a or b or sel)
begin
    if(sel)   out = a;
    else      out = b;
    end
```

用"always"块既可用于描述组合逻辑，又可描述时序逻辑。上面的例子用"always"块生成了一个 2 选 1 的多路选择器，这是一种行为描述方式。"always"块可用很多种语法来表达逻辑，例如上例中就用了 if...else 语句来表达逻辑关系。不管设计者用哪种语法表达逻辑关系，最终综合工具会把源代码自动综合成相对应的器件逻辑构造方式。例如，对于 CPLD 器件，综合工具将生成相对应的门级结构来表示组合或时序的逻辑电路；对于 FPGA 器件，综合工具将生成相对应的 LUT(查表)法来表示组合或时序的逻辑电路。

上面三个例子分别采用"assign"语句、元件例化和"always"块来描述逻辑功能。这三个例子描述的逻辑功能是同时执行的。也就是说，如果把这三项写到一个 Verilog 模块文件中，则它们的次序不会影响逻辑实现的功能。这就是前面提到的 Verilog HDL 语言与 C 语言的不同。此外，Verilog HDL 程序是并行执行语句，C 程序是顺序执行语句。

然而，在“always”模块内，逻辑是按照指定的顺序执行的，这对于初学者来说很不容易理解。难道这个说法是错误的吗？其实 Verilog HDL 语言定义了一个串行块(begin-end)语法，在 begin-end 串行块中的语句是按照串行方式顺序执行的，定义这个串行块语法很重要，因为大多数逻辑都存在因果关系。但请注意，两个或更多的“always”模块也是同时执行的，但是模块内部的语句是顺序执行的。这个 Verilog HDL 语法现象很重要，初学者需要重点理解。

3.3　Verilog HDL 语言规范

Verilog HDL 语言和其他语言一样，也有自己的语言规范。下面介绍一些基本的语言规范。

1. 空白符

在 Verilog HDL 程序代码中，空白符包括空格、tab、换行和换页。使用空白符是为了使程序阅读起来更方便，在综合时空白符被忽略。

例如：

```
always @(posedge clk or negedge rst)begin if(rst) q <= 0;else q <= d;end
```

可等同于下面的书写格式：

```
always @(posedge clk or negedge rst)  //加入空格、tab 和换行，提高了可读性
  begin
    if(rst)    q <= 0;
    else       q <= d;
end
```

2. 注释

注释是为了使阅读者更容易理解程序，在综合时也将被忽略。在 Verilog HDL 程序代码中有两种注释方式。

(1) 单行注释：以“//”开始到本行结束，不允许续行，如上例中的“//”注释。

(2) 多行注释：以“/*”开始，到“*/”结束。

3. 标志符

Verilog HDL 中的标志符可以是字母、数字以及符号“$”和“_”(下划线)的任意组合，但标志符的第一个字符必须以字母或者下划线开头。另外，标志符还可以用“\”开头，以空白符结尾，但反斜线和空白符在综合时将被忽略。标志符是区分大小写的。

以下是几个合法标志符的举例。

```
_nand2_inst        //以下划线开头的标志符
counter            //以字母开头的标志符
\full_add1         //“\”将被忽略，等同于 full_add1 标志符
COUNTER            //COUNTER 与 counter 是不同的标志符
```

以下是几个非法标志符的举例。

50counter　　　　//非法，标志符不允许以数字开头

cnt#　　　　　　//非法，标志符中不允许包含字符#

4. 关键字

Verilog HDL 语言中的关键字是区分大小写的。例如，把关键字“always”写成“ALWAYS”是错误的，这样“ALWAYS”就变成了标志符。

3.4　Verilog HDL 语言中的常量和变量

3.4.1　常量

在程序运行过程中，其值不能被改变的量称为常量。Verilog HDL 中的常量主要包括 3 种类型：整数型、实数型和字符串型。下划线符号“_”可以随意用在整数或实数中，它在综合时将被忽略，其作用是提高易读性。但要注意的是，下划线符号在常量中不能作为首字符来用。

Verilog HDL 有下列 4 种基本的值。

(1) 0：低电平、逻辑 0 或“假”。

(2) 1：高电平、逻辑 1 或“真”。

(3) x 或 X：未知的逻辑状态。

(4) z 或 Z：高阻态。

这 4 种值的含义都内置于语言中。例如一个为 0 的值，综合工具会根据语句的环境自动判断出是表示逻辑还是条件。另外，Verilog HDL 语言中并不是只有值 1 表示条件为真，除 0 以外所有确定的数值都表示条件为真。在门的输入或一个表达式中为“z”的值通常理解成“x”。此外，x 值和 z 值都是不区分大小写的。也就是说，值 Ox3z 与值 OX3Z 是相同的。Verilog HDL 中的常量是由以上四类基本值组成的。

1. 整数型

在 Verilog HDL 中，定义整数型常量的方式如下：

+/–<位宽>'<进制><数字>

“+/–”定义整数的正负。整数为正数时，“+”可忽略不写；整数为负数时，“–”应写在数字定义表达式的最前面。注意：负号不可以放在位宽和进制之间，也不可以放在进制和具体的数之间。

位宽为整数对应的二进制宽度，它的单位为 bit。

进制用来定义整数的类型，它有以下 4 种表示形式：

(1) 二进制整数(b 或 B)；

(2) 十进制整数(d、D 或缺省)；

(3) 十六进制整数(h 或 H)；

(4) 八进制整数(o 或 O)。

数字是基于进制的数字序列。另外，十六进制中的a～f是不区分大小写的。

以下是一些合法的整数表达式的举例：

```
8'b10101111        //位宽为 8 位的二进制数
8'hF2              //位宽为 8 位的十六进制数
6'o71              //位宽为 6 位的八进制数
4'd8               //位宽为 4 位的十进制数
```

以下是一些非法的整数表达式的举例：

```
4'd-9              //非法，负号应该放在最左边，即 -4'd9
(5+3)'b11001011    //非法，位宽不能为表达式
```

在定义整数表达式时还应注意以下几点：

(1) 当数字不说明位宽时，数字的位宽采用缺省位宽(这由具体的机器系统决定，但至少为 32 位)。如果一个整数的位宽没有定义，则其宽度为相应值中定义的位数。

例如：

```
hf2                //至少 32 位十六进制数
'b101              //3 位二进制数
'o566              //3 位八进制数
```

(2) 在默认位宽与进制情况下，整数就代表十进制的数。

例如：

```
76                 //表示十进制数 76
-35                //表示十进制数 -35
```

(3) x(或 z)在二进制中代表 1 位 x(或 z)，在八进制中代表 3 位 x(或 z)，在十六进制中代表 4 位 x(或 z)。

例如：

```
6'bxxx010          //等同于 6'ox2
8'b1001zzzz        //等同于 8'h9z
```

(4) 如果定义的位宽比实际的位数长，则通常在数字左边填 0 补位。对于数字左边一位是 x 或 z 的情况，就要用相对应的 x 或 z 来补位。

例如：

```
8'b11              //等同于 8'b00000011
8'bx01z            //等同于 8'bxxxxx01z
```

如果定义的位宽比实际的位数小，那么最左边多余的位将被忽略。

例如：

```
4'b1101_1100       //等同于 4'b1100
```

(5) “?”是高阻态 z 的另一种表达符号，二者是等价的。另外，在使用 case 表达式时建议使用这种写法，以提高程序的可读性。

例如：

```
12'dz              //位宽为 12 位的十进制数，其值为高阻值
12'd?              //等同于 12'dz
```

(6) 下划线可以用来分隔数字，以提高程序可读性。但不可以用在位宽和进制处，只能用在具体的数字之间。

例如：

```
16'b1010_1011_1111_1010          //合法格式
8'b_0011_1010                    //非法格式
```

(7) 在定义整数型常量的方式中，位宽和“'”之间以及进制和数值之间允许出现空格，但在“'”和进制之间以及数值之中是不允许出现空格的。

例如：

```
8 'b 1011_1010                   //合法格式
8'   b1011_1011                  //非法格式
```

2. 实数型

实数型数据可用以下两种形式定义：

(1) 十进制计数法，规定此方法的小数点两侧必须有数字，如 5.0、6.728、-0.1、6。

(2) 科学计数法，如 35_1.2e2(其值为 35120.0)、2.6E-3(其值为 0.0026)。

Verilog HDL 语言中的实数型数据可转化为整数型数据，其转化方法采用数学中的四舍五入法则。

3. 字符串型

字符串是双引号内的字符序列。字符串不能分成多行书写。另外，字符串中一个字母为 8 位 ASCII 值，存储一串字符串的位空间大小需用字符串中的个数乘以 8 来计算。字符串中的空格也算一个字符。

例如：

```
"Verilog HDL"                    //定义字符串
...
reg[11*8：1]   Message；          //申请存储空间
Message ="Verilog HDL"
```

字符串中的特殊字符需用“\”来说明，如

```
\n               //换行符
\t               //Tab 键
\\               //字符“\”本身
\"               //双引号"
\206             //八进制数 206 对应的 ASCII 值
```

3.4.2　符号常量

在 Verilog HDL 语言中，可用 parameter 来定义常量，即用 parameter 定义一个标识符来代表一个常量，此常量称为符号常量。采用标识符代表一个常量可提高程序的可读性和可维护性。parameter 型数据是一种常量型数据，其说明格式如下：

parameter　参数名 1=表达式，参数名 2=表达式, …，参数名 n=表达式：

例如：

```
parameter   datawidth=8;         //定义参数 datawidth 为常量 8
```

```
parameter   e=25, f=29;                  //定义两个常数参数
parameter   r=5.7;                       //声明 r 为一个实型参数
parameter   byte_size=8, byte_msb=byte_size-1;     //用常数表达式赋值
```

利用 parameter 型数据可方便地在层次模块间改变参数。下面用一个例子进行示范。

```
module acreage (A,F);
  parameter   width=1, height=1;
  …
Endmodule

module   top;
  wire[3:0] A4;
  wire[4:0] A5;
  wire[15:0] F16;
  wire[31:0] F32;
  acreage   #(2,5)        d1(A4,F16);
  acreage   #(5)          d2(A5,F32);
endmodule
```

引用 acreage 实例时，d1、d2 的 width 将采用不同的值 2 和 5，且 d1 的 height 为 5，即用#(2,5)向 d1 中传递 width=2, height=5，用#(5)向 d2 中传递 width=5, height 仍为 1。

3.4.3　变量

变量是指在程序运行过程中可以任意改变的量。Verilog HDL 语言中变量有以下两种定义类型。

(1) 线网类型(net)：表示 Verilog HDL 结构化元件间的物理连线，它的值由驱动元件的值决定，例如连续赋值或门的输出。线网的缺省值为 z(高阻态)。

(2) 寄存器类型(register)：表示一个抽象的数据存储单元，它只能在 always 语句和 initial 语句中被赋值。寄存器的缺省值为 x(未知状态)。

net 数据类型包括 wire、tri、wor、trior、wand、triand、trieg、tri0、tri1、supply0 和 supply1。register 数据类型包括 reg、integer、real 和 time。线网类型中的 wire 类型和寄存器类型中的 reg 类型是在工程中经常用到的两种类型，其他的几乎不用。因此下面我们将详细介绍这两种类型。

1. wire 型变量

wire 型数据常用来表示用 assign 关键字指定的组合逻辑信号。Verilcg HDL 程序模块中输入/输出信号类型缺省时自动定义为 wire 型。wire 型信号可以用作任何方程式的输入，也可以用作“assign”语句或实例元件的输出。

wire 型变量的定义格式如下：

```
wire [n-1:0]  数据名 1，数据名 2, …, 数据名 n;
```

wire 是 wire 型数据的确认符，[n-1:0]代表该数据的位宽，数据名用来定义变量的名字。

如果一次定义多个数据，则数据名之间用逗号隔开。声明语句的最后要用分号表示语句结束。

例如：

```
wire  a;          //定义了一个1位的名为a的wire型数据变量
wire[7:0] b;      //定义了一个8位的名为b的wire型数据变量
wire[8:1] c;      //定义了一个8位的名为c的wire型数据变量
wire[9:2] d;      //定义了一个8位的名为d的wire型数据变量
```

2. reg型变量

reg型数据常用在“always”和“initial”过程块中，reg型数据的缺省初始值是不定值。reg型数据可以赋正值，也可以赋负值。但当一个reg型数据是一个表达式中的操作数时，它的值被当作无符号值，即正值。例如，当一个四位的寄存器用作表达式中的操作数时，如果开始寄存器被赋以值-1，则在表达式中进行运算时，其值被认为是+15。

reg型变量的定义格式与wire类似，如下所示：

```
reg[n-1:0]数据名1，数据名2，…，数据名n;
```

reg是reg型数据的确认标识符，[n-1:0]代表该数据的位宽，数据名用来定义变量的名字。如果一次定义多个数据，则数据名之间用逗号隔开。声明语句的最后要用分号表示语句结束。

例如：

```
reg  a;           //定义了一个1位的名为a的reg型数据变量
reg[3:0]   b;     //定义了一个4位的名为b的reg型数据变量
reg[4:1]   c,d;   //定义了两个4位的名为c、d的reg型数据变量
```

在Verilog HDL语言中，用reg类型变量可构成寄存器和存储器，其中，存储器也被称为数组。它们的定义格式如下：

```
reg[n-1:0] 数据名1，数据名2，…;                    //定义寄存器
reg[n-1:0] 数据名1[i-1:0]，数据名2[j-1:0]，…;      //定义存储器
```

例如：

```
reg mybit;                 //定义一个名为mybit的1位寄存器
reg[7:0] mybyte;           //定义一个名为mybyte的8位寄存器
reg myarray[3:0];          //定义四个名为myarray的1位存储器
reg[7:0] memory[11:0];     //定义一个名为memory的行为12位、列为8位的数组
```

虽然寄存器和存储器的定义格式很相似，但它们的读/写操作也有不同之处。一个由n个1位寄存器构成的存储器组是不同于一个n位寄存器的。例如：

```
reg[n-1:0] rega;           //一个n位寄存器
reg mema[n-1:0];           //一个由n个1位寄存器构成的存储器组
```

一个n位寄存器可以在一条赋值语句中进行赋值，而一个完整的存储器则不行。例如：

```
rega =0;                   //合法赋值语句
mema =0;                   //非法赋值语句
```

如果想对memory中的存储单元进行读/写操作，则必须指定该单元在存储器中的地址。

例如，下面的写法是正确的。

mema[3]=0;　//给 memory 中的第 3 个存储单元赋值为 0

注意：如果要对变量重新赋值，那么此变量就只能出现在一个过程语句中。

3.5　Verilog HDL 语言中的运算符

Verilog HDL 语言的运算符范围很广，按其功能大致可分为以下几类：

(1) 算术运算符(+、−、*、/、%)；

(2) 位运算符(~、&、|、^、^~、~^)；

(3) 逻辑运算符(&&、||、!)；

(4) 关系运算符(>、<、>=、<=)；

(5) 等式运算符(==、!=、===、!==)；

(6) 移位运算符(<<、>>)；

(7) 条件运算符(?:)；

(8) 拼接运算符({ })；

(9) 缩减运算符(&、~&、|、~|、^、~^、^~)。

上述运算符在使用时同 C 语言的运算符一样，也有优先级别。表 3.3 是对各种运算符的优先级的说明。不过建议在书写程序时用括号( )来控制运算符的优先级，这样可增加程序的可读性，避免出错。

表 3.3　运算符的优先级别

运 算 符	优 先 级 别
!、~	
*、/、%	高优先级别
+、−	↓
<<、>>	
<、<=、>、>=	
==、!=、===、!==	
&、~&	
^、^~	
|、~|	
&&	
||	低优先级别
?:	

在 Verilog HDL 语言中运算符所带的操作数是不同的，按其所带操作数的个数运算符可分为以下三种：

(1) 单目运算符：可以带一个操作数，操作数放在运算符的右边。

(2) 双目运算符：可以带两个操作数，操作数放在运算符的两边。

(3) 三目运算符：可以带三个操作，这三个操作数用三目运算符分隔开。

例如:

```
clk = ~clk;          //“~”是一个单目取反运算符, clk 是操作数
c = a | b;           //“|”是一个双目按位或运算符, a 和 b 是操作数
r = s ? a : b;       //“?:”是一个三目条件运算符, s、a 和 b 是操作数
```

下面按功能分类对运算符的使用进行介绍。

3.5.1　算术运算符

在 Verilog HDL 语言中，常用的算术运算符包括以下 5 种：

(1) +：加法运算符；

(2) –：减法运算符；

(3) *：乘法运算符；

(4) /：除法运算符；

(5) %：求模运算符，或称为求余运算符，如7%3的值为1。

注意：在进行算术运算操作时，如果某一个操作数有不确定的值 x，则整个结果也为不定值 x。

3.5.2　位运算符

Verilog HDL 语言中位运算符包括：

(1) ~：按位取反；

(2) &：按位与；

(3) |：按位或；

(4) ^：按位异或；

(5) ^~ 或 ~^：按位同或(异或非)。

下面对各运算符分别进行介绍。

1. 按位取反运算符

按位取反是一个单目运算符，用来对一个操作数进行按位取反运算，其运算规则如表 3.4 所示。

表 3.4　按位取反的真值表

~	
1	0
0	1
x	x

2. 按位与运算符

按位与运算就是将两个操作数的相应位进行与运算，其运算规则如表 3.5 所示。

表 3.5　按位与的真值表

&	0	1	x
0	0	0	0
1	0	1	x
x	0	x	x

3. 按位或运算符

按位或运算就是将两个操作数的相应位进行或运算，其运算规则如表 3.6 所示。

表 3.6　按位或的真值表

|	0	1	x
0	0	1	x
1	1	1	1
x	x	1	x

4. 按位异或运算符

按位异或运算就是将两个操作数的相应位进行异或运算，其运算规则如表 3.7 所示。

表 3.7　按位异或的真值表

^	0	1	x
0	0	1	x
1	1	0	x
x	x	x	x

5. 按位同或运算符

按位同或运算就是将两个操作数的相应位先进行异或运算再进行非运算，其运算规则如表 3.8 所示。

表 3.8　按位同或的真值表

^~ 或 ~^	0	1	x
0	1	0	x
1	0	1	x
x	x	x	x

注意：两个长度不同的数据进行位运算时，系统会自动使两者遵守右端对齐原则。位数少的操作数会在相应的高位用 0 填满，以使两个操作数按位进行操作。

例如，A=5'b10101，B=2'b11，则有：

```
~A=5'b01010;
A&B=5'b00001;
A|B=5'b10111;
A^B=5'b10110;
A^~B=5'b01001。
```

3.5.3 逻辑运算符

Verilog HDL语言中逻辑运算符包括：

(1) &&：逻辑与；

(2) ||：逻辑或；

(3) !：逻辑非；

“&&”和“||”是双目运算符，“!”是单目运算符。表 3.9 为逻辑运算符的真值表。表中的“真”表示操作数位中有逻辑 1 出现，即位中的逻辑不全为 0；“假”则表示操作数位中的逻辑全为 0。

表 3.9 逻辑运算符的真值表

a	b	!a	!b	a&&b	a||b
真	真	0	0	1	1
真	假	0	1	0	1
假	真	1	0	0	1
假	假	1	1	0	0

例如：若A=1，B=0，C=4'b1001，D=4'b0000，则有：

```
!A=0；!B=1；A&&B=0；A||B=1；
!C=0；!D=1；C&&D=0；C||D=1；
```

3.5.4 关系运算符

Verilog HDL 语言中关系运算符包括：

(1) <：小于；

(2) >：大于；

(3) <=：小于或等于；

(4) >=：大于或等于。

注：“<=”操作符可作为赋值符号，这将在 3.6 节中详细讲解。

关系运算符是双目运算符。在进行关系运算时，如果两个操作数比较的结果是假，则返回值是 0；如果比较的结果是真，则返回值是 1；如果某个操作数的值不定，则关系是模糊的，返回值是不确定值。

3.5.5 等式运算符

Verilog HDL语言中等式运算符包括：

(1) ==：等于；
(2) !=：不等于；
(3) ===：全等；
(4) !==：不全等。

这四种运算符都是双目运算符，其结果由两个操作数的值决定。但“==”和“!=”运算符会比“===”和“!==”运算符多出一个比较结果——不定值(x)。这是因为操作数中某些位可能是不定值 x 和高阻值 z。用“==”和“!=”运算符进行比较时，结果可能为不定值 x；“===”和“!==”运算符则不同，它们在对操作数进行比较时对某些位的不定值 x 和高阻值 z 也进行比较，两个操作数必须完全一致，其比较结果只有 1 或 0。“===”和“!==”运算符常用于 case 表达式的判别，所以又称为“case 等式运算符”。这四个等式运算符的优先级别是相同的。表 3.10 列出了“==”和“===”运算符的真值表。“!=”和“!==”运算符的真值表类似，读者可自行推导出来。

表 3.10 相等运算符(==)和全等运算符(===)的真值表

==	0	1	x	z	===	0	1	x	z
0	1	0	x	x	0	1	0	0	0
1	0	1	x	x	1	0	1	0	0
x	x	x	x	x	x	0	0	1	0
z	x	x	x	x	z	0	0	0	1

下面举例说明“==”和“===”的区别。

例如：

```
if(A==1'bx)   begin     end; (当 A 等于 x 时，这个语句不执行)
if(A===1'bx) begin     end; (当 A 等于 x 时，这个语句执行)
```

3.5.6 移位运算符

在 Verilog HDL 中有以下两种移位运算符：

(1) >>：右移；
(2) <<：左移。

其使用方法如下：

```
a >> n   或   a << n
```

a 代表要进行移位的操作数，n 代表要移几位。这两种移位运算都用 0 来填补移出的空位。例如：

```
start   = 1;              //start 在初始时刻的值设为 0001
result = (start<<2);      //移位后，start 的值为 0100，然后赋给 result
```

从上面的例子中可以看出，start 在移过两位以后，用 0 来填补空出的位。

进行移位运算时应注意移位前后变量的位数，例如：

```
4'b1001<<1 = 5'b10010;
4'b1001<<2 = 6'b100100;
```

```
1<<6 = 32'b1000000;
4'b1001>>1 = 4'b0100;
4'b1001>>4 = 4'b0000;
```

3.5.7　条件运算符

Verilog HDL 中的条件运算符为?:。

该条件运算符的定义与 C 语言中的定义一样。方式如下：

信号=条件?真条件返回的表达式：假条件返回的表达式；

例如：

```
out=(a>=b)?a:b;
```

这是一个比较器语句，返回两者(a 和 b)中较大的数。

3.5.8　位拼接运算符

Verilog HDL 语言中的拼接运算符为{ }。

该运算符可以把两个或多个信号的某些位拼接起来。其使用方法如下：

{信号 1 的某几位，信号 2 的某几位，...，...，信号 n 的某几位}

即把某些信号的某些位详细地列出来，中间用逗号分开，最后用大括号括起来表示一个整体信号。

例如：

```
{a,b[6:5],c,3'b101}          //等同于{a,b[6],b[5],c,1'b1,1'b0,1'b1}
{b,{3{a,b}}}                 //等同于{b,a,b,a,b,a,b}
```

3.5.9　缩减运算符

Verilog HDL 中的缩减运算符如下：

(1) &：与；

(2) ~&：与非；

(3) |：或；

(4) ~|：或非；

(5) ^：异或；

(6) ~^或^~：同或。

缩减运算符是单目运算符，放在操作数前面。缩减运算是对单个操作数进行逻辑递推运算，最后的运算结果是一位二进制数。缩减运算的具体运算过程为：第一步将操作数的第一位与第二位进行逻辑运算，第二步将运算结果与第三位进行逻辑运算，依次类推，直至最后一位。

例如：

```
reg[3:0] A;
reg C;
C = &A;                //等同于 C =((A[0]&A[1]) & A[2] ) & A[3]
```

3.6　Verilog HDL 语言中的块语句和赋值语句

3.6.1　块语句

在 Verilog HDL 程序中，块语句是用块标志符 begin-end 或 fork-join 来界定的一组语句，这类似于 C 语言中的“{ }”，通常用来将两条或多条语句组合在一起。

1. 串行块 begin-end

串行块 begin-end 中的所有语句是按串行方式顺序执行的。其定义结构如下：

```
begin
    语句 1;
    语句 2;
    …
    语句 n;
end
```

2. 并行块 fork-join

并行块 fork-join 中的所有语句是并行执行的。其定义结构如下：

```
fork
    语句 1;
    语句 2;
    …
    语句 n;
join
```

3.6.2　赋值语句

在 Verilog HDL 语言中，信号有以下两种赋值方式：

(1) =：阻塞赋值；

(2) <=：非阻塞赋值。

阻塞赋值和非阻塞赋值的区别是：阻塞赋值在阻塞语句结束时就立即完成赋值操作；非阻塞赋值是在整个过程块结束时才完成赋值操作。

例如：

```
module block(c,b,a,clk);
output   c,b;
input    clk,a;
reg      c,b;
always @ (posedge clk) begin
```

```
    b=a;
    c=b;
  end
  endmodule
```

在上例的“always”块中采用阻塞赋值方式，定义了两个 reg 型信号 b 和 c，clk 信号的上升沿到来时，a 先赋值给 b，然后 b 赋值给 c(即等于 a)。需要注意的是，上述两个步骤是在同一个 clk 周期内执行的，并且几乎没有延迟。阻塞赋值描述的电路如图 3.2 所示。

如果把上例“always”块中的阻塞赋值方式改为非阻塞赋值方式(即 b<=a，c<=b)，则在 clk 信号的上升沿到来时，a 赋值给 b 和 b 赋值给 c 是同时进行的，即在同一个 clk 周期内 b 取 a 的值，同时 c 取 b 的值，但 c 并没有把 b 更新后的值取出来，而取的是原来的 b 值，这样一来，c 值将总比 b 值延迟一个 clk 周期。非阻塞赋值描述的电路如图 3.3 所示。

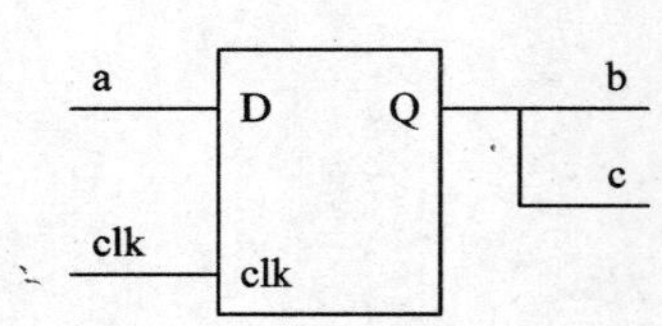

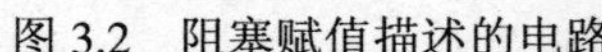

图 3.2　阻塞赋值描述的电路

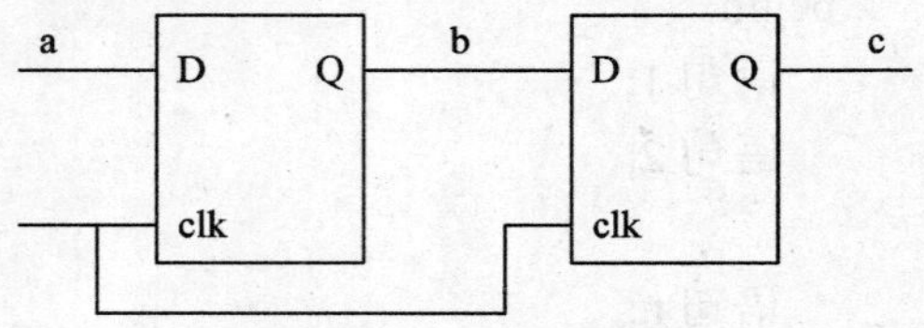

图 3.3　非阻塞赋值描述的电路

阻塞语句和非阻塞语句是两个非常重要的概念，在应用中应加以区别。通常，阻塞赋值用于描述组合逻辑电路，而非阻塞赋值则用于描述时序逻辑电路。

3.7　过 程 语 句

Verilog HDL语言中的一般过程模块都从属于以下两种结构的说明语句。

(1) initial说明语句；

(2) always说明语句。

3.7.1　initial 语句

initial语句的格式如下：

```
initial
    begin
        语句 1;
        语句 2;
        ...
        语句 n;
    end
```

initial 语句不带触发条件，initial 过程中的块语句只执行一次。initial 语句通常用于仿真模块。

例如：

```
//本书实验部分实验一的仿真程序
`timescale    10ns/1ns
module lab1_tp;
  reg CLK;                                   //仿真语言中需将 input 指定为 reg 型
  reg SW;
  wire [10:1] LED;                           //仿真语言中需将 output 指定为 wire 型
  parameter DELY=100;                        //定义符号常量 DELY 的值为 100
  lab1 uut(CLK, SW, LED);                    //调用 lab1.v 模块，对该模块进行仿真测试
     always #(DELY/2) CLK=~CLK;              //产生 CLK 的方波信号
     initial begin                           //initial 过程块语句
          CLK = 0;                           //初始化 CLK
          SW = 0;                            //初始化 SW
          #DELY    SW = 1;                   //过 50 ns 后，SW 赋为 1
          #DELY    SW = 0;                   //再过 50 ns 后，SW 赋为 0
          #DELY    SW = 1;
     end
    initial $monitor($time,,,"CLK=%b SW=%b LED=%b", CLK,SW,LED);
endmodule
```

initial和always说明语句在仿真的一开始同时执行。initial语句只执行一次，相反，always语句则不断地重复执行，直到仿真过程结束。在一个模块中，使用initial和always语句的次数是不受限制的。

3.7.2　always 语句

always 过程语句使用的模板如下：

```
always @(<敏感信号表达式>)
begin
//过程赋值
//if-else、case、casex、casez 选择语句
//for、while 等循环块
//task、function 调用
end
```

always 过程语句通常带有触发条件，触发条件被写在敏感信号列表中，只有当触发条件满足条件或发生变化时，其后的“begin-end”块语句才能被执行。

敏感信号可以分为两种类型：边沿敏感型、电平敏感型。

1. 边沿敏感型

例如：

```
always @(posedge clock or negedge reset)   //由两个边沿触发 always 块
begin
```

```
    …
end
```

posedge 和 negedge 是 Verilog HDL 提供的两个关键字。上述敏感信号中 posedge clock 表示时钟信号 clock 的上升沿作为触发条件，而 negedge reset 则表示 reset 信号的下降沿作为触发条件。

例如：

```
always @(posedge clk or negedge rst)
begin
        if(!rst)        //rst 信号下降沿到来时 q 值被初始化
            q<=0;
        else
            q<=in;
end
```

上例中 if(!rst)不能写为 if(rst)，因为 rst 信号是在下降沿到来时 q 值才被初始化的，故低电平初始化有效。如果要写成 if(rst)的形式，则触发条件中的“negedge rst”应改为“posedge rst”。另外，上例中的 q 值被初始化，也叫异步清零，如需写成同步清零的模式，则程序应改为

```
always @(posedge clk)
begin
        if(!rst)
            q<=0;
        else
            q<=in;
end
```

2. 电平敏感型

例如：

```
always @(a or b or c)                    //由多个电平触发 always 块
begin
    …
end
```

上述敏感信号表示只要 a、b、c 三个信号中任意一个信号的值发生改变，always 块都将被触发。

3.8 条件语句

3.8.1 if-else 语句

if 语句类似 C 语言中的 if-else 语句。其使用方法有以下三种：

```
(1) if(表达式)        语句;
(2) if(表达式)        语句 1;
    else                 语句 2;
(3) if(表达式 1)          语句 1;
    else  if(表达式 2)        语句 2;
    else  if(表达式 3)        语句 3;
    …
    else  if(表达式 m)        语句 m;
    else                      语句 n;
```

在使用 if-else 语句时，应注意以下几点：

(1) 上述三种形式中，“表达式”一般为逻辑表达式或关系表达式，也可以是 1 位的变量。系统对表达式的值进行判断，若为 0、x、z，则按“假”处理；若为 1，则按“真”处理，执行指定的语句。

(2) 在 if 和 else 后面可以包含多个操作语句，多操作语句时用 begin 和 end 这两个关键词将几个语句包含起来成为一个复合块语句。例如：

```
if(a>b)
    begin
      out1<=int1;
      out2<=int2;
    end
else
    begin
      out1<=int2;
      out2<=int1;
    end
```

(3)“表达式”中允许一定形式的简写方式。

例如：

```
if(a)        //等同于 if(a == 1)
if(!b)       //等同于 if(b != 1)
```

(4) if 语句可以嵌套使用。在 if 语句中包含一个或多个 if 语句称为 if 语句的嵌套使用。一般形式如下：

```
if(表达式 1)
    if(表达式 2)  语句 1      //内嵌 if
    else   语句 2
else
    if(表达式 3)  语句 3      //内嵌 if
    else   语句 4
```

if 与 else 存在配对关系。else 总是与它上面最近的 if 配对，当 else 最近的 if 存在配对的 else 时，应向上一级继续寻找配对的 if。如果 if 与 else 的数目不一样，则为了实现程序设计者的企图，可以用 begin-end 块语句来确定配对关系。例如:

```
if(表达式 1)
    begin
    if(表达式 2)   语句 1        //内嵌 if
    end
else
语句 2
```

这时 begin-end 块语句限定了内嵌 if 语句的范围，因此 else 与第一个 if 配对。当 begin-end 不存在时，上述的逻辑行为将发生改变，此时的 else 应与第二个 if 配对。下面通过一个例子来进行说明。

```
//本书实验部分的实验一程序
module lab1(
        CLK,        //EZBoard 开发板上的 4 MHz 时钟
        SW,         //EZBoard 开发板上的拨动开关
        LED         //输出连接 10 位 LED 灯
);
input    CLK;
input    SW;
output   [10:1] LED;
reg      [10:1] LED;
reg      ms500_clk;
reg      [19:0] ms500_cnt;
always@(posedge CLK or negedge SW) begin
  if(!SW) begin
        ms500_cnt <= 20'h0;
        ms500_clk <= 1'b0;
  end
  else begin    //else 与上面的 if 配对，即当 SW 信号为高电平时执行下面的语句
        ms500_cnt <= ms500_cnt + 1;
        if(ms500_cnt = = 20'hf4240) begin    //当 ms500_cnt 的值为 20'hf4240 时执行
//下面的语句
              ms500_cnt <= 20'h0;
              ms500_clk <= ~ms500_clk;
        end
        else   //当 ms500_cnt 的值不为 20'hf4240 时执行此语句
               ms500_clk <= ms500_clk;
  end
```

```
    end
    always@(posedge ms500_clk or negedge SW) begin
      if(!SW)
            LED <= 10'b1111111110;
      else
            LED <= {LED[9:1],LED[10]};    //LED 灯循环熄灭
    end
    endmodule
```

3.8.2 case 语句

case 语句的一般格式如下:

```
    case (敏感表达式)
        值 1：语句 1;
        值 2：语句 2;
        …
        值 n：语句 n;
        default：语句 n+1;
    endcase
```

当敏感表达式的值为 1 时，执行语句 1；当值为 2 时，执行语句 2；依次类推。如果敏感表达式的值与上面列出的值都不符，则执行 default 后面的语句。如果前面已列出了敏感表达式所有可能的取值，则 default 语句可以省略。

例如：

```
    //此程序为本书实验五中的一小段程序，它的作用是依次快速点亮 EZBoard 开发
    //板上的四位数码管。因人眼存在惰性现象，故误认为四位数码管同时处于
    //点亮状态
    always @(posedge ms2_clk or negedge sys_rst) begin
    if (!sys_rst) begin
            DLA[3:0] <= 4'b0111;
            DL[7:0] <= 8'hc0;
            counter <= 0;    //对两位寄存器 counter 赋 0 值
        end
        else begin
            counter <= counter + 1;
            case(counter)    //counter 只存在四种值，则 default 语句可以省略
                2'b00 : begin    DLA[3:0] <= 4'b1110;    DL[7:0] <= reg_data[q_cnt]; end
                2'b01 : begin    DLA[3:0]<= 4'b1101;    DL[7:0] <= reg_data[b_cnt]; end
                2'b10 : begin    DLA[3:0] <= 4'b1011;    DL[7:0] <= reg_data[s_cnt]; end
```

```
                2'b11 : begin    DLA[3:0] <= 4'b0111;    DL[7:0] <= reg_data[g_cnt]; end
            endcase
        end
    end
```

在 case 语句中，敏感表达式与 1～n 间的比较是一种全等比较，必须保证两者对应位的值全等。casez 与 casex 语句是 case 语句的两种扩展类型。在 casez 语句中，如果分支表达式某些位的值为高阻 z，那么对这些位的值就不予比较，即此位的值相等，因此只需比较其他的位。在 casex 语句中，如果比较的双方有一方的某些位的值是 x 或 z，那么该位的值就都不予比较。case、casez 和 casex 的比较关系如表 3.11 所示。

表 3.11　case、casez 和 casex 语句的真值表

case	0 1 x z	casez	0 1 x z	casex	0 1 x z
0	1 0 0 0	0	1 0 0 1	0	1 0 1 1
1	0 1 0 0	1	0 1 0 1	1	0 1 1 1
x	0 0 1 0	x	0 0 1 1	x	1 1 1 1
z	0 0 0 1	z	1 1 1 1	z	1 1 1 1

此外，可用符号“？”来表示0、1、z、x这四种值。

3.9　循环语句

在Verilog HDL中提供如下四种类型的循环语句。

(1) forever语句；

(2) repeat语句；

(3) while语句；

(4) for语句。

一般综合器只支持for循环语句，不过建议尽量少用for循环语句，因为for循环语句占用的逻辑资源大。循环语句一般用于仿真语言中。下面对各种循环语句进行详细介绍。

3.9.1　forever 语句

forever语句的使用格式如下：

```
forever    语句;
```

或

```
forever    begin
多条语句
end
```

forever 循环语句常用于产生周期性的波形，用来作为仿真测试信号。它与 always 语句的不同之处在于不能独立写在程序中，而必须写在 initial 块中。

3.9.2　repeat 语句

repeat 语句的使用格式如下：

```
repeat(循环次数表达式)　语句;
```

或

```
repeat(循环次数表达式)　begin
                          多条语句
                          end
```

3.9.3　while 语句

while 语句的使用格式如下：

```
while(循环次数条件表达式)　语句
```

或

```
while(循环次数条件表达式)　begin
                              多条语句
                              end
```

下面举一个 while 语句的例子，该例用 while 循环语句实现了一个 32 位整数的循环显示。

```
module loop;
    integer i;
    initial begin
        i=0;
        while(i<4)
        begin
        $display("i=%h",i);
        i=i+1;
        end
    end
endmodule
```

3.9.4　for 语句

for循环语句的一般形式如下：

```
for(表达式 1；表达式 2；表达式 3)　语句
```

for语句的执行过程如下：

(1) 先求解表达式1。

(2) 求解表达式2，若其值为真(非0)，则执行for语句中指定的内嵌语句，然后执行下面的第3步；若为假(0)，则结束循环，转到第(5)步。

(3) 若表达式为真，则在执行指定的语句后，求解表达式 3。

(4) 转回上面的步骤(2)继续执行。

(5) 执行 for 语句下面的语句。

下面是用 for 循环语句初始化 memory 的例子：

```
begin
        reg[15:0] tem;
        for(tem=0;tem<16;tem=tem+1)
                memory[tem]=0;
end
```

3.10　task 和 function 说明语句

3.10.1　task 说明语句

task 说明语句的格式如下：

```
task <任务名>;
        <端口及数据类型声明语句>
        <语句 1>
        <语句 2>
        …
        <语句 n>
endtask
```

任务的调用格式如下：

```
<任务名>(端口 1，端口 2，...，端口 n);
```

任务在定义时无端口列表，而任务在调用时的端口列表应和定义时的端口声明一一对应。以下是一个任务的具体实例。

```
module operation(code,value,a,b);
        output[4:0]      value;
        input[3:0]       a,b;
        input[1:0]       code;
        reg[7:0]         value;
        task my_and      //任务定义，注意无端口列表
        output[4:0] value;
        input[3:0] a,b;
        begin
```

```
            out[3]<=a[3]&b[3];
            out[2]<=a[2]&b[2];
            out[1]<=a[1]&b[1];
            out[0]<=a[0]&b[0];
        end
        always@(code or a or b) begin
            case(code)
                2'b00 : my_and(value,a,b); //调用任务 my_and，端口与 value、a、b 声明
                        //一一对应
                2'b01 : value<=a|b;
                2'b10 : value<=a-b;
                2'b11 : value<=a+b;
            endcase
        end
        endmodule
```

3.10.2 function 说明语句

定义 function 函数的目的是返回一个用于表达式的值。其定义格式如下：

```
function <返回值的类型或范围> (函数名);
        <端口说明语句>
        <变量类型说明语句>
        <语句 1>
        <语句 2>
        …
        <语句 n>
endfunction
```

<返回值的类型或范围>这一项是可选项，如缺省则返回值为一位寄存器类型数据。函数的定义把函数返回值所赋值寄存器的名称初始化为与函数同名的内部变量。例如：

```
function [7:0] getbyte;
input [15:0] address;
begin
getbyte = address[7:0]; //从地址字中提取低字节
end
endfunction
```

函数的调用格式如下：

```
<函数名> (<表达式>,<表达式>*)
```

其中，函数名作为确认符。下面的例子通过对两次调用函数 getbyte 的结果值进行位拼接运算来生成一个字。

word = control? {getbyte(msbyte),getbyte(lsbyte)} : 0;

与任务相比较，函数的使用有较多的约束。下面给出的是函数的使用规则。

(1) 函数的定义不能包含有任何时间控制语句，即任何用#、@或 wait 来标识的语句。

(2) 函数不能启动任务。

(3) 定义函数时至少要有一个输入参量。

(4) 在函数的定义中必须有一条赋值语句给函数中的一个内部变量赋以函数的结果值，该内部变量具有和函数名相同的名字。

3.11 系统任务和函数

Verilog HDL 的系统任务和系统函数主要用于仿真。在数字电路设计中，仿真是一个重要的环节，它可以检查电路逻辑设计的准确性。一个复杂的逻辑电路被 Verilog HDL 语言描述后，综合器综合出来的只是一个个模块的组合。如果中间的哪个模块描述错误，则此时不借助仿真器来查看内部信号，要查出错误是相当困难的。

仿真可分为前仿真和后仿真。在设计输入阶段进行的仿真不考虑信号的时延等因素，称为功能仿真，即前仿真；后仿真又称时序仿真，它是指在选择了具体器件并完成了布局布线后进行的含电路实际关系的仿真。

Verilog HDL 语言中有以下系统函数和任务：

$bitstoreal、$rtoi、$display、$setup、$finish、$skew、$hold、$setuphold、$itor、$strobe、$period、$time、$printtimescale、$timefoemat、$realtime、$width、$realtobits、$write、$recovery。

在 Verilog HDL 语言中，每个系统函数和任务前面都用一个标识符 $ 来加以确认。这些系统函数和任务提供了非常强大的功能。下面对一些常用的系统函数和任务逐一进行介绍。

3.11.1 系统任务$display 和$write

$display 和$write 的格式如下：

    $display("格式控制符", 输出变量列表);

或

    $display("字符串");
    $write("格式控制符", 输出变量列表);

或

    $write("字符串");

$display 和 $write 是两个系统任务，两者的功能都类似于 C 语言中的 printf 函数，都用于显示结果信息。其区别是 $display 在执行完整个函数后能自动进行换行，而 $write 不能。如果想在一行里输出多个信息，则可以使用 $write。在 $display 和 $write 中，定义信号的输出格式控制符如表 3.12 所示。

表 3.12　格式控制符

输出格式	说　明
%h 或%H	以十六进制数的形式输出
%d 或%D	以十进制数的形式输出
%o 或%O	以八进制数的形式输出
%b 或%B	以二进制数的形式输出
%c 或%C	以 ASCII 码字符的形式输出
%v 或%V	输出线网型数据信号强度
%m 或%M	输出等级层次的名字
%s 或%S	以字符串的形式输出
%t 或%T	以当前的时间格式输出
%e 或%E	以指数的形式输出实型数
%f 或%F	以十进制数的形式输出实型数
%g 或%G	以指数或十进制数的形式输出实型数

有时输出的信号需要用空格隔开，如用"\t"字符，表示一个 Tab 键。这种字符在 Verilog HDL 语言中叫做转义字符。表 3.13 中列举了几种常用的转义字符。

表 3.13　转 义 字 符

换码序列	功　能
\n	换行
\t	Tab 键
\\	反斜杠字符\
\"	双引号字符"
\o	1～3 位八进制数代表的字符
%%	百分符号%

在 $display 和 $write 的参数列表中，"输出变量列表"是需要输出的一些数据，可以是表达式。例如：

```
module disp;
    reg[31:0] value;
    initial
    begin
        value =101;
        $display("rval=%h hex %d decimal", value, value);
```

```
        $display("rval=%o otal %b binary", value, value);
        $wirte("%s",101);
        $display("is ascii value for 101");
        $display("simulation time is %t",$time);
    end
endmodule
```

其输出结果如下：

```
rval=00000065 hex 101 decimal
rval=00000000145 octal 00000000000000000000000001100101 binary
e is ascii value for 101
simulation time is 0
```

如果输出列表中表达式的值包含有不确定的值或高阻值，则其输出结果遵循以下规则：

(1) 在输出格式为十进制的情况下：

① 如果表达式值的所有位均为不定值，则输出结果为小写的 x。

② 如果表达式值的所有位均为高阻值，则输出结果为小写的 z。

③ 如果表达式值的部分位为不定值，则输出结果为大写的 X。

④ 如果表达式值的部分位为高阻值，则输出结果为大写的 Z。

(2) 在输出格式为十六进制和八进制的情况下：

① 每 4 位二进制数为一组，代表一位十六进制数；每 3 位二进制数为一组，代表 1 位八进制数。

② 如果表达式值相对应的某进制数的所有位均为不定值，则该位进制数的输出结果为小写的 x。

③ 如果表达式值相对应的某进制数的所有位均为高阻值，则该位进制数的输出结果为小写的 z。

④ 如果表达式值相对应的某进制数的部分位为不定值，则该位进制数的输出结果为大写的 X。

⑤ 如果表达式值相对应的某进制数的部分位为高阻值，则该位进制数的输出结果为大写的 Z。

对于二进制输出格式，表达式值的每一位的输出结果为 0、1、x、z。例如：

```
$display("%d", 1'bx);
```

输出结果为：x。

```
$display("%h", 14'bx0_1010);
```

输出结果为：xxXa。

```
$display("%h %o",12'b001x_xx10_1x01,12'b001_xxx_101_x01);
```

输出结果为：XXX 1x5X。

注意：因为 $write 在输出时不换行，所以要注意它的使用。可以在 $write 中加入换行符\n，以确保明确地输出显示格式。

3.11.2　系统任务 $monitor

$monitor 的格式如下：

　　$monitor(“格式控制符”，输出变量名列表);

$monitor 与$display 和$write 类似，都是输出控制类的系统任务。但任务$monitor 提供了监控输出变量的功能，每当输出变量发生变化时，任务$monitor 都将再执行一遍。

例如：

```
$monitor($time,,"a=%b b=%h",a,b);
```

每次 a 或 b 信号的值发生变化都会激活上面的语句，并显示当前仿真时间、二进制格式的 a 信号值和十六进制格式的 b 信号值。

3.11.3　系统函数 $time 和 $realtime

$time 和$realtime 都是属于返回仿真时间的系统函数。调用这两个时间系统函数可以得到当前时刻距离仿真开始时刻的时间量值。$time 函数与$realtime 函数唯一不同之处是：$time 函数以 64 位整数值的形式返回模拟时间，而$realtime 函数以实数型数据返回模拟时间。

下面通过实例可看出$time 和$realtime 函数的具体区别，例如：

```
`timescale    10ns/1ns
module test;
    reg ts;
    parameter p=1.8;
    initial
    begin
        $monitor($time, , ,"ts=",ts);
    #p set=0;
        #p set=1;
    end
endmodule
```

上面的例子用仿真器，其输出结果如下：

```
0        ts=x
2        ts=0
4        ts=1
```

$time 显示时刻受时间尺度比例的影响。在上面的例子中，时间尺度是 10 ns，因为$time 输出的时刻总是时间尺度的倍数，所以在 18 ns 和 36 ns 时刻分别输出的结果为 1.8 和 3.6。但因为$time 的输出数值为整数形式，所以 1.8 和 3.6 四舍五入后就变成了 2 和 4。如果将上例中的$time 改为$realtime，则仿真后输出值变为

```
0      ts=x
1.8    ts=0
3.6    ts=1
```

3.11.4　系统任务 $stop 和 $finish

$stop 和$finish 的格式如下：

```
$stop;
```

或

```
$stop(n);
$finish;
```

或

```
$finish(n);
```

系统任务 $stop 和 $finish 用于对仿真过程进行控制，分别表示中断仿真和结束仿真。$ stop 和 $finish 后面可以带参数 n，n 可以是 0、1、2 等值。如果不带参数，则默认的参数值为 1。下面给出了对于不同的参数值，系统输出的特征信息。

(1) 不输出任何信息；

(2) 输出当前仿真时刻和位置；

(3) 输出当前仿真时刻、位置和在仿真过程中所用 memory 及 CPU 时间的统计。

3.11.5　系统任务 $readmemb 和 $readmemh

在 Verilog HDL 程序中有两个系统任务$readmemb 和$readmemh，用来从文件中读取数据到存储器中。这两个系统任务可以在仿真的任何时刻被执行使用，其使用格式如下：

```
$readmemb("<数据文件名>", <存储器名>, <起始地址>, <结束地址>);
$readmemh("<数据文件名>", <存储器名>, <起始地址>, <结束地址>);
```

在这两个系统任务中，被读取的数据文件的内容只能包含空白位置(空格、换行、制表格(tab))、注释行(//形式的和/*...*/形式的都允许)、二进制或十六进制的数字。数字中不能包含位宽说明和格式说明。对于 $readmemb 系统任务，每个数字必须是二进制数字；对于 $readmemh 系统任务，每个数字必须是十六进制数字。数字中不定值 x 或 X、高阻值 z 或 Z 和下划线的使用方法及代表的意义与一般 Verilog HDL 程序中的用法及意义是一样的。另外，数字必须用空白位置或注释行来分隔开。

定义系统任务 $readmemb 和 $readmemh 时，起始地址和结束地址均可缺省。如果缺省起始地址，则表示从存储器的首地址开始存储；如果缺省结束地址，则表示一直存储到存储器的结束地址。

例如：

```
reg[7:0]   memory[255:0];
initial begin
$readmemb("mem", memory);          //将 mem 中的数据装载到存储器 memory 中，
                                   //起始地址为 0
```

```
end
initial begin
$readmemh("mem",memory,20);  //将 mem 中的数据装载到存储器 memory 中，
                             //起始地址为 20
end
```

3.11.6　系统函数 $random

$random 是一个产生随机数的函数。每次调用此函数将返回一个 32 位(bit)的随机数，该随机数是一个带符号的整型数。

其调用格式如下：

```
$random;
```

或

```
$random % n;
```

当$random 函数后面定义了一个 n(n 需大于 0)值时，产生的随机数就有了一定的范围，其范围是(−n+1)～(n−1)。

例如：

```
reg[23:0] data;
data = $random % 80;    //data 的值是在 −79～79 之间的随机数
```

3.12　编译预处理

Verilog HDL 语言和 C 语言一样也提供了编译预处理的功能。“编译预处理”是 Verilog HDL 编译系统的一个组成部分。Verilog HDL 语言允许在程序中使用几种特殊的命令。Verilog HDL 编译系统通常先对这些特殊的命令进行“预处理”，然后将预处理的结果和源程序一起再进行通常的编译处理。

在 Verilog HDL 语言中，为了和一般的语句相区别，这些预处理命令以符号“`”开头(注意这个符号不同于单引号“'”)。这些预处理命令的有效作用范围为定义命令之后到本文件结束或到其他命令替代该命令之处。Verilog HDL 提供了以下预编译命令：

`accelerate、`autoexpand_vectornets、`celldefine、`default_nettype、`define、`else、`endcelldefine、`endif、`endprotect、`endprotected、`expand_vectornets、`ifdef、`include、`noaccelerate、`noexpand_vectornets、`noremove_gatenames、`noremove_netnames、`nounconnected_drive、`protect、`protecte、`remove_gatenames、`remove_netnames、`reset、`timescale、`unconnected_drive。

下面对常用的`define、`include、`timescale 进行介绍。

3.12.1　宏定义`define

`define 的格式如下：

```
`define 标识符(宏名) (宏内容)
```

该定义是指用宏名来代替宏内容。

例如：

```
`define    WORDSIZE 7
module
...
reg[`WORDSIZE:0]    data;          //相当于定义 reg[7:0] data
...
```

在使用宏定义时应注意以下几点说明：

(1) 宏名可以用大写字母表示，也可以用小写字母表示。建议使用大写字母，以与变量名相区别。

(2) `define 命令可以出现在模块定义里面，也可以出现在模块定义外面。宏名的有效范围为定义命令之后到原文件结束。通常，`define 命令写在模块定义的外面，作为程序的一部分，在此程序内有效。

(3) 使用宏名代替一个字符串可以减少程序中重复书写某些字符串的工作量，而且记住一个宏名要比记住一个无规律的字符串容易，这样可以提高程序的可移植性和可读性。

(4) 宏定义是用宏名代替一个字符串，也就是作简单的置换，不作语法检查。预处理时照样代入，不管含义是否正确。只有在编译已被宏展开后的源程序时才报错。

(5) 宏定义不是 Verilog HDL 语句，不必在行末加分号。如果加了分号，则会连分号一起进行置换。

(6) 在进行宏定义时，可以引用已定义的宏名，可以层层置换。

(7) 宏名和宏内容必须在同一行中进行声明。如果在宏内容中包含有注释行，则注释行不会作为被置换的内容。

3.12.2　文件包含处理`include

所谓文件包含处理，是指一个源文件可以将另外一个源文件的全部内容包含进来，与 C 语言中调用自定义函数类似。Verilog HDL 语言提供了`include 命令，用来实现“文件包含”的操作。其一般形式如下：

```
`include“文件名”
```

“文件包含”命令是很有用的，它可以减少程序设计人员的重复编写工作。在编写 Verilog HDL 源文件时，一个源文件可能经常要用到另外几个源文件中的模块，遇到这种情况即可用`include 命令将所需模块的源文件包含进来。

3.12.3　时间尺度`timescale

`timescale 命令用来说明跟在该命令后的模块的时间单位和时间精度。使用`timescale 命令可以在同一个设计里包含采用不同时间单位的模块。例如，一个设计中包含了两个模块：一个模块的时间延迟单位为 ns，另一个模块的时间延迟单位为 ps，EDA 工具仍然可以对这个设计进行仿真测试。

`timescale 命令的格式如下：

`timescale<时间单位>/<时间精度>

在这条命令中，时间单位参量是用来定义模块中仿真时间和延迟时间的基准单位；时间精度参量用来声明该模块的仿真时间的精确程度，该参量被用来对延迟时间值进行取整操作(仿真前)，因此该参量被称为取整精度。如果在同一个程序设计中，存在多个`timescale 命令，则用最小的时间精度值来决定仿真的时间单位。另外，时间精度至少要和时间单位一样精确，时间精度值不能大于时间单位值。

在`timescale 命令中，用于说明时间单位和时间精度参量值的数字必须是整数，其有效数字为 1、10、100，单位为秒(s)、毫秒(ms)、微秒(μs)、纳秒(ns)、皮秒(ps)、飞秒(fs)。

例如：

`timescale　1ns/1ps

在这个命令之后，模块中所有的时间值都表示为 1 ns 的整数倍。这是因为在`timescale 命令中定义了时间单位是 1 ns。模块中的延迟时间可表达为带三位小数的实型数，因为`timescale 命令定义时间精度为 1 ps。表 3.14 说明了时间延迟算法的几个示例。

表 3.14　时间延迟和精度说明

单位/时间	延迟说明	时间延迟	说　明
10 ns/1 ns	#8	80 ns	延迟是 8 乘以时间单位 10
10 ns/1 ns	#8.928	89 ns	8.928 四舍五入到小数点后一位，然后乘以 10
10 ns/100 ps	#8.928	89.3 ns	8.928 四舍五入到小数点后两位，然后乘以 10
10 ns/10 ns	#8.9	90 ns	8.9 四舍五入成整数，然后乘以 10

习　题　3

1. 什么是硬件描述语言？Verilog HDL 语言与 C 语言最根本的区别是什么？

2. Verilog HDL 程序包括哪几个主要部分？它们分别有什么作用？

3. 下列标志符哪些是合法的，哪些是错误的？

   8_Num，_counter，\a$b，Sum*，Sig_Camshaft

4. 下列数字的表示方法是否正确？

   2'b12，8'b1010111，5'd8，'b1011，hbcf，(1+3)'b1100

5. wire 型变量与 reg 型变量有什么本质的区别？

6. 阻塞赋值和非阻塞赋值的区别是什么？

7. 用 Verilog HDL 语言设计一个 16 位的加法器，并进行综合和仿真，查看综合和仿真结果。

提示：基本操作步骤可查看本书下篇中的实验一。

第 4 章　Verilog HDL 程序的描述方式

Verilog HDL 程序有以下三种描述方式：

(1) 门级结构描述；

(2) 行为描述；

(3) 数据流描述。

在电路设计中，应选择较容易表达的方式进行设计。一般门级结构描述的方式较少使用，因为当用门级结构描述复杂的逻辑电路设计时，首先要分析真值表，然后写出最简逻辑表达式，画出门级组合原理图，再用门级结构方式描述电路。用行为或数据流方式描述逻辑电路则省略了写最简逻辑表达式和画门级组合原理图的步骤。另外，用门级结构描述的电路很难由综合器再进行优化，而用行为描述和数据流描述的电路可被综合器进行优化处理。一般设计较复杂的逻辑电路时，可采用上述三种方式的混合描述方式。下面分别介绍这几种描述方式。

4.1　门级结构描述

4.1.1　Verilog HDL 内置门元件的介绍

Verilog HDL 中有丰富的门级元件，分为基本门和三态门。门级元件如表 4.1 所示。

表 4.1　Verilog HDL 的内置门元件

类型	关键字	门符号示意图	门元件名称
基本门	and		与门
	nand		与非门
	or	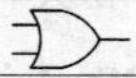	或门
	nor	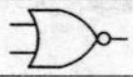	或非门
	xor		异或门
	xnor	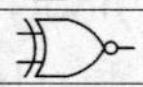	异或非门
	not	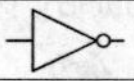	非门
	buf	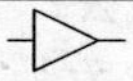	缓冲器
三态门	notif1	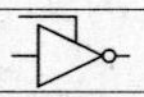	高电平使能三态非门
	notif0	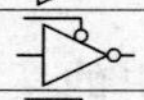	低电平使能三态非门
	bufif1		高电平使能三态缓冲器
	bufif0	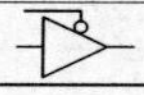	低电平使能三态缓冲器

上述门级元件的真值表如表 4.2～4.7 所示。在 Verilog HDL 语言中，对上述门级元件的调用格式如下：

门级元件名字 <例化的门名字> (<输出端口列表，输入端口列表>)；

例如：

```
and    A1 (out, in1, in2, in3, in4)；  //四输入的与门，其与门名字为 A1
bufif0   TRI1(out, in, enable)；      //低电平使能的三态门
not   N1(out1，out2，in)；           //buf 与 not 可有多个输入，但只有一个输出
```

表 4.2　and(与门)和 nand(与非门)的真值表

and	0	1	x	z	nand	0	1	x	z
0	0	0	0	0	0	1	1	1	1
1	0	1	x	x	1	1	0	x	x
x	0	x	x	x	x	1	x	x	x
z	0	x	x	x	z	1	x	x	x

表 4.3　or(或门)和 nor(或非门)的真值表

or	0	1	x	z	nor	0	1	x	z
0	0	1	x	x	0	1	0	x	x
1	1	1	1	1	1	0	0	0	0
x	x	1	x	x	x	x	0	x	x
z	x	x	x	x	z	x	x	x	x

表 4.4　xor(异或门)和 xnor(异或非门)的真值表

xor	0	1	x	z	xnor	0	1	x	z
0	0	1	x	x	0	1	0	x	x
1	1	0	x	x	1	0	1	x	x
x	x	x	x	x	x	x	x	x	x
z	x	x	x	x	z	x	x	x	x

表 4.5　not(非门)和 buf(缓冲器)的真值表

not		buf	
输入	输出	输入	输出
0	1	0	1
1	0	1	0
x	x	x	x
z	x	z	x

表 4.6　notif1(高电平使能三态非门)和 notif0(低电平使能三态非门)的真值表

notif1		使能端				notif0		使能端			
		0	1	x	z			0	1	x	z
输入	0	z	1	1 或 z	0 或 z	输入	0	1	z	1 或 z	1 或 z
	1	z	0	0 或 z	1 或 z		1	0	z	0 或 z	0 或 z
	x	z	x	x	x		x	x	z	x	x
	z	z	x	x	x		z	z	x	x	x

表 4.7　bufif1(高电平使能三态缓冲器)和 bufif0(低电平使能三态缓冲器)的真值表

bufif1		使能端				bufif0		使能端			
		0	1	x	z			0	1	x	z
输入	0	z	1	0 或 z	0 或 z	输入	0	1	z	0 或 z	0 或 z
	1	z	0	1 或 z	1 或 z		1	0	z	1 或 z	1 或 z
	x	z	x	x	x		x	x	z	x	x
	z	z	x	x	x		z	z	x	x	x

4.1.2　门级结构描述实例

要描述一位全加器，用 Verilog HDL 语言门级结构描述的步骤如下：

(1) 建立真值表。表 4.8 为一位全加器的真值表。表中，a、b、cin 为输入端口；sum、cout 为输出端口。

表 4.8　一位全加器的真值表

a	b	cin	sum	cout
0	0	0	0	0
0	0	1	1	0
0	1	0	1	0
0	1	1	0	1
1	0	0	1	0
1	0	1	0	1
1	1	0	0	1
1	1	1	1	1

(2) 列出输出端口的最简逻辑表达式。由表 4.8 得 sum 和 cout 的逻辑表达式如下：

$$
\begin{aligned}
\mathrm{sum} &= \bar{a}\,\bar{b}\,\mathrm{cin} + \bar{a}b\,\overline{\mathrm{cin}} + a\bar{b}\,\overline{\mathrm{cin}} + ab\,\mathrm{cin} \\
&= \left(\bar{a}\,\bar{b} + ab\right)\mathrm{cin} + \left(\bar{a}b + a\bar{b}\right)\overline{\mathrm{cin}} \\
&= a \oplus b \oplus \mathrm{cin}
\end{aligned}
$$

$$
\begin{aligned}
\mathrm{cout} &= \bar{a}b\,\mathrm{cin} + a\bar{b}\,\mathrm{cin} + ab\,\overline{\mathrm{cin}} + ab\,\mathrm{cin} \\
&= ab + \left(a \oplus b\right)\mathrm{cin}
\end{aligned}
$$

(3) 画门级组合原理图。由 sum 和 cout 的最简逻辑表达式可得到一位全加器的门级组合原理图(如图 4.1 所示)。但这种门级结构组合被综合成实际的电路后，可能会出现错误的结果，因为 sum 为二级输出，而 cout 为三级输出，这样 sum 的值总比 cout 的值输出得快，所以必须对此门级组合进行改进。仔细观察表 4.8 中输入与输出端口的数据可知，只要三个输入值中有两个或两个以上的值为 1，输出 cout 的值就为 1，因此 cout 的最简逻辑表达式变为：cout=ab+acin+bcin。图 4.2 为改进后的一位全加器的门级组合原理图。从图中可知，此时的 sum 和 cout 值都是二级输出。

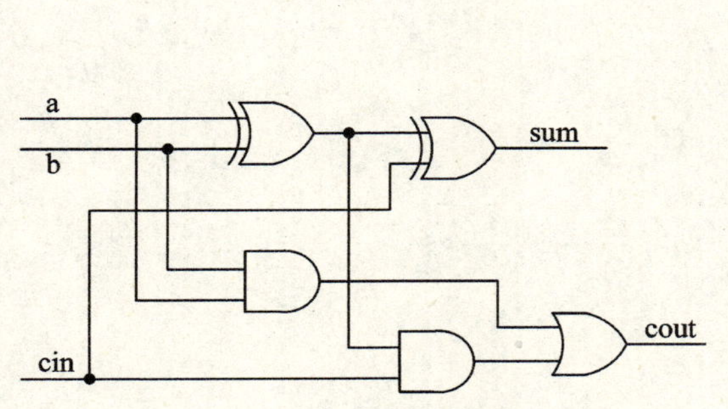

图 4.1　一位全加器的门级组合原理图(一)

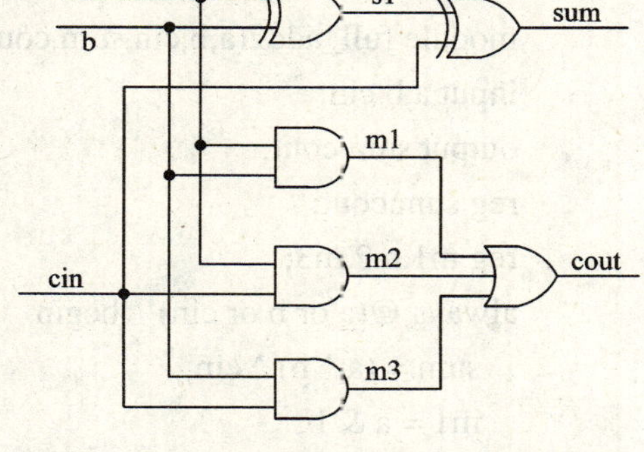

图 4.2　一位全加器的门级组合原理图(二)

用 Verilog HDL 语言对图 4.2 所示的门级结构描述如下：

```
module full_add1(a,b,cin,sum,cout);
input a,b,cin;
output sum,cout;
wire s1,m1,m2,m3;
and   (m1,a,b),
      (m2,b,cin),
      (m3,a,cin);
xor   (s1,a,b),
      (sum,s1,cin);
or    (cout,m1,m2,m3);
endmodule
```

4.2 行为描述

Verilog HDL 门级结构的描述方式主要是描述电路由哪些基本元件组成，以及这些基本元件的相互连接关系。Verilog HDL 行为描述的方式比较随意，其语法结构非常适合于算法级和 RTL 级的模型设计。这种行为描述语言具有以下功能：

(1) 可描述顺序执行或并行执行的程序结构。

(2) 用延迟表达式或事件表达式来明确地控制过程的启动时间。

(3) 通过命名的事件来触发其他过程中的激活行为或停止行为。

(4) 提供了条件、if-else、case、循环程序结构。

(5) 提供了可带参数且非零延续时间的任务(task)程序结构。

(6) 提供了可定义新的操作符的函数结构(function)。

(7) 提供了用于建立表达式的算术运算符、逻辑运算符、位运算符。

在 Verilog HDL 语言中，一般采用 always 过程语句来描述电路的行为特征。例如，用行为描述方式描述 4.1 节中的一位全加器有以下三种方式：

(1) 一位全加器的行为描述方式一：

```
module full_add2(a,b,cin,sum,cout);
input a,b,cin;
output sum,cout;
reg sum,cout;
reg m1,m2,m3;
always @(a or b or cin)   begin
   sum = (a ^ b) ^ cin;
   m1 = a & b;
   m2 = b & cin;
   m3 = a & cin;
   cout = (m1|m2)|m3;
end
endmodule
```

(2) 一位全加器的行为描述方式二：

```
module half_add3(a,b,sum,cout);
input a,b;
output sum,cout;
reg sum,cout;
always @(a or b or cin)   begin
      case ({a,b,cin})                    //真值表描述
            3'b000: begin   sum=0; cout=0;   end
            3'b001: begin   sum=1; cout=0;   end
            3'b010: begin   sum=1; cout=0;   end
            3'b011: begin   sum=0; cout=1;   end
            3'b100: begin   sum=1; cout=0;   end
            3'b101: begin   sum=0; cout=1;   end
            3'b110: begin   sum=0; cout=1;   end
            3'b111: begin   sum=1; cout=1;   end
      endcase
end
endmodule
```

(3) 一位全加器的行为描述方式三：

```
module add4 (cout,sum,a,b,cin);
output sum,cout;
input a,b;
reg sum,cout;
always @(a or b or cin)    begin
      {cout,sum}=a+b+cin;
end
endmodule
```

4.3 数据流描述

数据流描述方式一般采用 assign 语句进行电路描述。例如，用数据流描述方式描述 4.1 节中的 1 位全加器有以下两种方式：

(1) 一位全加器的数据流描述方式一：

```
module full_add5(a,b,cin,sum,cout);
input a,b,cin;
output sum,cout;
assign {cout,sum}=a+b+cin;
endmodule
```

(2) 一位全加器的数据流描述方式二：

```
module full_add6(a,b,cin,sum,cout);
input a,b,cin;
output sum,cout;
assign sum = a ^ b ^ cin;
assign cout = (a & b)|(b & cin)|(cin & a);
endmodule
```

4.4 混合描述

例如，用混合描述方式描述 4.1 节中一位全加器的方式如下：

```
module full_add7(a,b,cin,sum,cout);
input a,b,cin;
output sum,cout;
reg cout,m1,m2,m3;                    //在 always 块中被赋值的变量应定义为 reg 型
wire s1;
```

```
xor x1(s1,a,b);                         //调用门元件
always @(a or b or cin)   begin         //always 块语句
     m1 = a & b;
     m2 = b & cin;
     m3 = a & cin;
cout = (m1| m2) | m3;
end
assign sum = s1 ^ cin;                  //assign 赋值语句
endmodule
`include "full_add1.v"   // `include "../RTL/cam_vga/cam_vga_ctrl.v"
module add4_1(sum,cout,a,b,cin);
output[3:0] sum;
output cout;
input[3:0] a,b;
input cin;
full_add1 f0(a[0],b[0],cin,sum[0],cin1);
full_add1 f1(a[1],b[1],cin1,sum[1],cin2);
full_add1 f2(a[2],b[2],cin2,sum[2],cin3);
full_add1 f3(a[3],b[3],cin3,sum[3],cout);
endmodule
```

习 题 4

1. Verilog HDL 程序有几种描述方式？它们各自有什么特点？

2. 分别用几种不同的描述方式设计一个 16 位的加法器，并进行综合和仿真，查看综合和仿真结果。

第 5 章 常用数字电路的设计技巧

5.1 锁存器的产生

在电路设计中如果不是必需，则应该尽量使用触发器，而不用锁存器。下面给出用 Verilog HDL 语言描述触发器和锁存器的例子。

always @ (posedge clk) begin
q <= d;
end
	always @ (en or d) begin
	if(en)
	q <= d;
	end

触发器	锁存器

从上面的例子我们可以看出，触发器是在时钟沿进行数据锁存的，而锁存器是用电平使能来锁存数据的。所以，触发器的 q 输出端在每一个时钟沿都会被更新，而锁存器只能在使能电平有效时其 q 值才会被更新。

在 Verilog HDL 程序设计中，如果条件语句的所有条件没有列举出来，则很容易生成锁存器。下面我们给出一个在“always”块中使用 if 语句造成出现锁存器的例子。

always @ (sel or d) begin
if(sel) q <= d;
end
	always @ (sel or d) begin
	if(sel) q <= d;
	else q <= 0;
	end

有锁存器	无锁存器

在左边的“always”块，if 语句说明只有当 sel=1 时，q 才取 d 的值。这段程序并没有写出 sel=0 时的结果，那么当综合器综合这段程序时，会自动认为在 sel=0 时 q 值保持原值。这样电路中必然会出现一个锁存器来锁存 q 的值。如果设计者希望当 sel=0 时 q 的值为 0，

那么 else 项就必不可少了。请看右边的“always”块，整段程序模块被综合器综合后，“always”块对应的部分不会生成锁存器。

在条件 case 语句中缺少 default 项时，也会发生这种情况。例如：

always @ (sel[1:0] or a or b)
  case(sel[1:0])
    2'b00：q <= a;
    2'b10：q <= b;
  endcase
	always @ (sel[1:0] or a or b)
	  case(sel[1:0])
	    2'b00：q <= a;
	    2'b10：q <= b;
	    default：q <= 0;
	  endcase

有锁存器	无锁存器

在上面左边的例子中，当 sel=00 时，q 取 a 的值；当 sel=10 时，q 取 b 的值。这段程序中并没有说明 sel 取 00 和 10 以外的值时 q 取什么值。同样，综合器综合这段程序时会自动生成锁存器，默认 q 保持原值。上面右边的例子很明确，程序中的 case 语句有 default 项，指明了当 sel 不取 00 或 10 时，编译器或仿真器应赋 q 为 0 值。

为了避免违背设计者意愿而偶然出现锁存器的现象，如果用 if 语句，则最好写上 else 项；如果用 case 语句，则最好写上 default 项。遵循上面两条原则，就可以避免发生这种错误，使设计者更加明确设计目标，同时也增强了 Verilog 程序的可读性。

5.2 D 触发器的妙用

5.2.1 毛刺的消除

信号在 FPGA 器件内部通过连线和逻辑单元时，都有一定的延时。延时的大小与连线的长短和逻辑单元的数目有关，同时还受器件的制造工艺、工作电压、温度等条件的影响。信号的高低电平转换也需要一定的过渡时间。由于存在这些因素，因此多路信号的电平值发生变化时，在信号变化的瞬间，组合逻辑的输出有先后顺序，并不是同时变化，往往会出现一些不正确的尖峰信号，这些尖峰信号称为“毛刺”。如果一个组合逻辑电路中有“毛刺”出现，则说明该电路存在“冒险”。

图 5.1 是一个逻辑冒险的例子，从图中我们可知 f=ab+cd。如果 a、b、c、d 这四个输入信号经综合布线后，信号到达 CLB(可构造逻辑块)的长度相同，则此时我们可以忽略信号在线路上传输的延迟，a、b、c、d 信号的高低电平是同时变化的，这种布线无冒险现象。但如果它们的布线长度不一致，如图 5.2 所示，f 的查找表被布线到 M 块上，则此时 a、b、c、d 这四个输入信号到达 CLB 的路线长度肯定不一致，这就必然导致输出信号 f 出现毛刺。

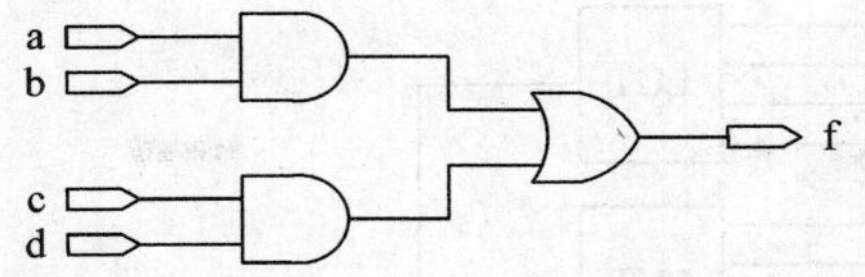

图 5.1　存在逻辑冒险的电路

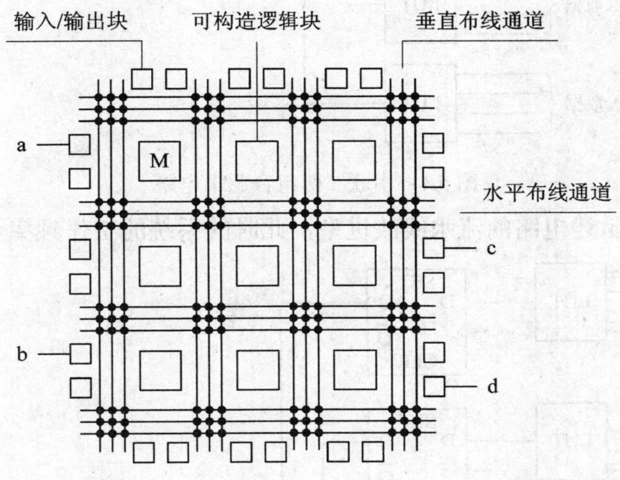

图 5.2　FPGA 的内部结构

在 D 触发器的 D 输入端，只要毛刺不出现在时钟的上升沿并且满足数据的建立和保持时间，就不会对系统造成危害，利用 D 触发器不敏感的特性可以有效地消除毛刺。图 5.3 所示是对上述电路消除毛刺的方法。

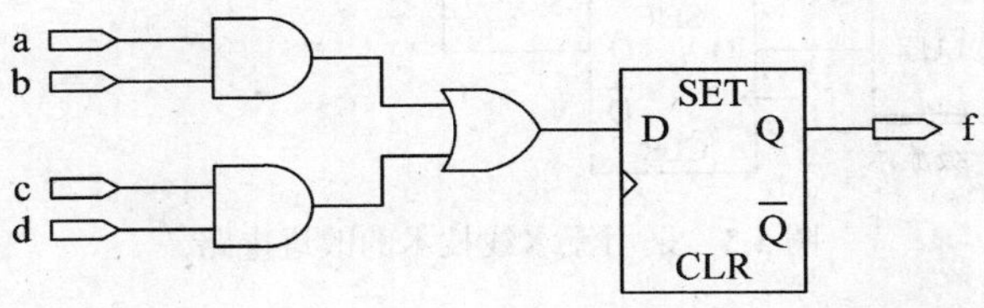

图 5.3　消除毛刺的逻辑电路

5.2.2　系统工作频率的提高

在设计一个时序系统时，如果系统的工作频率过低，则达不到所设计的要求。一般有三种方法对系统进行改善：一是对逻辑代码进行优化，使其输出结果在更短的时钟周期内完成；二是对系统提供的时钟进行倍频；三是把一个系统模块拆散成几个系统模块，进行分级处理，并且每级的逻辑衔接信号都加上 D 触发器。

图 5.4 是一个工作频率为 f MHz 的串联二级组合逻辑电路。

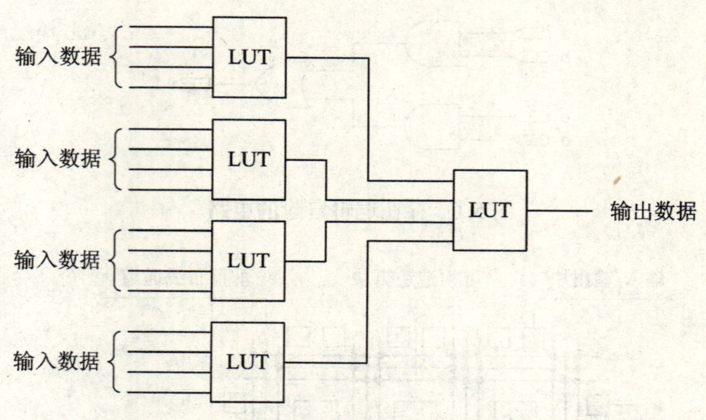

图 5.4　串联二级组合逻辑电路

图 5.5 所示是对上述电路的流水线改进型，此时的系统的工作频率可达 2f MHz。

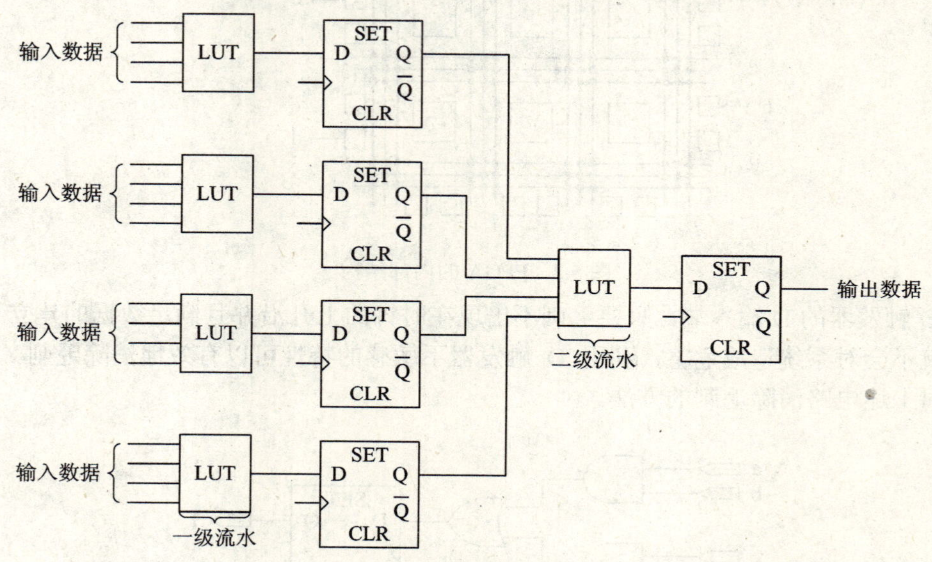

图 5.5　采用流水线技术的改进电路

5.3　优化的有限状态机设计

有限状态机(Finite State Machine，FSM)在数字系统设计中应用十分广泛。根据状态机的输出是否与输入有关，可将状态机分为两大类：摩尔(Moore)型状态机和米莉(Mealy)型状态机。Moore 型状态机的输出仅与当前状态有关；Mealy 型状态机的输出不仅与当前状态有关，还与输入有关。

一个优化的有限状态机主要应注意以下三个方面：

(1) 状态机要安全。FSM 不会进入死循环，并且一旦 FSM 进入非设计状态，它能很快恢复到正常状态。

(2) 状态机的设计要满足设计的面积和速度的要求。面积小和速度快是程序下载到芯片中的理想要求。两者是对立统一的矛盾体，要求一个设计同时满足设计面积最小、运行频率最快两个要求，这是不现实的。但在程序设计中应尽量达到两者的协调。

(3) 状态机的设计要清晰易懂、易维护。FSM 应分块描述，这样程序就增强了易读性和维护性。

1. FSM 的描述方法

FSM 在描述时应描述清楚状态转移情况，例如每个状态的输出、状态转移的条件等。一般具体描述方法有以下三种：

(1) 整个状态机写到一个“always”模块里面描述，在该模块中既描述状态转移，又描述状态的输入和输出。

(2) 用两个“always”模块来描述状态机，其中一个“always”模块用来描述同步时序状态转移，另一个“always”模块用来描述组合逻辑状态转移条件、状态转移规律以及输出。

(3) 用三个“always”模块来描述状态机，其中一个“always”模块用来描述同步时序状态转移，一个“always”模块用来判断逻辑状态转移条件、状态转移规律，另一个“always”模块用来描述状态的输出。

一般 FSM 的设计多采用后两种方法进行描述。因为这两种方法相比第一种方法来说，便于阅读、理解和维护，更重要的是利于综合器优化代码。在第二种方法的描述中，状态的输出采用组合逻辑实现，但组合逻辑很容易产生毛刺。第三种描述方法与第二种相比，关键在于根据状态转移规律，在上一状态根据输入条件判断出当前状态的输出，从而在不插入额外时钟节拍的前提下，实现寄存器输出。

2. 状态机的编码

状态机编码主要有二进制编码、格雷编码和一位独热编码等方式。

(1) 二进制编码。二进制编码采用普通的二进制数表示每个状态。例如，有四个状态 state0、state1、state2、state3，其二进制编码分别对应的码字为 00、01、10、11。但二进制编码的缺点是相邻状态发生跳变时，有可能多个比特位同时发生变化。例如，(01→10)有两位比特发生变化。这样容易产生毛刺，引起状态误跳的现象。

(2) 格雷编码。若将上述四个状态(state0、state1、state2、state3)的编码改为 00、01、11、10，则这种编码就为格雷编码。采用格雷编码的好处就是相邻状态发生跳变时，只有一位比特位发生变化。这样就减少了毛刺的产生。

(3) 一位独热编码。一位独热编码指采用 n 位二进制数(n 位触发器)来编码具有 n 个状态的状态机。例如，四个状态 state0、state1、state2、state3，其一位独热编码分别对应的码字为 0001、0010、0100、1000；八个状态分别为 state0、state1、state2、state3、state4、state5、state6、state7，其一位独热编码分别对应的码字为 8'b00000001、8'b00000010、8'b00000100、8'b00001000、8'b00010000、8'b00100000、8'b01000000、8'b10000000。

独热编码的最大优势在于状态比较时仅仅需要比较一个比特位，从而在一定程度上简化了比较逻辑，减少了毛刺产生的概率。由于 CPLD 更多地提供组合逻辑资源，而 FPGA 更多地提供触发器资源，所以 CPLD 多使用二进制编码或格雷码，而 FPGA 多使用独热编码。另一方面，对于小型设计使用二进制和格雷编码更有效，而大型状态机使用独热编码更高效。

3. 实例说明

图 5.6 为一个 Moore 型状态机转换图，共有 4 个状态：state0、state1、state2、state3，初始状态为 state0，每个状态下的输出分别为 out=001，out=010，out=100，out=111。

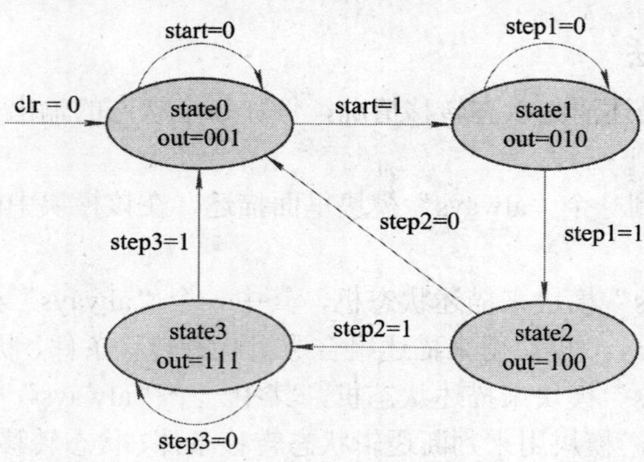

图 5.6　状态转换图

采用 FSM 的第三种描述方法对上述状态机的描述代码如下：

```
module FSM(clk,clr,out,start,step1,step2,step3);
input clk,clr,start,step1,step2,step3;
output[2:0] out;
reg[2:0] out;
reg[1:0] state,next_state;
parameter   state0=2'b00,state1=2'b01,              //状态编码
            state2=2'b11,state3=2'b10;
always @(posedge clk or negedge clr)   begin        //定义起始状态和时序状态转移
    if (clr)   state <= state0;
    else       state <= next_state;
end
always @(state or start or step2 or step3)   begin  //描述逻辑状态转移条件
    case (state)
        state0: begin
            if (start)      next_state <=state1;
            else            next_state <=state0;
            end
        state1: begin
            if (step1)      next_state <=state1;
            else            next_state <=state2;
            end
        state2: begin
```

```
                if (step2)      next_state <=state3;
                else            next_state <=state0;
                end
            state3: begin
                if (step3)      next_state <=state0;
                else            next_state <=state3;
                end
            default:            next_state <=state0;
        endcase
    end
    always @(state)   begin                                 //描述状态的输出
        case(state)
        state0: out=3'b001;
        state1: out=3'b010;
        state2: out=3'b100;
        state3: out=3'b111;
        default:out=3'b001;
        endcase
    end
    endmodule
```

5.4　按键抖动的消除方法

按键开关是电路中的主要器件之一。在数字电路中，判断一个按键是否被按下，是根据开关给出的高低电平来确定的。大多数按键开关采用的是机械式开关结构。机械式开关的核心部件为弹性金属簧片，因而在开关切换的瞬间会在接触点出现来回弹跳的现象。对于灵敏度比较高的电路，这种弹跳现象必然会引起高低电平信号的来回跳动，这种现象称为按键的抖动现象。按键开关可分为低电平有效和高电平有效，本节都以低电平有效进行讲解。图 5.7 给出的是未消抖和消抖后的按键信号的对比图。

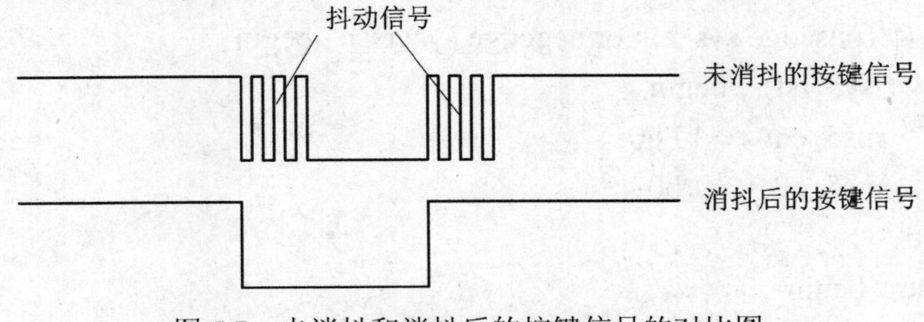

图 5.7　未消抖和消抖后的按键信号的对比图

按键开关按动的次数是根据按键信号的高低电平跳动的次数来判断的。但由于抖动信号的存在，开关按动的次数就变成了未知数。这样一来，按键信号就必须进行消抖。在数字电路设计中消抖的方法很多，但大致可根据开关因素和人为因素来进行消抖。

1. 根据按键开关抖动的特性进行消抖

机械开关的抖动存在三种情况：按下时有抖动，松开时也有抖动；按下时有抖动，松开时无抖动；按下时无抖动，松开时有抖动。机械开关的抖动波形、抖动次数、抖动时间都是随机的，并不是每次都会产生抖动。

不同开关的最长抖动时间也不同。抖动时间的长短和机械开关特性有关，一般为 5～10 ms。但是，某些开关的抖动时间长达 20 ms，甚至更长。所以，在具体设计中要具体分析，根据实际情况来调整设计。

由按键开关这一抖动特性，我们可以用采样信号对开关的信号进行采样，这样可以滤除抖动信号。下面的例子以 5 ms 为采样周期。

```
//此代码为第 8 章实验二的整个模块
module lab2(
sys_clk,        //系统时钟信号，此端口连接 EZBoard 开发板上 4 MHz 晶振
sys_rst,        //系统复位信号
pb,             //EZBoard 开发板上的按键开关
led             //EZBoard 开发板 LED 灯，将按键次数用 4 位 LED 灯以十六进制显示
                //出来
);
input    sys_clk;
input    sys_rst;
input     pb;
output   [4:1] led;
reg       ms5_clk;
reg       [16:0] ms5_cnt;
reg       s_pb;
reg       [3:0] counter;

assign    led = counter;
//将 4 MHz 频率分频出 200 Hz 的采样频率
always @ (posedge sys_clk or negedge sys_rst)   begin
      if  (!sys_rst)   begin
            ms5_cnt <= 17'h0;
            ms5_clk <= 1'b0;
      end
      else   begin
            ms5_cnt <= ms5_cnt + 1;
```

```
            if(ms5_cnt == 17'h2710)     begin
                ms5_cnt <= 17'h0;
                ms5_clk <= ~ms5_clk;
            end
        else
            ms5_clk <= ms5_clk;
        end
end
//滤除抖动信号
always @ (posedge sys_clk or negedge sys_rst)   begin
    if(!sys_rst)
        s_pb <= 1;
    else if(ms5_clk == 1)     begin
        if(pb == 0)
            s_pb <=0;
        else
            s_pb <= 1;
    end
    else
        s_pb <= s_pb;
end
//记录按键次数
always @ (negedge s_pb or negedge sys_rst)    begin
    if(!sys_rst)
        counter <= 4'b0000;
    else
        counter <= counter + 1;
end
endmodule
```

2. 根据按键时间进行消抖

根据一般人按动按键的速度小于 10 Hz(每秒小于 10 次)来判断，按键按下去的时间将大于 100 ms。若以占空比 50%来计算，则按键按下的时间大于 50 ms。根据这种规律我们认为，按键按下的时间小于 50 ms 的为抖动信号，按键按下的时间大于 50 ms 的为按键信号。由此以 50 ms 的采样周期信号对按键信号进行采样，就可以把按键按下的时间小于 50 ms 的抖动信号滤除。

下面通过举例来说明此法的具体用法。假设实验板提供的系统时钟为 25 MHz，50 ms 乘以 25 MHz 得到计数器的值为 21'h1312D0。采用这个值得到的消抖时间大约为 50 ms。其具体代码如下：

```
module filter(
clk,            //系统时钟
reset,          //系统复位
button_in,      //未消抖的输入信号
button_out      //消抖后的输出信号
);
input    clk;
input    reset;
input    button_in;
output   button_out;
wire     buttong_out1;
reg      [20:0] count0;        //低电平计数器
reg      [20:0] count1;        //高电平计数器
reg      s_button_out;
assign   button_out= s_button_out;
//对输入信号进行采样和计数
always@(posedge clk or negedge reset)   begin
     if(!reset)
          count1<=21'h000000;
     else if(button_out1==1'b1)
               count1<=count1+1;      //对高电平计数
else
          count1<=21'h000000;
end
always@(posedge clk or negedge reset)   begin
     if(!reset)
          count0<=21'h000000;
     else if(button_out1==1'b0)
          count0<=count0+1;        //对低电平计数
     else count0<=21'h000000;
end
//输出
always@(posedge clk or negedge reset)   begin
     if(!reset)
          s_button_out <=1'b1;
     else if(count0==21'h1312D0)       //判断低电平信号是否符合输出条件
          s_button_out <=1'b0;         //如果符合条件，则输出低电平
     else if(count1==21'h1312D0)       //判断低电平信号是否符合输出条件
          s_button_out <=1'b1;         //如果符合条件，则输出高电平
```

```
        else
                s_button_out <= s_button_out;
    end
    endmodule
```

习　题　5

1. 触发器与锁存器的区别是什么？
2. 毛刺是怎么产生的？消除毛刺的方法有哪些？
3. 状态机的编码有哪几种方式？它们各自的特点是什么？
4. 按键抖动是怎么产生的？

第 6 章　FPGA 器件的全局时钟资源的使用

目前，大型设计一般推荐使用同步时序电路。同步时序电路基于时钟触发沿设计，对时钟的周期、占空比、延时和抖动提出了更高的要求。为了满足同步时序设计的要求，一般在 FPGA 设计中采用全局时钟资源驱动设计的主时钟，以达到最低的时钟抖动和延迟。

FPGA 全局时钟资源一般使用全铜层工艺实现，并设计了专用时钟缓冲与驱动结构，从而使全局时钟到达芯片内部的所有可配置单元(CLB)、I/O 单元(IOB)和选择性块 RAM(Block Select RAM)的时延和抖动都为最小。为了适应复杂设计的需要，Xilinx 的 FPGA 中还集成了专用的时钟管理模块，设计者可以调用此模块进行分频和倍频。

在 ISE 安装目录下的 verilog\src\unisims 文件夹里，有许多 Xilinx 公司针对某些器件特征开发的一系列常用模块，用户可以将其看成是 Xilinx 公司为用户提供的库函数，它类似于 C 语言中的库函数，用户可以直接调用。Xilinx 公司提供的原语涵盖了 FPGA 开发的常用领域，但只有相应配置的芯片器件才能调用相应的原语，并不是所有的原语模块都可以在任何一款芯片上运行。例如，时钟管理组件 DCM 在 Spantan-3 系列以及更高系列芯片中才能被例化使用。

6.1　全局时钟资源的使用方法

FPGA 芯片上都会有一定数量的全局时钟引脚，具体的时钟引脚数目可查阅相应的芯片参数说明文档。一般引入到 FPGA 的全局时钟引脚上的外来时钟信号，如果不加专用时钟驱动模块，则不会利用全局时钟资源。常用的与全局时钟资源相关的 Xilinx 器件原语包括 IBUFG、IBUFGDS、BUFG、BUFGCE、BUFGMUX、BUFGP、CLKDLL 和 DCM 等。

(1) IBUFG：即输入全局缓冲。它是与专用全局时钟输入引脚相连接的首级全局缓冲。所有从全局时钟引脚输入的信号必须经过 IBUFG，否则在布局布线时会报错。不过一般信号从全局时钟引脚引进来后，ISE 的综合器会自动加上 IBUFG。

(2) IBUFGDS：即 IBUFG 的差分形式。当信号从一对差分全局时钟引脚输入时，必须使用 IBUFGDS 作为全局时钟输入缓冲。

(3) BUFG：即全局时钟缓冲器。它的输入是 IBUFG 的输出，BUFG 的输出到达 FPGA 内部的 IOB、CLB、选择性块 RAM 的时钟延迟和抖动最小。一般 BUFG 由综合器自动推断并使用，如果对全局时钟实行 DLL 或 DCM 时钟管理，则必须手动例化该缓冲器。

(4) BUFGCE：即带有时钟使能端的全局缓冲。它有一个输入端 I、一个使能端 CE 和一个输出端 O。只有当 BUFGCE 的使能端 CE 有效(为高电平)时，BUFGCE 才有输出。

(5) BUFGMUX：即全局时钟选择缓冲。它有 I0 和 I1 两个输入、一个控制端 S 和一个输出端 O。当 S 为低电平时输出时钟为 I0，反之为 I1。需要指出的是，BUFGMUX 的应用十分灵活，I0 和 I1 两个输入时钟甚至可以为异步关系。

(6) BUFGP：相当于 IBUG 加上 BUFG。

(7) CLKDLL：即时钟延迟锁相环。CLKDLL 在早期设计中经常使用，用以完成全局时钟的同步和驱动等功能。随着数字时钟管理模块(Digital Clock Manager，DCM)的出现，目前 CLKDLL 的应用已经逐渐被 DCM 所取代。

(8) DCM：即数字时钟管理单元。它主要完成时钟的同步、移相、分频、倍频和去抖动等。DCM 与全局时钟有着密不可分的联系。为了达到最小的延迟和抖动，几乎所有的 DCM 应用都要使用全局缓冲资源。DCM 可以用 Xilinx ISE 软件中的 ArchitectureWizard 直接生成。

一般全局时钟资源的使用有以下五种方法：

(1) IBUFG+BUFG 的使用方法。IBUFG 后面连接 BUFG 的方法是全局时钟资源的最基本的使用方法，如图 6.1 所示。由于 IBUFG 组合 BUFG 相当于 BUFGP，所以这种使用方法也称为 BUFGP 方法。

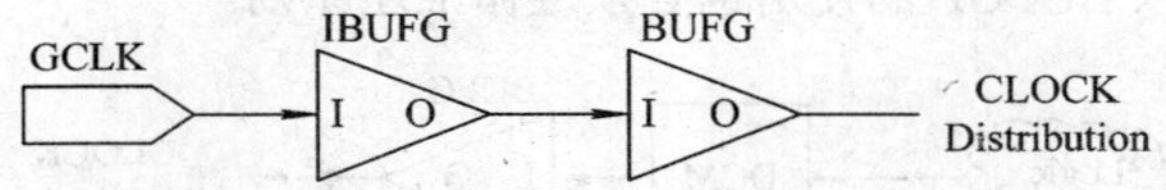

图 6.1　IBUFG+BUFG 的连接图

(2) IBUFGDS+BUFG 的使用方法。当输入时钟信号为差分信号时，需要使用 IBUFGDS 代替 IBUFG，如图 6.2 所示。

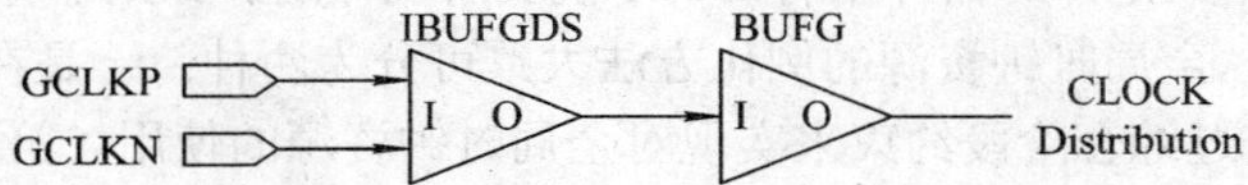

图 6.2　IBUFGDS + BUFG 的连接图

(3) IBUFG+DCM+BUFG 的使用方法。这种使用方法最灵活，对全局时钟的控制更加有效。通过 DCM 模块不仅仅能对时钟进行同步、移相、分频和倍频等变换，而且可以使全局时钟的输出无抖动延迟，如图 6.3 所示。

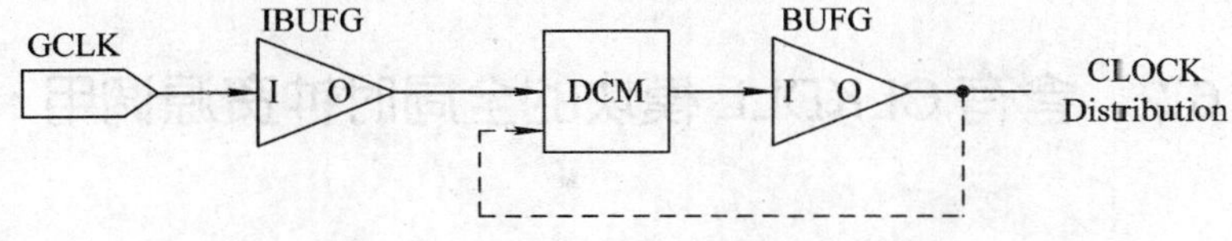

图 6.3　IBUFG+DCM+BUFG 的连接图

(4) Logic+BUFG 的使用方法。BUFG 不但可以驱动 IBUFG 的输出，还可以驱动其他普通信号的输出。当某个信号(时钟、使能、快速路径)的扇出非常大，并且要求抖动延迟最小时，可以使用 BUFG 驱动该信号，使该信号利用全局时钟资源，如图 6.4 所示。但需要注意的是，普通 IO 的输入或普通片内信号进入全局时钟布线层需要一个固有的延时，一般在 10 ns 左右，即普通 IO 和普通片内信号从输入到 BUFG 输出有一个约 10 ns 左右的固有延时，但是 BUFG 的输出到片内所有单元(IOB、CLB、选择性块 RAM)的延时可以忽略不计，基本认为延时为 0 ns。

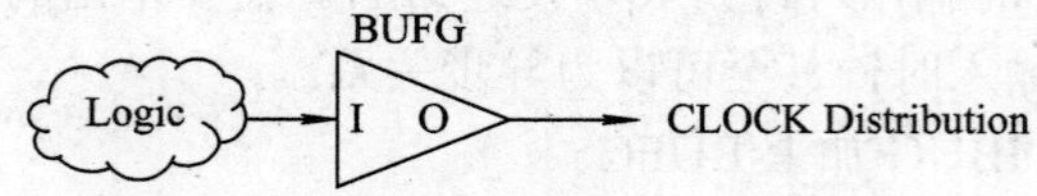

图 6.4 Logic+BUFG 的连接图

(5) Logic+DCM+BUFG 的使用方法。DCM 同样也可以控制并变换普通时钟信号，即 DCM 的输入也可以是普通片内信号，如图 6.5 所示。使用全局时钟资源时应注意以下原则：使用 IBUFG 或 IBUFGDS 的充分必要条件是信号从专用全局时钟引脚输入。换言之，当某个信号从全局时钟引脚输入时，不论它是否为时钟信号，都必须使用 IBUFG 或 IBUFGDS；如果对某个信号使用了 IBUFG 或 IBUFGDS 硬件原语，则这个信号必定是从全局时钟引脚输入的。如果违反了这条原则，那么在布局布线时会报错。这条规则的使用是由 FPGA 的内部结构决定的，即 IBUFG 和 IBUFGDS 的输入端仅仅与芯片的专用全局时钟输入引脚有物理连接，与普通 IO 和其他内部 CLB 等没有物理连接。另外，由于 BUFGP 相当于 IBUFG 和 BUFG 的组合，所以 BUFGP 的使用也必须遵循上述原则。

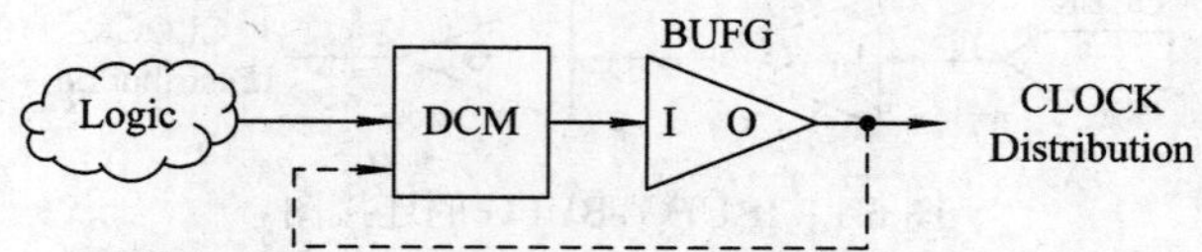

图 6.5 Logic+DCM+BUFG 的连接图

上述方法(3)和(5)只是针对器件中有 DCM 模块而设计的，如果器件中只有 DLL，则可用 DLL 代替 DCM。全局时钟资源的例化方法大致可分为两种：一是在程序中直接例化全局时钟资源；二是通过综合阶段约束来实现对全局时钟资源的使用。第一种方法比较简单，用户只需按照前面讲述的 5 种全局时钟资源的基本使用方法编写代码或者绘制原理图即可。第二种方法则需根据综合工具和布局布线工具的不同的自身优化特性来例化。另外，如果用 Xilinx ISE 软件进行时钟布线，则只要时钟从全局时钟引脚进入，并且按照方法(1)和(2)连入全局时钟引脚(即不对时钟作任何运算处理)，一般软件会自动加上 BUFGP。

6.2 含有 CLKDLL 模块的全局时钟资源调用

CLKDLL 是数字延迟锁相环(Delay Locked Loop，DLL)库里的一个原型。在早期的 Virtex-E/EM 和 Spartan-II 系列器件中都集成了 DLL 技术。使用 DLL 电路能保证芯片的内部时钟和外部时钟信号精确地同步，且可以弥补时钟分配到网络中的延迟，可以有效地消除时钟与分配到芯片内部的时钟的延迟。此外，DLL 还可将时钟信号进行倍频和分频。

在 Xilinx 芯片中，CLKDLL 模块的原型如图 6.6 所示。其引脚说明如下：

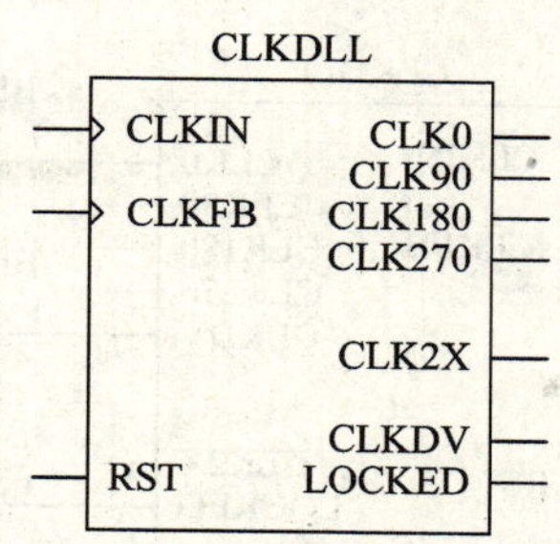

图 6.6　标准的 DLL 宏 CLKDLL 模块

(1) CLKIN(时钟源输入)：输入时钟信号。CLKIN 通常来自 IBUFG 或 BUFG。

(2) CLKFB(反馈时钟输入)：DLL 时钟反馈信号。DLL 需要一个参考信号或反馈信号来提供延迟补偿输出，该反馈信号必须源自 CLK0 或 CLK2X，并通过 IBUFG 或 BUFG 相连。

(3) RST(复位)：控制 DLL 的初始化，高电平有效，通常接地。

(4) CLK0(同频信号输出)：与 CLKIN 无相位偏移。CLK90 与 CLKIN 有 90° 相位偏移，CLK180 与 CLKIN 有 180° 相位偏移，CLK270 与 CLKIN 有 270° 相位偏移。

(5) CLKDV(分频输出)：DLL 输出时钟信号，是 CLKIN 的分频时钟信号。DLL 支持的分频系数可以为 1.5、2、2.5、3、4、5、8 和 16。

(6) CLK2X(两倍信号输出)：CLKIN 的 2 倍频时钟信号。

(7) LOCKED(锁存输出)：为了实现锁存，DLL 必须采样几千个时钟周期的信号。在 DLL 锁存之后，LOCKED 有效，此时 DLL 输出的时钟才为有效信号。

在利用 FPGA 的全局时钟资源时，有时会用到 BUFGDLL 原语模块，其实 BUFGDLL 原语是一种最简单的 DLL 方式。它利用 IBUFG、CLKDLL 和 BUFG 来实现最基本的 DLL 应用(如图 6.7 所示)。在 BUFGDLL 中，BUFG 用于时钟输出驱动，而用于 BUFGDLL 的 IBUFG、CLKDLL、BUFG 必须在芯片的同一侧(顶部或底部)。

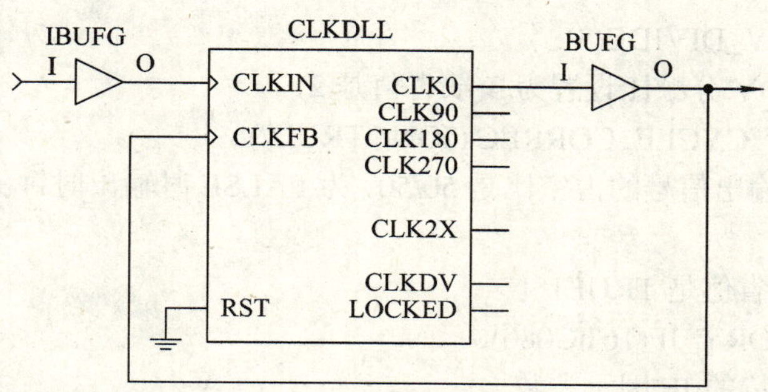

图 6.7　BUFGDLL 结构图

在电路设计中，我们经常会碰到时钟分频设计。下面以用 CLKDLL 模块进行时钟 3 分频为例进行介绍，其原理图如图 6.8 所示(图中 IBUF 为输入缓冲器，OBUF 为输出缓冲器)，其 Verilog 语言用法源程序如下：

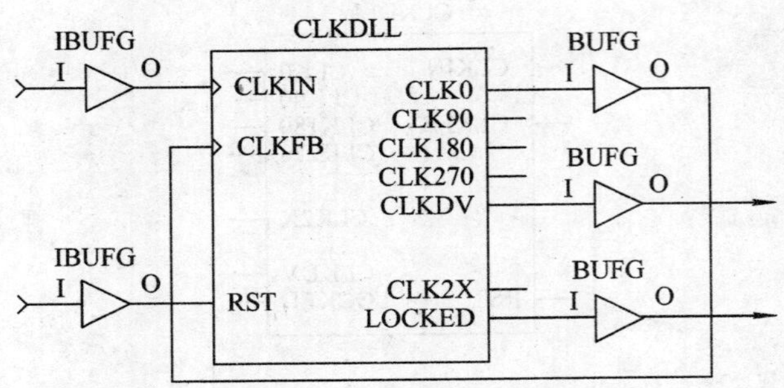

图 6.8　DLL 产生 3 分频时钟

```
module dll_dv3 (
      CLKIN,
      RESET,
      CLK0,
      CLKDV,
      LOCKED);
input CLKIN, RESET;
output CLK0, CLKDV, LOCKED;
wire CLKIN_w, RESET_w, CLK0_dll, CLKDV_dll, LOCKED_dll;
IBUFG clkpad (
      .I(CLKIN),
      .O(CLKIN_w));
IBUF rstpad (
      .I(RESET),
      .O(RESET_w));
CLKDLL #(
      .CLKDV_DIVIDE(3);
      //CLKDV 分频比设置为 3(缺省值是 2)
      .DUTY_CYCLE_CORRECTION("TRUE");
      //设置输出信号的占空比是 50/50，为 FALSE 时输出时钟就和时钟源有相同的
      //占空
      //比(缺省值是 TRUE)
      .FACTORY_JF(16'hC080);
      //16 比特的 JF 因子参数
      .STARTUP_WAIT("FALSE");
      //等 DLL 锁相后再延迟配置 DONE 引脚，可设置为 TRUE/FALSE(缺省值是
      //FALSE)
      CLKDLL_inst (
      .CLKIN(CLKIN_w),
      .CLKFB(CLK0),
```

```
        .RST(RESET_w),
        .CLK0(CLK0_dll),
        .CLK90(),
        .CLK180(),
        .CLK270(),
        .CLK2X(),
        .CLKDV(CLKDV_dll),
        .LOCKED(LOCKED_dll));
    BUFG clkg (
        .I(CLK0_dll),
        .O(CLK0));
    BUFG clkdv3 (
        .I(CLKDV_dll),
        .O(CLKDV3));
    OBUF lckpad (
        .I(LOCKED_dll),
        .O(LOCKED));
    endmodule
```

下面以用 CLKDLL 模块进行时钟 4 倍频为例进行介绍，其原理图如图 6.9 所示。需要注意的是，此设计中用到 SRL16 原语，其实 SRL16 是基于查找表(LUT)的移位寄存器，在实际应用中既能节省资源，又能保证时序。其输入信号 A3、A2、A1 以及 A0 选择移位寄存器的读取地址，当写使能信号高有效时，输入信号将被加载到移位寄存器中。单个移位寄存器的深度可以是固定的，也可以动态调整，最大不能超过 16。使用 SRL16 单元复位第二个 DLL 是非常重要的，否则，在输入从 1x(25/75)波形变化到 2x(50/50)波形信号时，第二个 DLL 就不会识别频率的变化。其 Verilog 语言用法源程序如下：

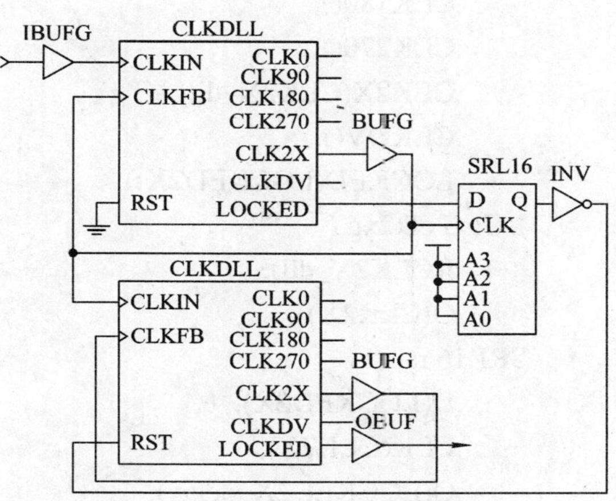

图 6.9　DLL 产生 4 倍频时钟

```
    module dll_freq4x (
        CLKIN,
        RESET,
        CLK2X,
        CLK4X,
```

```
        LOCKED);
input CLKIN, RESET;
output CLK2X, CLK4X, LOCKED;
wire CLKIN_w, RESET_w, CLK2X_dll, CLK4X_dll, LOCKED2X;
wire LOCKED2X_delay, RESET4X;
wire logic1; assign logic1 = 1'b1;
IBUFG clkpad (
        .I(CLKIN),
        .O(CLKIN_w));
IBUF rstpad (
        .I(RESET),
        .O(RESET_w));
//CLKDLL 的一些参数在此不进行配置，采用缺省值即可
CLKDLL dll2x (
        .CLKIN(CLKIN_w),
        .CLKFB(CLK2X),
        .RST(RESET_w),
        .CLK0(),
        .CLK90(),
        .CLK180(),
        .CLK270(),
        .CLK2X(CLK2X_dll),
        .CLKDV(),
        .LOCKED(LOCKED2X));
BUFG clk2xg (
        .I(CLK2X_dll),
        .O(CLK2X));
SRL16 rstsrl (
        .D(LOCKED2X),
        .CLK(CLK2X),
        .Q(LOCKED2X_delay),
        .A3(logic1),
        .A2(logic1),
        .A1(logic1),
        .A0(logic1));
assign RESET4X = !LOCKED2X_delay;
CLKDLL dll4x (
        .CLKIN(CLK2X),
        .CLKFB(CLK4X),
        .RST(RESET4X),
```

```
        .CLK0(),
        .CLK90(),
        .CLK180(),
        .CLK270(),
        .CLK2X(CLK4X_dll),
        .CLKDV(),
        .LOCKED(LOCKED_dll));
BUFG clk4xg (
        .I(CLK4X_dll),
        .O(CLK4X));
OBUF lckpad (
        .I(LOCKED_dll),
        .O(LOCKED));
endmodule
```

6.3　含有 DCM 模块的全局时钟资源调用

DCM 是基于 DLL 的升级版(具体含 DCM 模块的器件可在第 2 章器件性能特征列表中查找)。在时钟的管理与控制方面，DCM 与 DLL 相比，功能更强大，使用更灵活。DCM 的功能包括时钟延时的消除、频率的合成、时钟相位的调整等系统方面的需求。DCM 的主要优点在于：实现零时钟偏移，消除时钟分配延迟，并实现时钟闭环控制；时钟可以映射到 PCB 上用于同步外部芯片，这样就减少了对外部芯片的要求，将芯片内外的时钟控制一体化，以利于系统设计。对于 DCM 模块来说，其关键参数为输入时钟频率范围、输出时钟频率范围、输入/输出时钟允许抖动范围等。

DCM 由四部分组成(如图 6.10 所示)：DLL 模块、数字频率合成器(Digital Frequency Synthesizer，DFS)、数字移相器(Digital Phase Shifter，DPS)和数字频谱扩展器(Digital Spread Spectrum，DSS)。不同芯片模块中的 DCM 输入频率范围是不同的，具体参数可查阅相应的芯片参数说明文档。

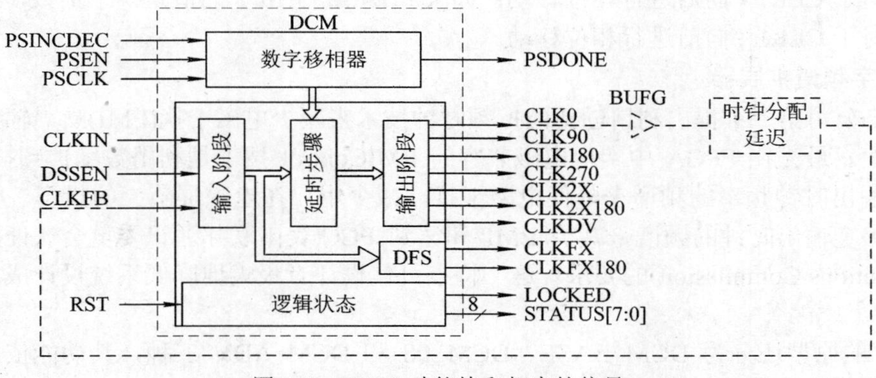

图 6.10　DCM 功能块和相应的信号

1. DLL 模块

DLL 的简化框图如图 6.11 所示，它主要是由一个可变延时线和控制逻辑构成的。延时线对时钟输入端 CLKIN 产生了一个延迟。时钟分布网线将该时钟分配到器件内的各个寄存器和时钟反馈端 CLKFB。控制逻辑必须对输入信号和反馈时钟信号进行采样，以调整延迟线。DLL 模块的工作原理是：控制逻辑在比较输入时钟和反馈时钟的偏差后，调整延迟线参数，在输入时钟后不停地插入延时，直到输入时钟和反馈时钟的上升沿同步，锁相环电路才进入“锁定”状态。只要输入时钟不发生变化，输入时钟和反馈时钟就保持同步。

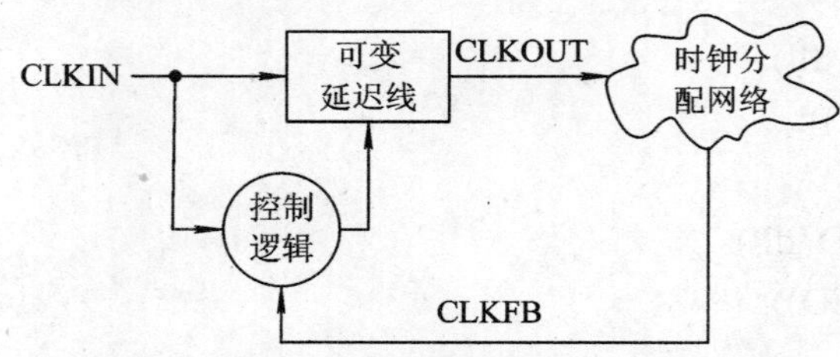

图 6.11 延迟锁相环框图

2. 数字频率合成器

DFS 可为系统产生丰富的频率合成时钟信号，输出信号为 CLKFX 和 CLKFX180，它还可提供输入时钟频率分数倍或整数倍的时钟输出频率方案，输出频率范围为 1.5～320 MHz(不同芯片的输出频率范围是不同的)。这些频率是基于用户自定义的两个整数比值：一个是乘因子(CLKFX_ MULTIPLY)，另外一个是除因子(CLKFX_ DIVIDE)。它们之间的关系为

$$f_{CLKFX} = f_{CLKIN} \times \frac{CLKFX\_MULTIPLT}{CLKFX\_DIVIDE}$$

3. 数字移相器

DCM 具有时钟信号相位调整的能力，能支持对其输出时钟进行 0°、90°、180°、270°的相移调整。DCM 输出时钟的相位调整需要通过设置 PHASE_SHIFT 的值来完成。PHASE_SHIFT 的值的设置范围为 −255～+255，比如输入时钟为 500 MHz，需要将输出时钟调整 +0.7 ns，PS=(0.7 ns/2 ns)×256≈90。如果 PHASE_SHIFT 的值是一个负数，则表示时钟输出相对于 CLKIN 向后进行相位移动；如果 PHASE_SHIFT 的值是一个正数，则表示时钟输出相对于 CLKIN 向前进行相位移动。

4. 数字频谱扩展器

Xilinx 公司第一个提出利用创新的扩频时钟技术来减少电磁干扰(EMI)噪声辐射的可编程解决方案。最先在 FPGA 中实现电磁兼容的 EMIControl 技术是利用数字扩频技术(DSS)通过扩展输出时钟频率的频谱来降低电磁干扰，减少用户在电磁屏蔽上的投资。数字扩频技术通过扩宽输出时钟的频谱来减少 EMI 和达到 FCC(美国联邦通讯委员会认证，Federal Communications Commission)的要求。这一特点可使设计者极大地降低系统设计成本，缩短设计周期。

DCM 的原型还分为 DCM_BASE、DCM_PS 和 DCM_ADV 三种，其功能依次增强。DCM_BASE 只具有基本的时钟矫正、频率综合功能；DCM_PS 增加了相位偏移功能；

DCM_ADV 又增加了动态重配置功能。下面对 DCM 的模块进行分析，其 Verilog 语言的例化代码模板如下：

```
DCM #(
.CLKDV_DIVIDE(2.0),
//CLKDV 分频比可以设置为: 1.5, 2.0, 2.5, 3.0, 3.5, 4.0, 4.5, 5.0, 5.5, 6.0, 6.5
//7.0, 7.5, 8.0, 9.0, 10.0, 11.0, 12.0, 13.0, 14.0, 15.0 或 16.0
.CLKFX_DIVIDE(1),
//CLKFX 信号的分频比，可为 1～32 之间的任意整数
.CLKFX_MULTIPLY(4),
//CLKFX 信号的倍频比，可为 2～32 之间的任意整数
.CLKIN_DIVIDE_BY_2("FALSE"),
//输入信号 2 分频的使能信号，可设置为 TRUE/FALSE
.CLKIN_PERIOD(10.0),
//指定输入时钟的周期，单位为 ns，数值范围为 1.25～1000.00
.CLKOUT_PHASE_SHIFT("NONE"),
//指定移相模式，可设置为 NONE 或 FIXED
.CLK_FEEDBACK("1X"),
//指定反馈时钟的频率，可设置为 NONE、1X 或 2X。相应的频率关系都是针对
//CLK0
//而言的
.DESKEW_ADJUST("SYSTEM_SYNCHRONOUS"),
//抖动调整，可设置为源同步、系统同步或 0～15 之间的任意整数
.DFS_FREQUENCY_MODE("LOW"),
//数字频率合成模式，可设置为 LOW 或 HIGH 两种频率模式
.DLL_FREQUENCY_MODE("LOW"),
//DLL 的频率模式，可设置为 LOW、HIGH 或 HIGH_SER
.DUTY_CYCLE_CORRECTION("TRUE"),
//设置是否采用双周期校正，可设为 TRUE 或 FALSE
.FACTORY_JF(16'hf0f0),
//16 比特的 JF 因子参数
.PHASE_SHIFT(0),
//固定相移的数值，可设置为-255～1023 之间的任意整数
.STARTUP_WAIT("FALSE")
//等 DCM 锁相后再延迟配置 DONE 引脚，可设置为 TRUE/FALSE
) DCM_inst (
.CLK0(CLK0), //0 度移相的 DCM 时钟输出
.CLK180(CLK180), //180 度移相的 DCM 时钟输出
.CLK270(CLK270), //270 度移相的 DCM 时钟输出
.CLK2X(CLK2X), //DCM 模块的 2 倍频输出
```

```
.CLK2X180(CLK2X180), //经过 180 度相移的 DCM 模块 2 倍频输出
.CLK90(CLK90), //90 度移相的 DCM 时钟输出
.CLKDV(CLKDV), //DCM 模块的分频输出，分频比为 CLKDV_DIVIDE
.CLKFX(CLKFX), //DCM 合成时钟输出，分频比为(M/D)
.CLKFX180(CLKFX180), //180 度移相的 DCM 合成时钟输出
.LOCKED(LOCKED), //DCM 锁相状态输出信号
.PSDONE(PSDONE), //DCM 的状态信号，用于显示输出时钟相位动态调整是否正常
.STATUS(STATUS), //DCM 的状态信号，用于显示 DCM 的工作状态
.CLKFB(CLKFB), //DCM 接收到的反馈时钟，该反馈信号必须源于 CLK0 或者
//CLK2X，并通过 IBUFG、IBUF 或者 BUFGMUX 相连
.CLKIN(CLKIN), //DCM 的输入时钟信号，可以来自 IBUFG、IBUF 或者 BUFGMUX
.DSSEN(), //此引脚不再使用，在设计中不连接
.PSCLK(PSCLK), //DCM 的参考时钟信号，该信号是输出时钟动态调整的参考时
//钟。当 CLKOUT_PHASE_SHIFT=VARIABLE 时，该信号有效，否则，该信号
//接地
.PSEN(PSEN), //DCM 控制信号，该信号是输出时钟相位调整的使能信号。当
//CLKOUT_PHASE_SHIFT=VARIABLE 时，该信号有效，否则，该信号接地
.PSINCDEC(PSINCDEC), //DCM 的控制信号，控制输出时钟的相位动态调整方向。
//当 CLKOUT_PHASE_SHIFT=VARIABLE 时，该信号有效，否则，该信号接地
.RST(RST) //DCM 模块的异步复位信号
);
```

其实也可以利用 ISE 里集成的 IP 核向导工具直接生成 DCM 模块。以下是将 50 MHz 时钟信号转换成 125 MHz 时钟信号的例子。

(1) 在 ISE 的工程项目中，双击“Project”下拉菜单的“New Source…”，在出现的“New Source Wizard – Select Source Type”窗口中选择“IP (CoreGen & Architecture Wizard)”，输入文件名“my_dcm”，再点击“Next”，在出现的“New Source Wizard – Select IP”窗口中依次展开“FPGA Features and Design”、“Clocking”和“Spartan-3E，Spartan-3A”，之后选择“Single DCM SP v9.1i”，如图 6.12 所示。

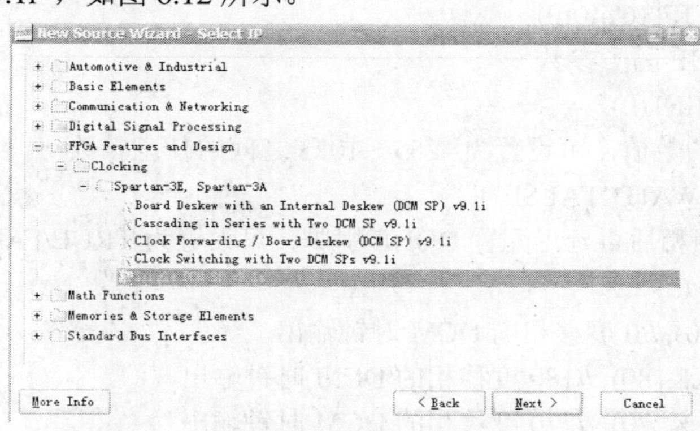

图 6.12　新建 DCM 模块 IP Core 向导示意图

注意：本实例选取的芯片是 Spartan-3E 500 型号的芯片，具体的芯片在“Clocking”中对应的选项有所不同。

(2) 依次点击“Next”、“Finish”进入 Xilinx 时钟向导的建立窗口，如图 6.13 所示。ISE 默认选中 CLK0 和 LOCKED 这两个信号，用户可根据自己的需求添加输出时钟。在“Input Clock Frequency”输入栏中敲入输入时钟的频率或周期，单位分别是 MHz 和 ns，其余配置保留默认值。为了演示，这里添加了 CLKFX 信号，并设定输入时钟为单端信号，频率为 50 MHz，其余选项保持为默认值。

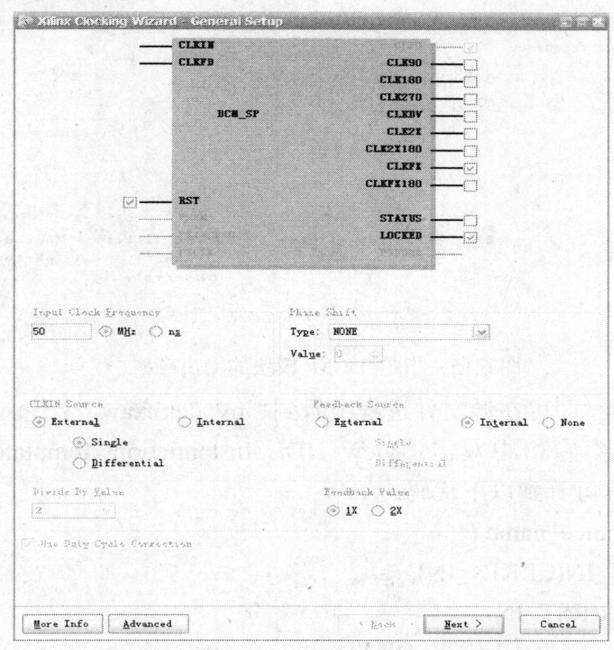

图 6.13　DCM 模块配置向导界面

(3) 点击“Next”，进入时钟缓存窗口，如图 6.14 所示。默认配置为 DCM 输出添加全局时钟缓存以保证良好的时钟特性。如果设计全局时钟资源，则用户亦可选择“Customize buffers”自行编辑输出缓存。一般选择默认配置即可。

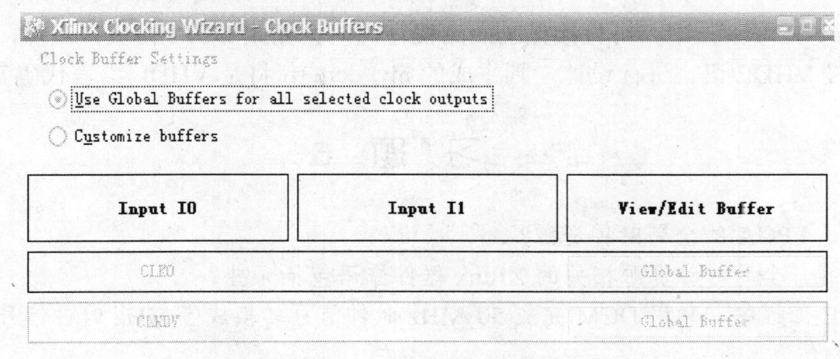

图 6.14　DCM 模块时钟缓存配置向导界面

(4) 点击“Next”，进入时钟频率配置窗口，如图 6.15 所示。键入输出频率的数值，或者将手动计算的分频比输入。最后点击“Next”、“Finish”即可完成 DCM 模块 IP 核的全部配置。本例输出的频率为 125 MHz。

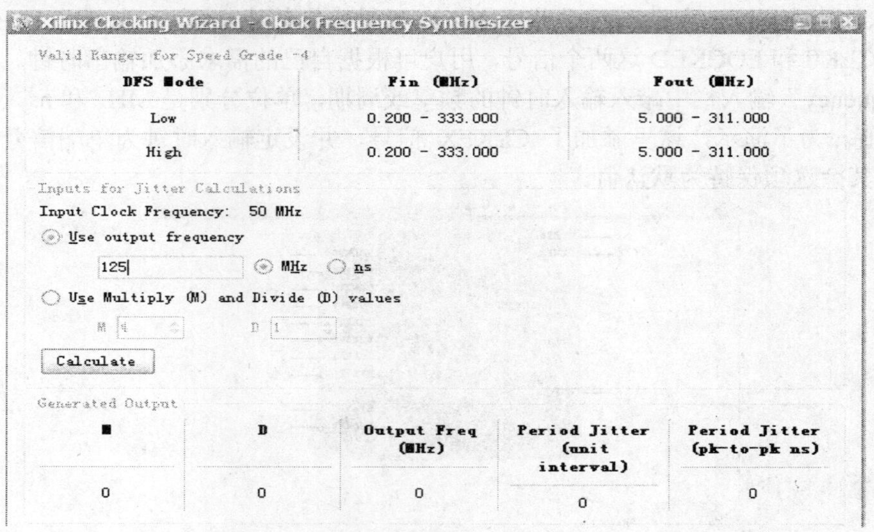

图 6.15　指定 DCM 模块的输出频率

(5) 经过上述步骤，即可在源文件进程中看到“my_dcm.xaw”文件。单击“my_dcm.xaw”文件，在“Processes”窗口中双击“view HDL Instantiation Template”，在随后出现的“my_dcm.tfi”窗口里可看到以下代码：

```
my_dcm instance_name (
    .CLKIN_IN(CLKIN_IN),
    .RST_IN(RST_IN),
    .CLKFX_OUT(CLKFX_OUT),
    .CLKIN_IBUFG_OUT(CLKIN_IBUFG_OUT),
    .CLK0_OUT(CLK0_OUT),
    .LOCKED_OUT(LOCKED_OUT)
);
```

在 Verilog 程序设计中，可直接把上面的程序代码例化成 DCM 模块。当然，如果工程项目选取的是 VHDL 语言进行设计，则生成的 my_dcm.tfi 将是 VHDL 语言代码。

习　题　6

1. 什么是 FPGA 的全局时钟资源？

2. 常用的与全局时钟资源相关的 Xilinx 器件原语包括哪些？

3. 在 ISE 工程中，利用 DCM 完成 50 MHz 时钟信号转换成 5 MHz 时钟信号的实验，并进行综合和仿真。

提示：工程中的芯片型号请根据第 2 章中 FPGA 芯片资源介绍任意选用。注意所选的芯片型号中一定要有 DCM 资源。

第 7 章　微控制器 PicoBlaze 介绍

7.1　PicoBlaze 处理器概述

Xilinx 主推的 32 bit RISC 嵌入式软核称为 MicroBlaze，非官方有时也可写成 uBlaze，用来表示该软核非常小。Xilinx 的推出比它更小的软核是 PicoBlaze。PicoBlaze 是由 Xilinx 公司的 Ken Chapman 设计并维护的一款 8 bit 的微控制器软核，可以嵌入到 Cool Runner Ⅱ、Virtex-E、Virtex-II Pro 和 Spartan-3E 的 CPLD 以及 FPGA 中。

PicoBlaze 解决了常量编码可编程状态机(short for Konstant Code Programmable State Machine，KCPSM)的问题。这一软核占用的资源非常小，在 Spartan-ⅡE 系列器件中只占用 76 个 Slice，占最小的 XC2S50E 器件 9%的资源，占 XC2S300E 器件不到 2%的资源。在这一软核中还包括一个用于存储指令的由 Block RAM 组成的 ROM，最多可存储 256 条指令。PicoBlaze 只用了如此少的资源，但其速度却可达到 40 MIPS(每秒 4 千万条指令)以上。

PicoBlaze 提供了 49 个不同的指令、16 个寄存器(CPLD 为 8 个)、256 个直接或间接的可设定地址的端口、1 个可屏蔽的速率为 35 MIPS 的中断。它的性能超过了传统独立元器件组成的微处理器，而且成本低，在数据处理和控制算法领域有着广泛的应用前景。由于可编程部分也完成嵌入，因此 PicoBlaze 可与子程序和外围设备结合起来完成特殊的设计。对于整个指令集，PicoBlaze 执行一条指令需要 2 个时钟周期。

在某些场合，用 PicoBlaze 既能够简化设计，又不失性能。在美国纽约的时代广场的 JP Morgan Chase 大楼有一块硕大的 LED 广告屏(如图 7.1 所示)。这块广告屏在当时(2004 年)是世界上最大的高亮解析度的 LED 显示屏，而驱动这块显示屏的正是 PicoBlaze，整个设计中用到了 10 块 XC2V1000 Virtex-Ⅱ、323 块 XC3S200 Spartan-3 以及 333 块 XCF00 Platform Flash PROM 和 3800 块 XC9572XL72 PLD 宏单元，使用到的 PicoBlaze 的数量更是超过了 1000 个。

图 7.1　美国纽约的时代广场 LED 广告屏

7.2　PicoBlaze 处理器软件包介绍

Xilinx 公司对于 PicoBlaze 的 IP 核是免费提供的，我们可以从 Xilinx 的官方网站上直接下载 PicoBlaze 的 IP 核。需要注意的是，PicoBlaze 对应 Xilinx 不同系列的 CPLD 和 FPGA 有不同的版本，因此在下载前需要确认一下所使用的硬件平台。这里以下载的 Spartan-3、Virtex-Ⅱ和 Virtex-Ⅱ Pro 平台对应的 PicoBlaze IP 核为例进行介绍。

从 Xilinx 公司官方网站上下载的 Spartan-3、Virtex-Ⅱ和 Virtex-Ⅱ Pro 平台对应的 PicoBlaze IP 核名称为 KCPSM3.zip，解压后的 KCPSM3 的目录结构如图 7.2 所示。

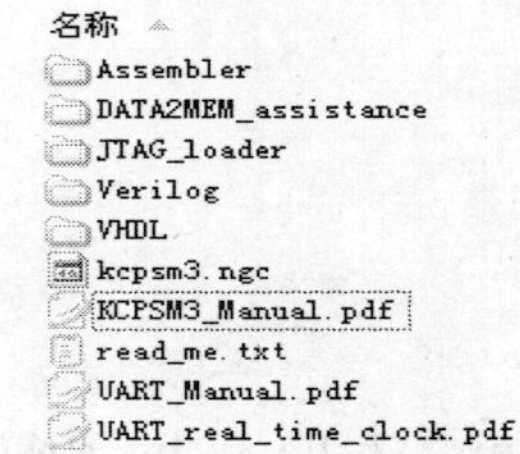

图 7.2　KCPSM3 文件的目录结构图

(1) Assembler：该目录下包含了将 psm 文件转换成 ROM 文件所需的各种工具，如表 7.1 所示。

表 7.1　Assembler 目录下的文件说明

文　件	说　明
KCPSM3.EXE	KCPSM3 的汇编程序
ROM_form.vhd	生成 ROM 的 VHDL 文件模板
ROM_form.v	生成 ROM 文件的 Verilog 文件模板
ROM_form.coe	生成 ROM 所需系数的模板
cleanup.bat	批处理文件，能自动清理 KCPSM3.EXE 对*.psm 汇编后产生的文件
int_test.psm	压缩包自带的设计案例的 psm 汇编文件
uclock.psm	基于 UART 的实时时钟的 psm 汇编文件

(2) DATA2MEM_assistance：该目录包含了能直接修改 bitstream 文件中 Block Memory 所在数据段的工具，如表 7.2 所示。

表 7.2　DATA2MEM_assistance 目录下的文件说明

文　件	说　明
PB_BMM.EXE	能够定位 FPGA 配置文件中的 Block Memory 所在的数据段
change_pb_bits.bat	批处理文件，能够自动进行 Block Memory 中的数据修改

(3) JTAG_loader：该目录下包含了适用于 PicoBlaze 的 JTAG 工具，如表 7.3 所示。

表 7.3　JTAG_loader 目录下的文件说明

文　件	说　明
hex2svfsetup.exe	JTAG 用到的可执行程序
hex2svf.exe	JTAG 用到的可执行程序
svf2xsvf.exe	JTAG 用到的可执行程序
playxsvf.exe	JTAG 用到的可执行程序
jtag_loader.bat	批处理文件，能够自动按顺序执行上述 4 个可执行程序
JTAG_Loader_ROM_form.vhd	包含了 JTAG 接口的 ROM 模板，VHDL 格式
Normal_ROM_form.vhd	常规 ROM 模板，同前面的 ROM_form.vhd
JTAG_Loader_ROM_form.v	包含了 JTAG 接口的 ROM 模板，Verilog 格式
Normal_ROM_form.v	常规 ROM 模板，同前面的 ROM_form.v

(4) VHDL 目录：该目录中包含了 KCPSM3 的 VHDL 文件，如果工程师使用的开发语言是 VHDL，则可直接调用该目录下的 vhd 文件，如表 7.4 所示。

表 7.4　VHDL 目录下的文件说明

文　件	说　明
kcpsm3.vhd	KCPSM3 的核心 VHDL 描述
embedded_kcpsm3.vhd	连接了 program ROM 的 KCPSM3 的 VHDL 描述文件
kcpsm3_int_test.vhd	压缩包自带的设计案例的 VHDL 文件
test_bench.vhd	对应 kcpsm3_int_test.vhd 的测试 VHDL 文件，相当于一个 kcpsm3 test bench 的模板
uart_clock.vhd	基于 UART 的实时时钟参考设计的 VHDL 文件
uart_tx.vhd	UART 发送器核，带有 8 位数据位，无奇偶校验，1 位停止位，整型 16 字节 FIFO 缓冲器，占用了 18 个 Slice
uart_rx.vhd	UART 接收器核，带有 8 位数据位，无奇偶校验，1 位停止位，整型 16 字节 FIFO 缓冲器，占用了 22 个 Slice
kcuart_tx.vhd	UART 发送器核，带有 8 位数据位，无奇偶校验，1 位停止位，可作为发送器单独使用，但一般作为 uart_tx 的组成部分来使用
kcuart_rx.vhd	UART 接收器核，带有 8 位数据位，无奇偶校验，1 位停止位，可作为发送器单独使用，但一般作为 uart_rx 的组成部分来使用
bbfifo_16x8.vhd	深度为 16 字节的 FIFO，占用资源为 8 个 Slice，在 uart_tx 和 uart_rx 中用到，也可作为 FIFO 单独使用
uart9_tx.vhd	带有奇偶校验和 16 字节 FIFO 的 UART 发送器
uart9_rx.vhd	带有奇偶校验和 16 字节 FIFO 的 UART 接收器
kcuart9_rx.vhd	带有奇偶校验的 UART 接收器
kcuart9_tx.vhd	带有奇偶校验的 UART 发送器
bbfifo9_16x9.vhd	深度为 16 字节的 FIFO，占用资源为 9 个 Slice，在 uart_tx 和 uart_rx 中用到，也可作为 FIFO 单独使用

(5) Verilog 目录：该目录中包含了 KCPSM3 的 Verilog HDL 文件，如果工程师使用的开发语言是 Verilog，则可直接调用该目录下的 v 文件(包含的文件其作用与同名的 vhd 文件相同，在此不再说明)。

(6) kcpsm3.ngc：该文件为经过封装的 kcpsm3 的网表文件。

7.3　PicoBlaze 处理器结构分析

PicoBlaze 处理器的核心模块是由 KCPSM3 构成的(如图 7.3 所示)，它的外部指令是由设计者用 PicoBlaze 的专用汇编语言设计的(表 7.5 为 PicoBlaze 处理器指令集)。KCPSM3 的模块是用硬件描述语言(VHDL 或 Verilog HDL)描述的，因此用汇编语言描述的指令必须借助 Assembler 文件夹下的 KCPSM3.EXE 将其转换成 VHDL 或 Verilog HDL 语言的形式，经转化后的指令模块如图 7.3 中块 RAM 程序储存器的端口模块形式，可以直接连接到 KCPSM3 处理器中。

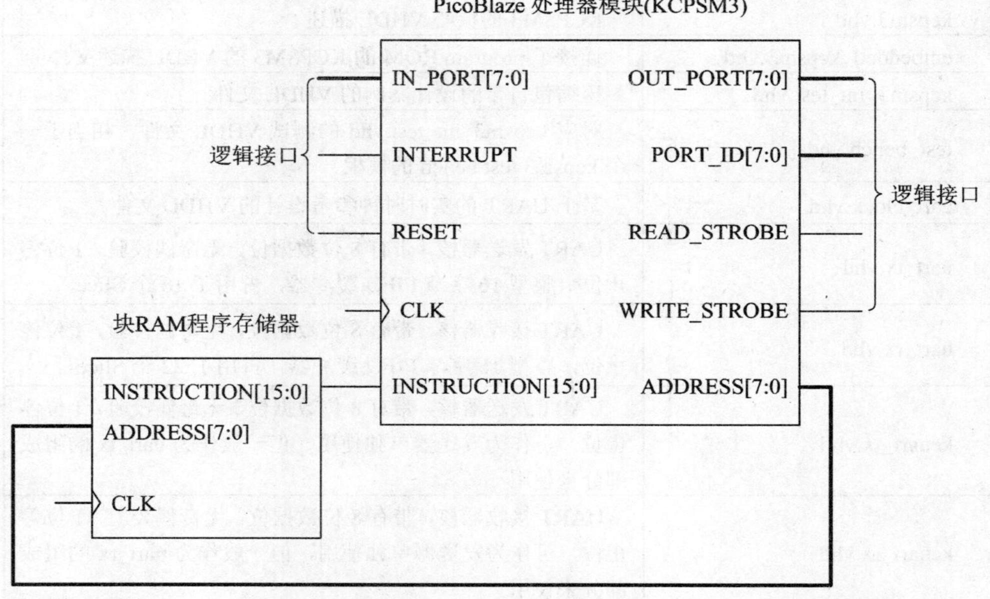

图 7.3　PicoBlaze 的结构框架图

KCPSM3 主控模块根据当前的 8 位地址从 Block Memory 中读取对应的 16 位指令代码，再根据此指令代码完成运算操作，同时产生下一步指令的地址。根据不同指令的要求，在 IN_PORT 端和 OUT_PORT 端分别读入或输出计算的数据，并在 PORT_ID 端指明对应的 I/O 端口地址。READ_STROBE 端和 WRITE_STROBE 端则在执行读/写操作时输出脉冲信号，该脉冲信号通常用于控制外围电路的读/写。

表 7.5　PicoBlaze 处理器指令集

指　令	描　述	功　能	标志位	备　注
ADD　sX，kk	寄存器 sX 加立即数 kk	sX←sX+kk	影响进位位 C 和结果标志位 Z	kk 为 8 位常数
ADD　sX，sY	两个寄存器 sX 和 sY 相加	sX←sX+sY	影响进位位 C 和结果标志位 Z	X、Y 为 0～F，表示 16 个寄存器
ADDCY　sX，kk	寄存器 sX 加立即数 kk 和进位位	sX←sX+kk+C	影响进位位 C 和结果标志位 Z	C 表示进位位
ADDCY　sX，sY	带进位位的两个寄存器 sX 和 sY 相加	sX←sX+sY+C	影响进位位 C 和结果标志位 Z	
AND　sX，kk	寄存器 sX 与立即数 kk“逻辑与”	sX←sX AND kk	影响结果标志位 Z，进位标志位 C=0	kk 为 8 位常数
AND　sX，sY	两个寄存器 sX 和 sY“逻辑与”	sX←sX AND sY	影响结果标志位 Z，进位标志位 C=0	X、Y 为 0～F，表示 16 个寄存器
CALL　aaa	无条件调用地址为 aaa 的子程序	TOS←PC，PC←aaa	不影响当前标志位	aaa 为 000～3FF，10 位地址
CALL C，aaa	如果进位标志位 C=1，则调用地址为 aaa 的子程序	如果 C=1，则 TOS←PC，PC←aaa	不影响当前标志位	aaa 为 000～3FF，10 位地址
CALL NC，aaa	如果进位标志位 C=0，则调用地址为 aaa 的子程序	如果 C=0，则 TOS←PC，PC←aaa	不影响当前标志位	aaa 为 000～3FF，10 位地址
CALL NZ，aaa	如果结果标志位 Z=0，则调用地址为 aaa 的子程序	如果 Z=0，则 TOS←PC，PC←aaa	不影响当前标志位	aaa 为 000～3FF，10 位地址
CALL Z，aaa	如果结果标志位 Z=1，则调用地址为 aaa 的子程序	如果 Z=1，则 TOS←PC，PC←aaa	不影响当前标志位	aaa 为 000～3FF，10 位地址
COMPARE sX，kk	寄存器 sX 与立即数 kk 比较	如果 sX=kk，则 ZERO←1；如果 sX<kk，则 C←0	结果影响标志位	
COMPARE sX，sY	寄存器 sX 与寄存器 sY 比较	如果 sX= sY，则 ZERO←1；如果 sX<sY，则 C←0	结果影响标志位	X、Y 为 0～F，表示 16 个寄存器
DISABLE INTERRUPT	禁止中断响应	中断使能标志清零	不影响当前标志位	
ENABLE INTERRUPT	使能中断	中断标志置 1，开放中断	不影响当前标志位	
Interrupt Event	异步中断输入、保护标志和程序计数器 (PC) 清除 INTERRUPT_ENABLE 标志，跳转到 3FF 的中断矢量地址	保护 ZERO←ZERO，CARRY←CARRY，INTERRUPT_ENABLE←0，TOS←PC，PC←3FF	不影响当前标志位	
FETCH　sX，(sY)	sY 寄存器所指定的中间寄存器内容读到 sX 寄存器内	sX←RAM[(sY)]	不影响当前标志位	
FETCH　sX，ss	6 位地址 ss 所指定的中间寄存器内容读到 sX 寄存器内	sX←RAM[ss]	不影响当前标志位	ss 表示 6 位地址，可访问 64 个寄存器

续表一

指 令	描 述	功 能	标志位	备 注
INPUT sX，(sY)	sY 寄存器所指定的口地址的内容读到 sX 寄存器	PORT_ID←sY，sX←IN_PORT	不影响当前标志位	sY 表示 8 位口地址，可访问 256 个地址
INPUT sX，pp	口地址为pp的内容读到sX寄存器内	PORT_ID←pp，sX←IN_PORT	不影响当前标志位	pp 表示 8 位口地址，可访问 256 个地址
LOAD sX，kk	赋值，立即数 kk 送到 sX 寄存器	sX←kk	不影响当前标志位	kk 为 8 位常数
LOAD sX，sY	sY 寄存器的内容送到 sX 寄存器	sX←sY	不影响当前标志位	
OR sX，kk	寄存器 sX 与立即数 kk"逻辑或"	sX←sX OR kk	影响结果标志位 Z，进位标志位 C=0	kk 为 8 位常数
OR sX，sY	两个寄存器 sX 和 sY"逻辑或"	sX←sX OR sY	影响结果标志位 Z，进位标志位 C=0	X、Y 为 0～F，表示 16 个寄存器
JUMP aaa	无条件跳转到地址为 aaa 的程序	PC←aaa	不影响当前标志位	aaa 为 000～3FF，10 位地址
JUMP C，aaa	如果进位标志位 C=1，则跳转到地址为 aaa 的程序	如果 C=1，则 PC←aaa	不影响当前标志位	aaa 为 000～3FF，10 位地址
JUMP NC，aaa	如果进位标志位 C=0，则跳转到地址为 aaa 的程序	如果 C=0，则 PC←aaa	不影响当前标志位	aaa 为 000～3FF，10 位地址
JUMP NZ，aaa	如果结果标志位 Z=0，则跳转到地址为 aaa 的程序	如果 Z=0，则 PC←aaa	不影响当前标志位	aaa 为 000～3FF，10 位地址
JUMP Z，aaa	如果结果标志位 Z=1，则跳转到地址为 aaa 的程序	如果 Z=1，则 PC←aaa	不影响当前标志位	aaa 为 000～3FF，10 位地址
OUTPUT sX，(sY)	sX 寄存器的内容输出到 sY 寄存器所指定的口地址上	PORT_ID ← sY，OUT_PORT←sX	不影响当前标志位	sY 表示 8 位口地址，可访问 256 个地址
OUTPUT sX，pp	sX 寄存器的内容输出到 pp 所指定的口地址上	PORT_ID ← p7p，OUT_PORT←sX	不影响当前标志位	
RETURN	从子程序无条件返回	PC←TOS+1	不影响当前标志位	
RETURN C	如果进位标志位 C=1，则从子程序返回	如果 C=1，则 PC←TOS+1	不影响当前标志位	
RETURN NC	如果进位标志位 C=0，则从子程序返回	如果 C=0，则 PC←TOS+1	不影响当前标志位	
RETURN NZ	如果结果标志位 Z=0，则从子程序返回	如果 Z=0，则 PC←TOS+1	不影响当前标志位	
RETURN Z	如果结果标志位 Z=1，则从子程序返回	如果 Z=1，则 PC←TOS+1	不影响当前标志位	
RETURNI DISABLE	从中断服务程序返回，同时禁止中断	PC←TOS，恢复标志位 Z 和 C，中断使能位置"0"	影响进位位 C 和结果标志位 Z	
RETURNI ENABLE	从中断服务器程序返回，同时重新使能中断	PC←TOS，恢复标志位 Z 和 C，中断使能位置"1"	影响进位位 C 和结果标志位 Z	
RL sX	循环左移 sX 寄存器	sX←{sX[6:0]，sX[7]}，CARRY←sX[7]	影响进位位 C 和结果标志位 Z	

续表二

指　令	描　述	功　能	标志位	备　注
RR　sX	循环右移 sX 寄存器	sX←{sX[0]，sX[7:1]}，CARRY←sX[0]	影响进位位 C 和结果标志位 Z	
SL0　sX	左移 sX 寄存器，最低位置“0”	sX←{sX[6:0]，0}，CARRY←sX[7]	影响进位位 C 和结果标志位 Z	
SL1　sX	左移 sX 寄存器，最低位置“1”	sX←{sX[6:0]，1}，CARRY←sX[7]	影响进位位 C 和结果标志位 Z，进位位 C=0	
SLA　sX	sX 寄存器含进位位循环左移	sX ← {sX[6:0]，CARRY}，CARRY ← sX[7]	影响进位位 C 和结果标志位 Z	
SLX　sX	sX 寄存器循环左移，最低位维持	sX←{sX[6:0]，sX[0]}，CARRY←sX[7]	影响进位位 C 和结果标志位 Z	
SR0　sX	右移 sX 寄存器，最高位置“0”	sX←{0，sX[7:1]}，CARRY←sX[0]	影响进位位 C 和结果标志位 Z	
SR1　sX	右移 sX 寄存器，最高位置“1”	sX←{1，sX[7:1]}，CARRY←sX[0]	影响进位位 C 和结果标志位 Z，进位位 C=0	
SRA　sX	sX 寄存器含进位位循环右移	sX←{CARRY，sX[7:1]}，CARRY←sX[0]	影响进位位 C 和结果标志位 Z	
SRX　sX	sX 寄存器循环右移，最高位维持不变	sX←{sX[7]，sX[7:1]}，CARRY←sX[0]	影响进位位 C 和结果标志位 Z	
STORE　sX，(sY)	将 sX 寄存器的内容写到 sY 寄存器所指定的中间寄存器	RAM[(sY)]←sX	不影响当前标志位	
STORE　sX，ss	将 sX 寄存器的内容写到 6 位地址 ss 所指定的中间寄存器	RAM[ss]←sX	不影响当前标志位	ss 表示 6 位地址，可访问 64 个寄存器
SUB　sX，kk	寄存器 sX 减去立即数 kk	sX←sX-kk	影响进位位 C 和结果标志位 Z	kk 为 8 位常数
SUB　sX，sY	寄存器 sX 和 sY 相减	sX←sX-sY	影响进位位 C 和结果标志位 Z	X、Y 为 0～F，表示 16 个寄存器
SUBCY　sX，kk	寄存器 sX 减立即数 kk 和进位位	sX←sX-kk-C	影响进位位 C 和结果标志位 Z	C 表示进位位
SUBCY　sX，sY	寄存器 sX 减 sY 和进位位	sX←sX-sY-C	影响进位位 C 和结果标志位 Z	
TEST　sX，kk	测试寄存器 sX 的内容是否与立即数 kk 相反	如果(sX AND kk)=0，则 ZERO←1，CARRY←奇偶校验(sX AND kk)	影响进位位 C 和结果标志位 Z	kk 为 8 位常数，sX 寄存器的内容不变，仅影响标志位
TEST　sX，sY	测试寄存器 sX 的内容是否与 sY 寄存器相反	如果(sX AND sY)=0，则 ZERO←1，CARRY←奇偶校验(sX AND sY)	影响进位位 C 和结果标志位 Z	sX 寄存器和 sY 寄存器的内容不变，仅影响标志位
XOR　sX，kk	寄存器 sX 与立即数 kk“异或”	sX←sX XOR kk	影响结果标志位 Z，进位标志位 C=0	kk 为 8 位常数
XOR　sX，sY	寄存器 sX 与寄存器 sY“异或”	sX←sX XOR sY	影响结果标志位 Z，进位标志位 C=0	

PicoBlaze 处理器由全局寄存器、算术逻辑单元(ALU)、程序流控制标志、复位逻辑、输入/输出(I/O)、中断控制器等几大部分构成。

(1) 全局寄存器：16 个 8 位全局寄存器，s0～sF。这些寄存器的操作是非常灵活的，没有为特殊任务保留寄存器，任何寄存器的优先权都是一样的。

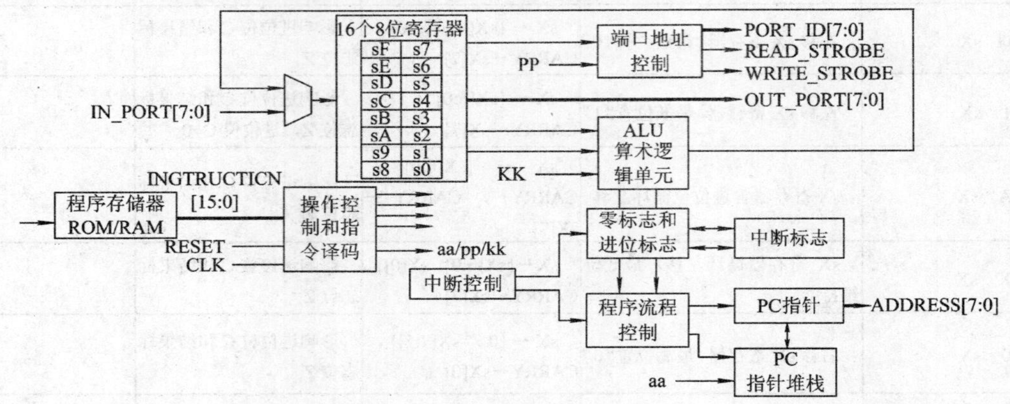

图 7.4　KCPSM3 的核心结构图

(2) 算术逻辑单元(ALU)：提供了 8 位处理器需要的所有简单操作。所有操作的执行都是用任意一个寄存器提供的操作数完成的。若操作需两个操作数，则由另一寄存器指定或在指令中嵌入一个 8 位常量值。

(3) 程序流控制标志：ALU 操作后的结果影响零标志和进位标志。用有条件的或无条件的程序流控制指令可决定程序执行的顺序。JUMP 指令指定在程序空间内的绝对地址。CALL 指令将程序定位到用一段代码写的子程序的绝对地址，同时将返回地址压栈。嵌套 CALL 指令使用的栈为 15 层。

(4) 复位逻辑：复位信号强迫程序回到初始状态，即程序从地址 00 开始执行，中断被屏蔽，状态标记和堆栈也同时复位，但寄存器中的内容不受影响。

(5) 输入/输出(I/O)：PicoBlaze 提供 256 个输入端口和 256 个输出端口。由端口总线提供一个 8 位地址值与一个 READ 或 WRITE 选通脉冲信号，一起指定访问端口。这个端口地址值或为一确定值，或由任意寄存器中的内容指定。当访问一块由分布式或块状 RAM 组成的内存时，最好用直接寻址。

(6) 中断控制器：PicoBlaze 提供一个中断输入信号。只要用一些简单的组合逻辑，多个信号就可进行组合并被应用于这一中断。程序中可定义此中断是否被屏蔽，默认中断被屏蔽。被激活的中断信号使程序执行“CALL FF”指令(FF 即 256，程序存储器的最后一个位置)，然后设计者为此定义的放在此处的一段程序被执行。一般在此地址放一 JUMP 指令，以跳转到中断服务程序。中断进程屏蔽其他中断，RETURNI 指令保证在中断程序结束后，标记和控制指令回到原先的状态。

习　题　7

1. 什么是 PicoBlaze?

2. PicoBlaze 处理器的结构和原理是什么？

下 篇

实验案例

本篇通过 8 个基础实验让读者熟悉用 Verilog HDL 语言设计硬件电路的方法，学习使用 ISE 和 ModelSim 等工具进行工程设计的流程。本书实验案例的内容几乎占了全书内容的 60%，作者希望读者注重书中的实验部分，因为只有通过不断的实践练习，才能学好这门技术——Verilog HDL 语言以及基于 FPGA/CPLD 的设计方法。本书的实验案例都以上海星尘电子科技有限公司出品的 EZBoard CPLD 板卡为硬件平台。当然，这些实验具有通用性，通过适当的修改完全可以运行于其他 FPGA/CPLD 开发板。

另外，本书有一个技术支持论坛，读者如遇到问题，可在 www.seacean.com.cn/bbs 论坛上提问，上海星尘电子科技有限公司的工程师会及时地进行解答。在此论坛中也有 EZBoard CPLD 板卡的销售信息。

实验一　LED 循环流水灯显示

1. 实验目的

◆ 初步掌握用 Verilog HDL 硬件描述语言编写程序。

◆ 初步掌握 ISE 9.1i 综合工具的使用。

◆ 初步掌握 ModelSimSE 6.2b 仿真工具的使用。

◆ 掌握引脚分配方法。

◆ 掌握 JTAG 下载工具的使用。

2. 实验内容

本实验要求以 EZBoard 为开发板(如图 T1.1 所示)，在完成逻辑设计后，生成代码的二进制文件并下载到开发板上测试和验证逻辑设计的正确性(板上器件对应的 CPLD 引脚如图 T1.2 所示)。实现的功能为：以一只 SW 拨动开关作为开始和复位开关，开始后，LED 发光二极管依次熄灭，循环显示，亮灭占空比为 500 ms；复位后，LED 发光二极管恢复到初始状态。EZBoard 开发板上的晶振频率为 4 MHz，拨动开关 SW(1)～SW(8)在 ON 时为低电平，LED1、LED2、…、LED10 这 10 个 LED 灯高电平点亮，低电平熄灭。

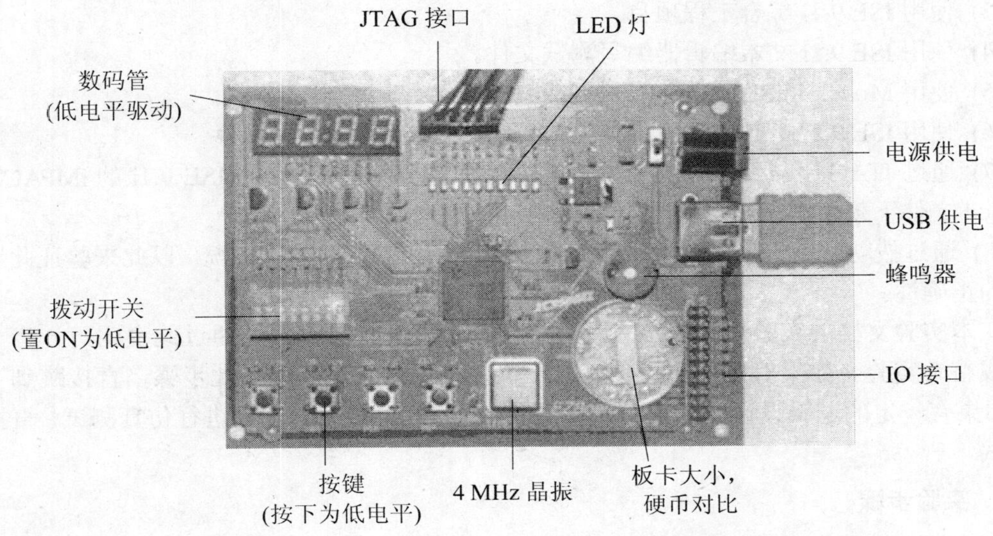

图 T1.1　EZBoard 开发板

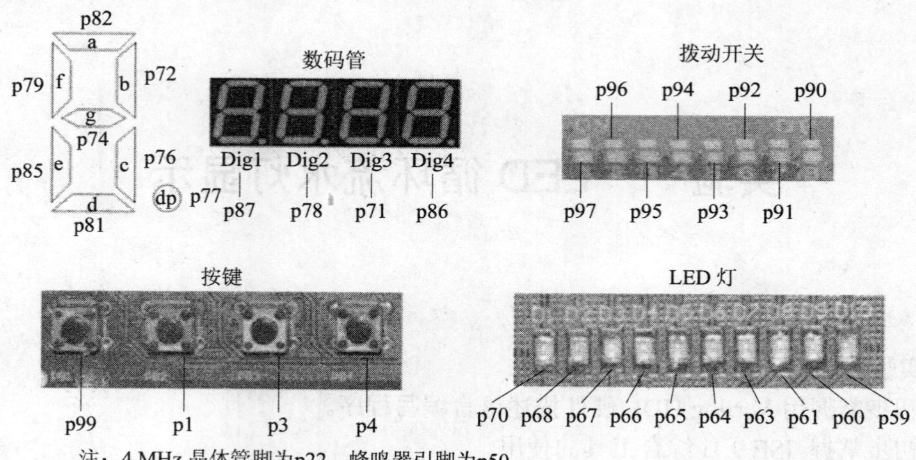

图 T1.2　EZBoard 板上器件对应的 CPLD 引脚图

设计的端口连接如图 T1.3 所示，方框里的名称为设计模块中定义的名称(此名称是本实验参考程序中定义的名称)，方框外的名称为对应 EZBoard 开发板上的器件名称。

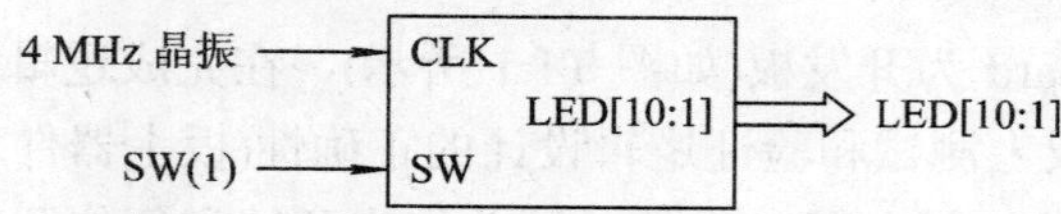

图 T1.3　LED 循环流水灯端口连接

要完成此实验，应按照下面的步骤一步一步进行。

(1) 使用 ISE 9.1i 新建工程项目。

(2) 使用 ISE 9.1i 文本编辑器进行电路逻辑设计。

(3) 使用 ISE 9.1i 综合工程项目。

(4) 使用 ISE 9.1i 文本编辑器编写测试文件。

(5) 使用 ModelSimSE 6.2b 工具进行仿真测试。

(6) 使用 ISE 9.1i 工具进行引脚分配、布线并生成下载的 jed 文件。

(7) 通过 JTAG 下载线将 PC 机与 EZBoard 板卡连接起来，使用 ISE 9.1i 的 iMPACT 工具将 jed 文件下载至 EZBoard 板卡上。

(8) 通过拨动开关，验证 EZBoard 板卡上 10 只 LED 灯的熄灭情况，以此来验证此逻辑设计的正确性。

在本实验文档的实验步骤中，有对以上实验步骤的指导说明，通过此说明可一步一步地完成整个实验。如果对某一实验步骤已经很熟练了，则可以跳过此步骤，直接跳到下一步；如果有一定的逻辑设计能力，则可以不用 ModelSimSE 6.2b 工具进行仿真测试，直接下板调试。

3. 实验步骤

(1) 建立 ISE 工程。

具体步骤如下：

① 打开 ISE 9.1i，选择“开始”→“程序”→“Xilinx ISE 9.1i”→“Project Navigator”

(或者直接双击桌面图标启动 ISE)，如图 T1.4 所示。

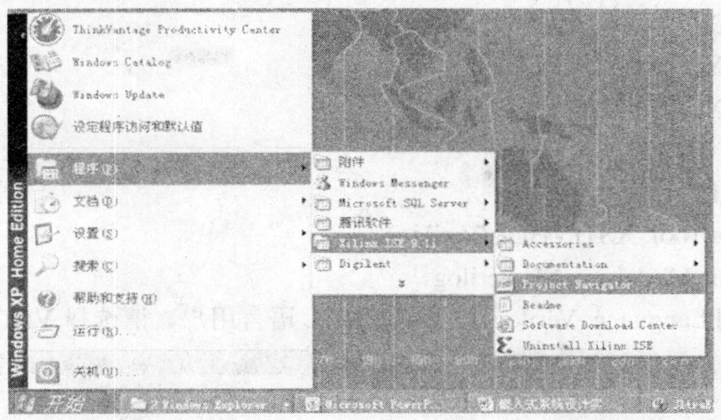

图 T1.4　启动 ISE

② 新建一个工程项目，选择菜单命令“File”→“New Project…”(如果打开 ISE 后，上面已经有存在的工程项目，请选择“File”→“Close Project”)，如图 T1.5 所示。

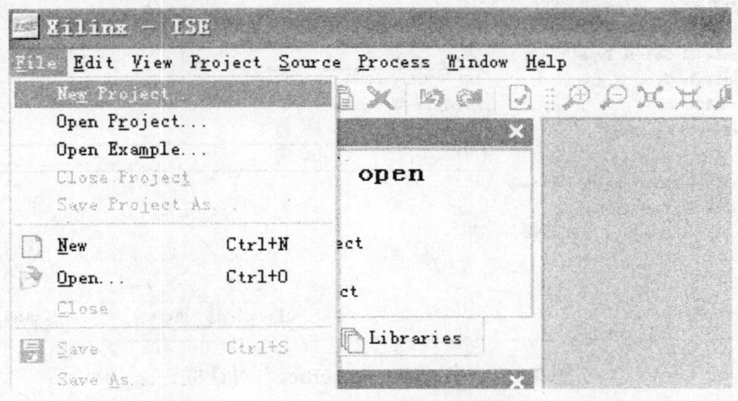

图 T1.5　新建工程

③ 在弹出的“Create New Project”对话框中，通过“…”按钮选择工程项目的存放路径。在“Project Name”编辑框中输入工程名称(这里以输入 project 为例)，如图 T1.6 所示，然后点击“Next”按钮。

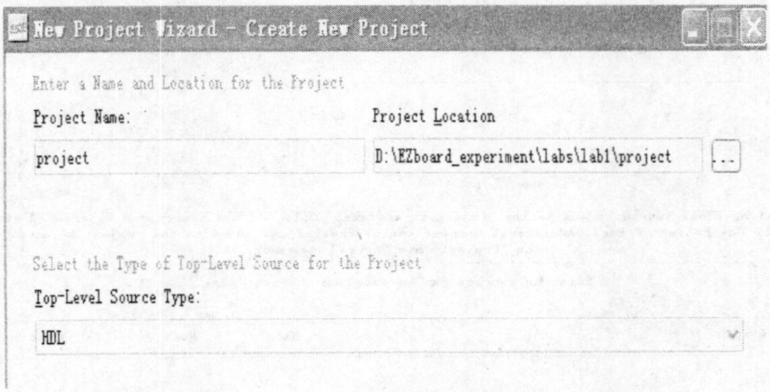

New Project Wizard - Create New Project
Enter a Name and Location for the Project
Project Name:
project
Project Location
D:\EZboard_experiment\labs\lab1\project
Select the Type of Top-Level Source for the Project
Top-Level Source Type:
HDL

图 T1.6　新建工程向导

④ 在弹出的“Device Properties”对话框中选择 FPGA 的型号、仿真工具和硬件描述语言类型，如图 T1.7 所示。

- Family: XC9500XL CPLDs。
- Device: XC95144XL。
- Package: TQ100。
- Speed: –10。
- Synthesis Tool: XST(VHDL/Verilog)。
- Simulator: Modelsim-SE Verilog。
- Preferred Language: Verilog(如果是 VHDL 语言用户，请选择 VHDL)。

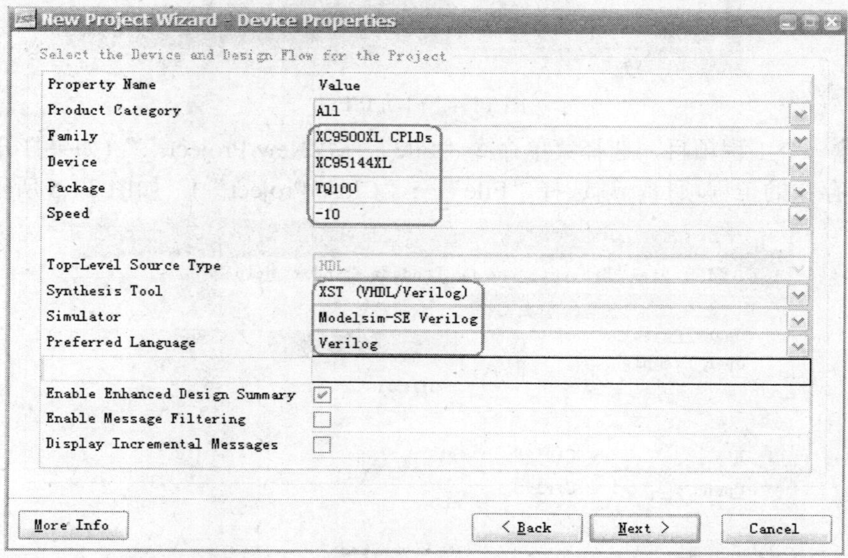

图 T1.7　“Device Properties”对话框

⑤ 点击“Next”按钮，弹出“Create New Source”对话框，如图 T1.8 所示。

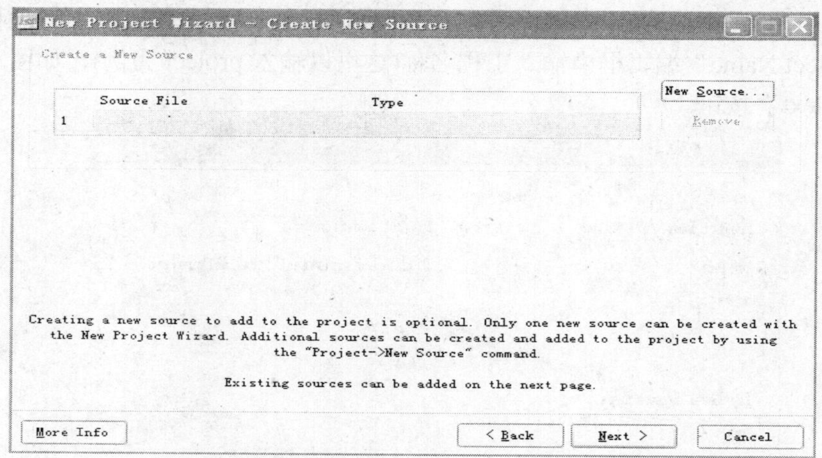

图 T1.8　“Create New Source”对话框

⑥ 点击“Next”按钮，弹出“Add Existing Sources”对话框，如图 T1.9 所示。

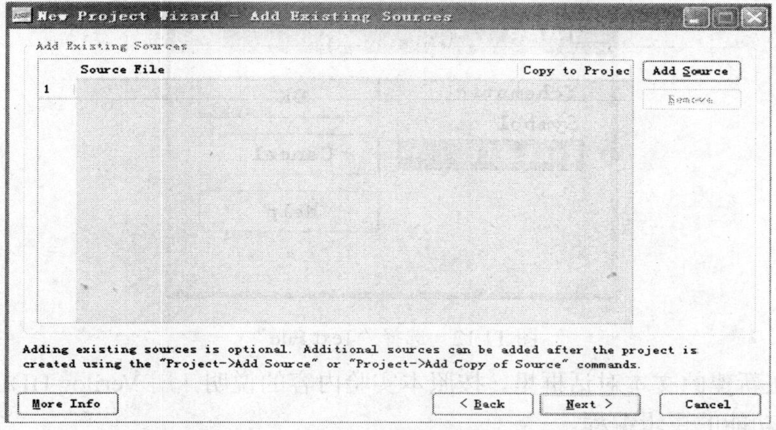

图 T1.9 “Add Existing Sources”对话框

⑦ 点击“Next”按钮，在弹出的“Project Summary”对话框中点击“Finish”按钮，完成工程项目的建立，如图 T1.10 所示。

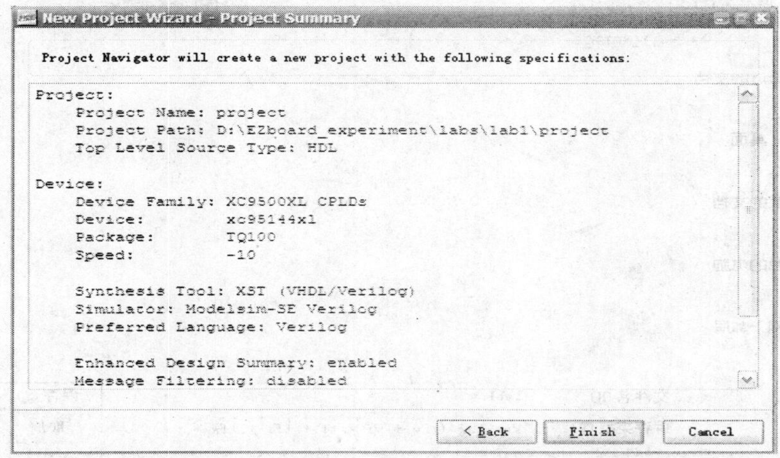

图 T1.10 “Project Summary”对话框

(2) 使用文本编辑形式完成对电路功能的描述，并完成综合。

具体步骤如下：

① 在新建工程向导完成以后，点击“New”按钮，如图 T1.11 中画圈处所示。

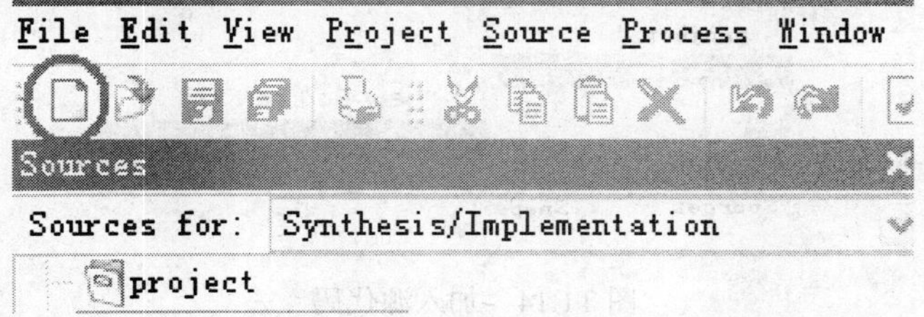

图 T1.11 点击“New”按钮

② 在出现的“New”对话框中选择“Text File”，点击“OK”按钮，如图 T1.12 所示。

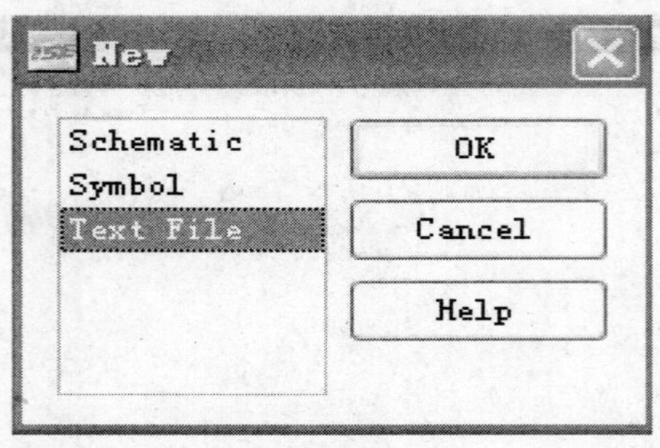

图 T1.12　选择“Text File”

③ 此时在新建的文本对话框里，按照本实验内容的说明，用 Verilog HDL 或 VHDL 语言完成此实验功能的逻辑编程。

④ 待程序设计完成后，选择菜单“File”→“Save As”保存文件，在“文件名”里填写要保存文件的名字(这里以 lab1.v 为例)，然后点击“保存”按钮，如图 T1.13 所示。

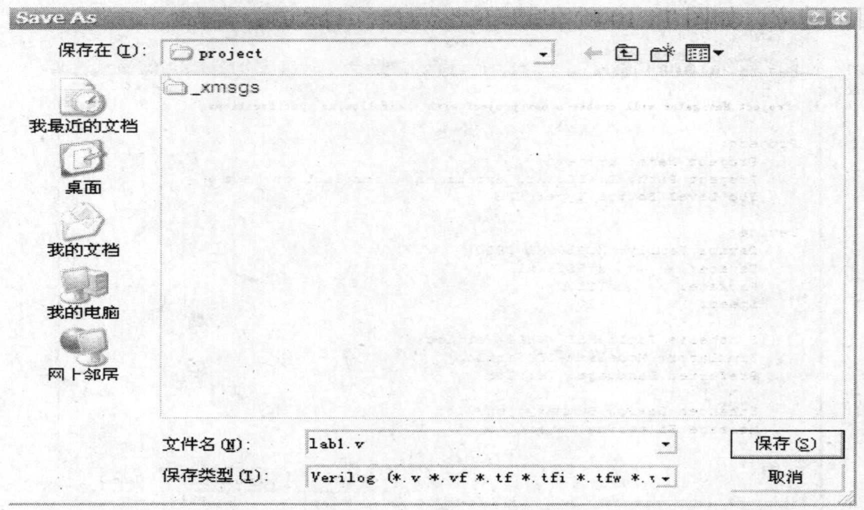

图 T1.13　保存文件

⑤ 在工程项目的“Sources”窗口中右击“xc95144xl-10TQ100”，选择“Add Source…”，如图 T1.14 所示。

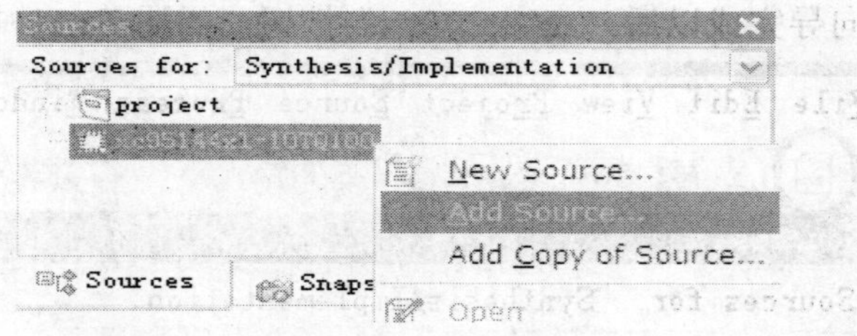

图 T1.14　加入源代码

⑥ 通过上一步骤会出现“Add Existing Sources”对话框，在此对话框中选择 lab1.v 文

件，点击“打开”按钮，如图 T1.15 所示。

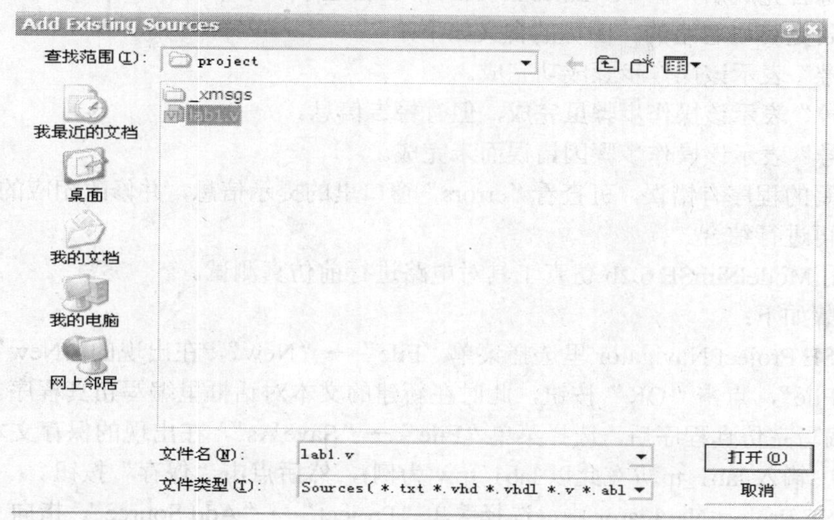

图 T1.15　选择源代码

⑦ 在随后出现的“Adding Source Files…”对话框中点击“OK”按钮，如图 T1.16 所示。

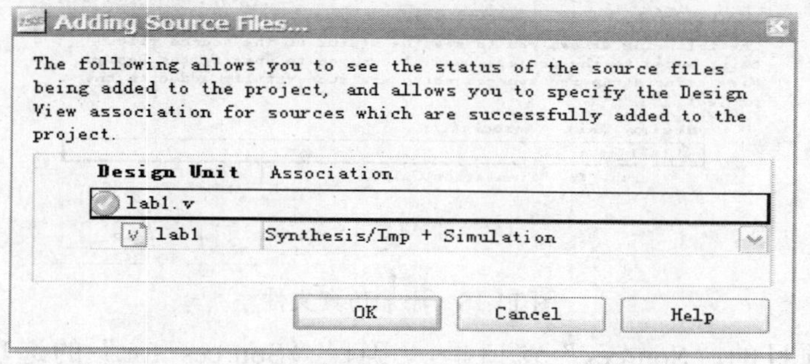

图 T1.16　添加源文件

⑧ 在工程项目的 Sources 窗口中单击 lab1.v，在工程项目的资源操作窗口(Processes)里展开“Implement Design”，双击“Synthesize-XST”，进行综合，综合完成后如图 T1.17 所示。

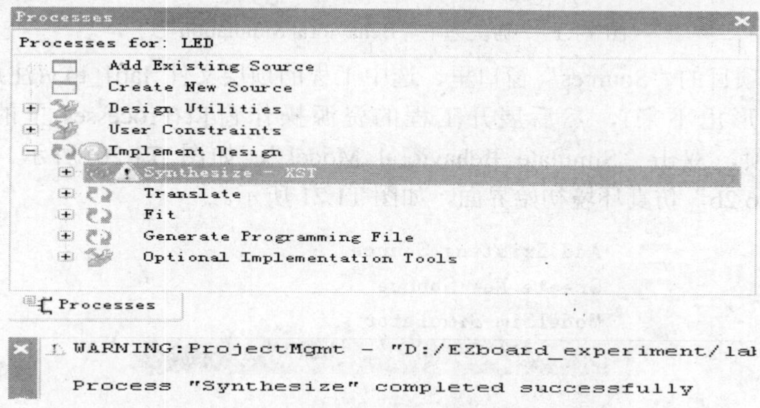

图 T1.17　综合设计

注意：综合完成后，在“Synthesize-XST”上会显示一个小图标，表示该步骤的完成情况。有些警告是可以忽略的。图标的含义如下：

- “对号”表示该操作步骤成功完成。
- “叹号”表示该操作步骤虽完成，但有警告信息。
- “叉号”表示该操作步骤因错误而未完成。

如果编写的程序有错误，可查看“errors”窗口里的提示信息，并修改相应的错误代码，然后保存，再进行综合。

(3) 使用 ModelSimSE 6.2b 仿真工具对电路进行前仿真测试。

具体步骤如下：

① 在 ISE Project Navigator 里选择菜单“File”→“New”，在出现的“New”对话框里选择“Text File”，点击“OK”按钮，此时在新建的文本对话框里编写仿真程序。

② 待编写完仿真程序后，选择菜单“File”→“Save As”，在出现的保存文本对话框的“文件名”中输入 lab1_tp.v(在此以 lab1_tp.v 为例)，然后点击“保存”按钮。

③ 在 ISE Project Navigator 中，选择菜单“Project”→“Add Source”，指向上一步骤保存的 lab1_tp.v 文件夹目录，选择 lab1_tp.v 文件，点击“打开”按钮。在弹出的“Adding Source Files…”对话框里，点击“OK”按钮，如图 T1.18 所示。

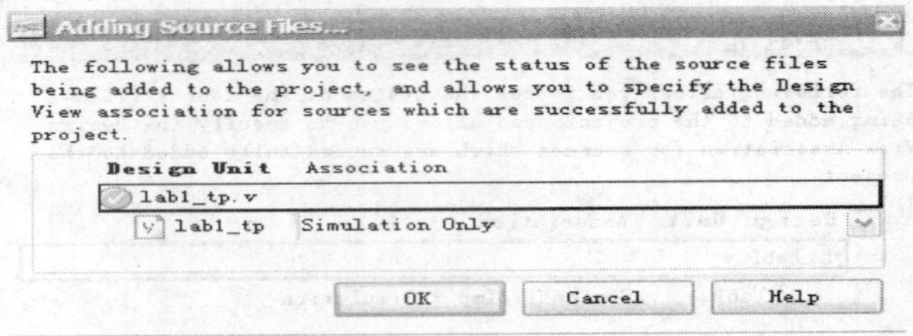

图 T1.18　添加仿真文件

④ 在工程项目的“Sources”窗口里，确保“Sources for”的选项为“Behavioral Simulation”，如图 T1.19 所示。

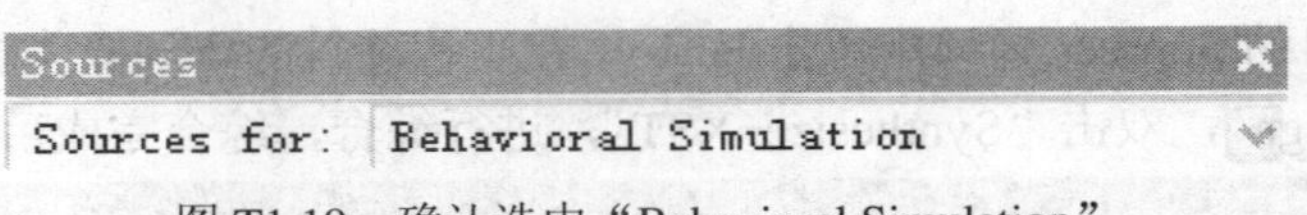

图 T1.19　确认选中“Behavioral Simulation”

⑤ 在工程项目的“Sources”窗口里，选中工程的顶层文件 lab1_tp.v(注意这很关键，不然仿真的波形出不来)，然后展开工程的资源操作窗口(Processes)里的“ModelSim Simulator”选项，双击“Simulate Behavioral Model”，如图 T1.20 所示。之后会出现“ModelSimSE 6.2b”仿真环境初始界面，如图 T1.21 所示。

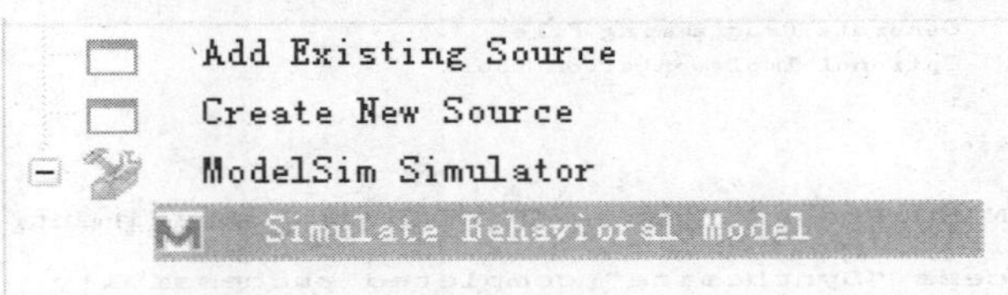

图 T1.20　双击“Simulate Behavioral Model”

图 T1.21 “ModelSimSE 6.2b”仿真环境初始界面

⑥ 进入 ModelSimSE 后，观察在“wav-default”窗口中有没有出现不想观看波形的端口，如果有此端口，请在此端口上点鼠标右键，选择“Delete”选项，如图 T1.22 所示。

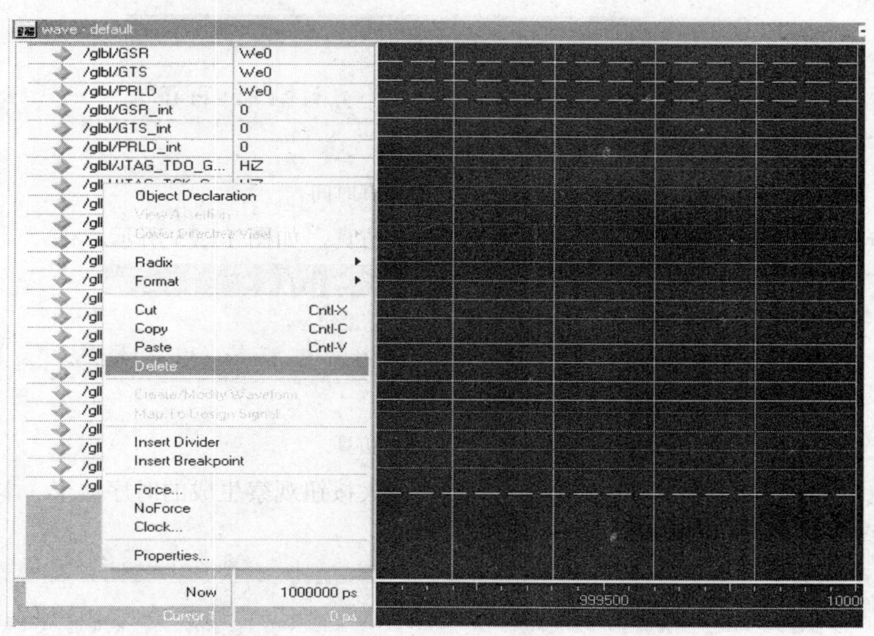

图 T1.22 “wave–default”窗口

删除此端口后，就将要观察的寄存器或者 wire 型变量添加到观察窗口中，在“Workspace”窗口中选择“lab1_tp”，然后在“Objects”窗口中选择想要观看波形的端口，再在此端口上右键选择“Add to Wave”→“Selected Signals”，如图 T1.23 所示。

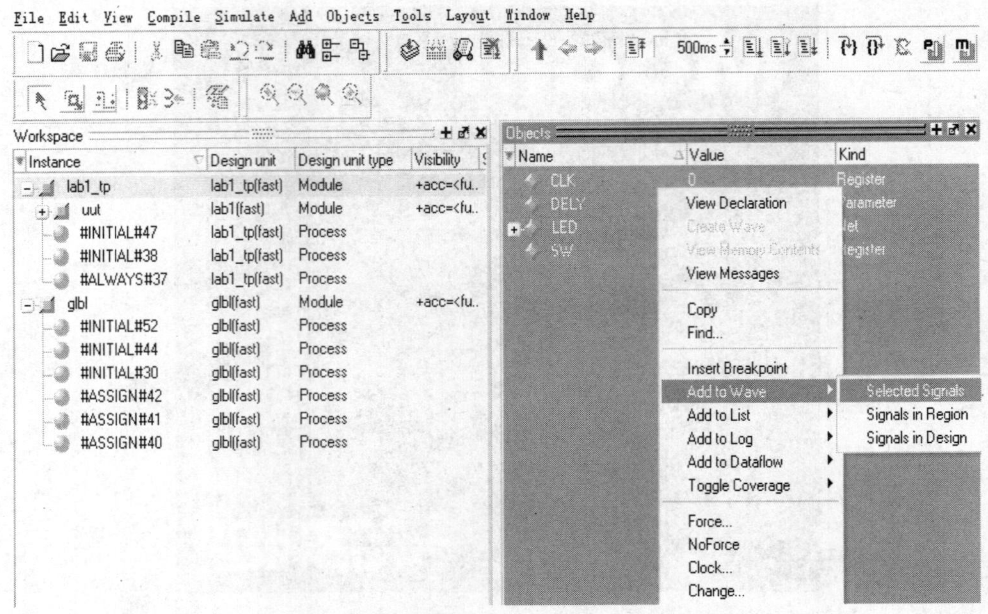

图 T1.23　添加观察变量

⑦ 在工具栏的红色标记编辑框中(见图 T1.24)设置仿真时间，时间自行设定，建议设置为 500 ms。

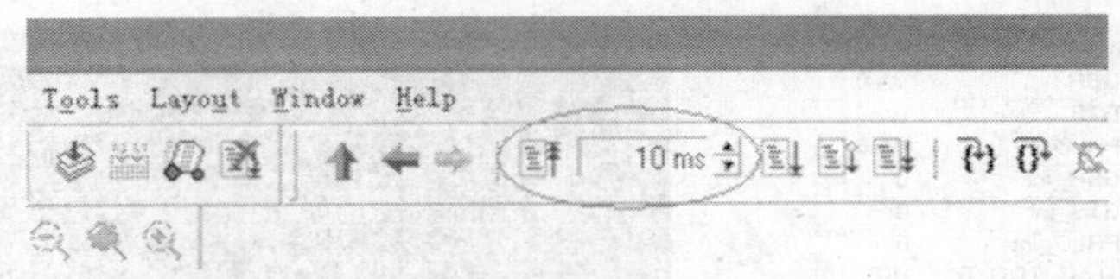

图 T1.24　设置仿真时间

⑧ 点击工具栏中红色标记框内的按钮，开始仿真，如图 T1.25 所示。

图 T1.25　开始仿真

⑨ 点击 Zoom Full 按钮(　　)，点击放大按钮观察生成的时序波形。本实验的参考波形如图 T1.26 所示。

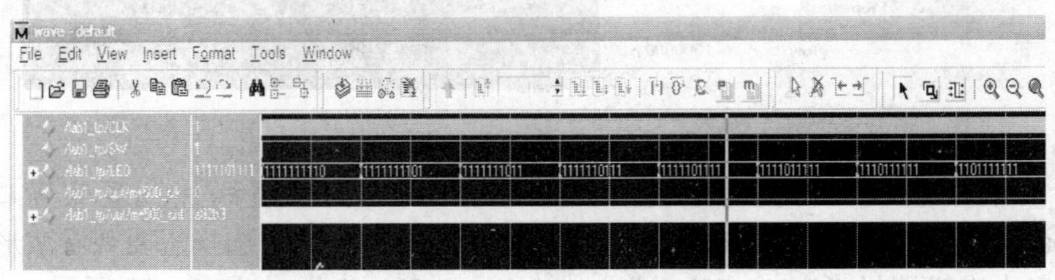

图 T1.26　时序波形

提示：因为此实验的分频系数较大，所以仿真波形要等一段时间才会完全出现。“wave-default”窗口可以通过点击“wave-default”窗口里的 Undock 按钮(+⧉×)呈现出单独的窗口，这样便于观看波形。

(4) 分配引脚，并完成布线，生成下载的二进制文件。

具体步骤如下：

① 在工程项目的“Sources”窗口中，确保“Sources for”选择了“Synthesis/Implementation”选项。此时单击工程的顶层文件 lab1.v，在工程的资源操作窗口(Processes)中，展开“User Constraints”，并双击“Assign Package Pins”，如图 T1.27 所示。

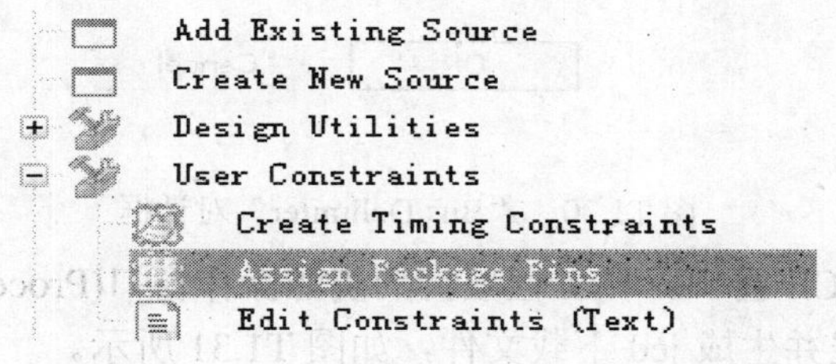

图 T1.27　双击“Assign Package Pins”

② 在出现的“Project　Navigator”对话框里，点击“Yes”按钮，如图 T1.28 所示。

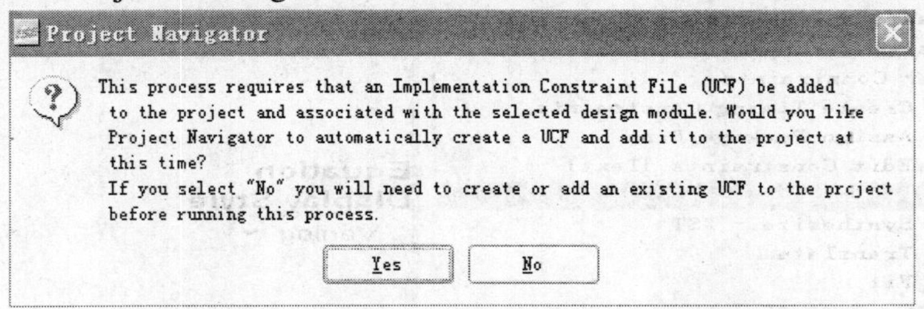

图 T1.28　确定配置引脚

③ 在 Xilinx PACE 中浏览“Design Object List-I/O Pins”窗口，在 Loc 中输入对应的引脚。图 T1.29 为配置好的此实验的引脚图表。

Design Object List - I/O Pins

I/O Name	I/O Direction	Loc	Function Block	Macr
CLK	Input	P22	1	9
SW	Input	P97	2	8
LED<10>	Output	P59	3	18
LED<9>	Output	P60	3	10
LED<8>	Output	P61	3	12
LED<7>	Output	P63	3	13
LED<6>	Output	P64	3	16
LED<5>	Output	P65	4	1
LED<4>	Output	P66	4	9
LED<3>	Output	P67	4	2
LED<2>	Output	P68	4	5
LED<1>	Output	P70	4	8

图 T1.29　参考“lab1_ucf.txt”文件配置引脚

④ 在 Xilinx PACE 窗口中，选择“File”→“Save”。在出现的“Bus Delimiter”对话框里，选择默认的“XST Default”形式，点击“OK”按钮，如图 T1.30 所示。

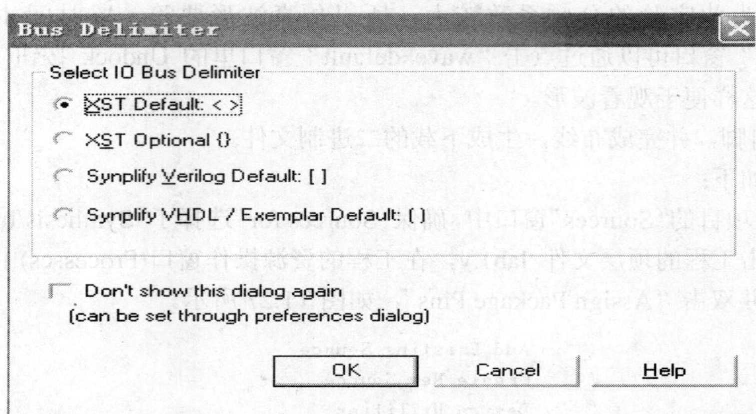

图 T1.30　“Bus Delimiter”对话框

⑤ 关闭 Xilinx PACE 窗口。在工程项目的资源操作窗口(Processes)里双击“Implement Design”，进行布局布线并生成 jed 下载文件，如图 T1.31 所示。

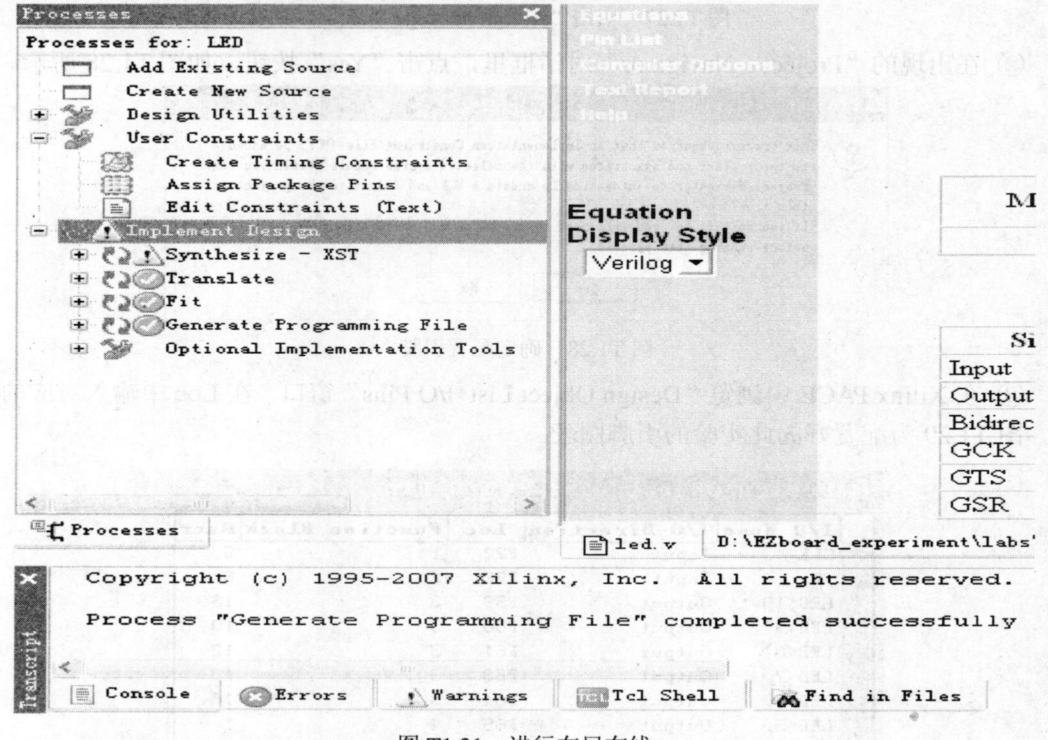

图 T1.31　进行布局布线

注意：布局布线完成后，如有错误出现，请查看芯片类型和引脚配置是否正确。

(5) 接通板卡电源和 JATG 下载线，并下载 jed 程序到板卡上进行测试。

具体步骤如下：

① 用 JTAG-USB 下载线将 PC 机与 EZBoard 板卡的 JTAG 接口连接起来，具体连线如图 T1.32 所示。

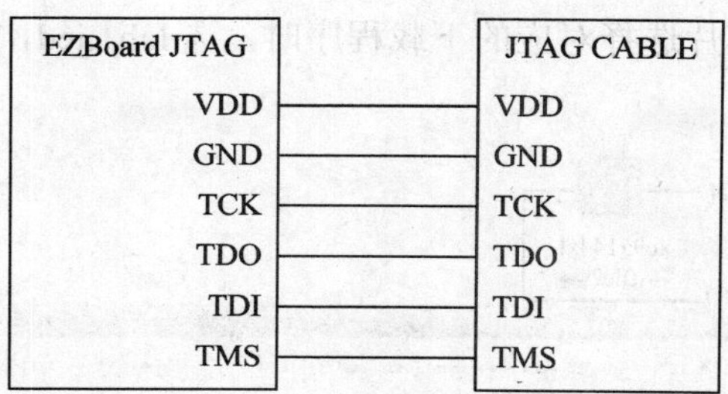

图 T1.32　JTAG 下载线与 EZBoard 板卡 JTAG 接口连接图

说明：如果采用并口的 JTAG 下载线，则连线方式也如图 T1.32 所示。

② 展开“Generate Programming File”，双击“Configure Device (iMPACT)”，如图 T1.33 所示。在出现“iMPACT－Welcome to iMPACT”对话框后，单击“Finish”按钮，如图 T1.34 所示。

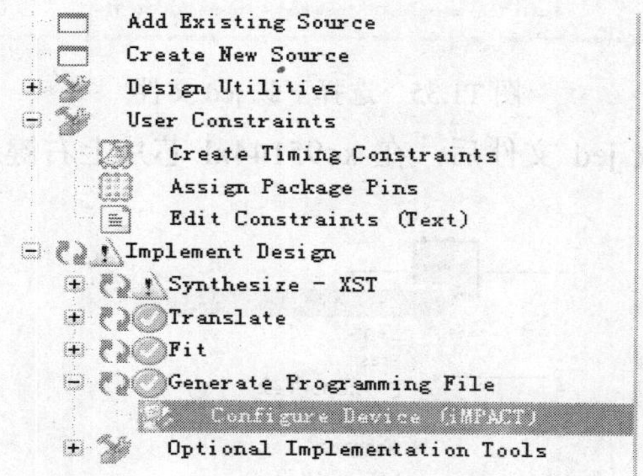

图 T1.33　启动 iMPACT

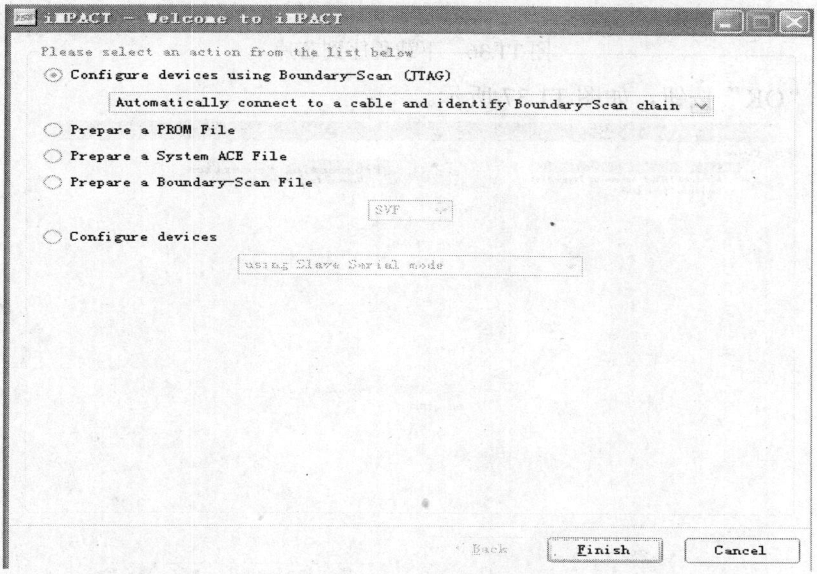

图 T1.34　“iMPACT－Welcome to iMPACT”对话框

③ 在为 xc95144xl 芯片选择对应的下载程序时，选 lab1.jed，点击“Open”按钮，如图 T1.35 所示。

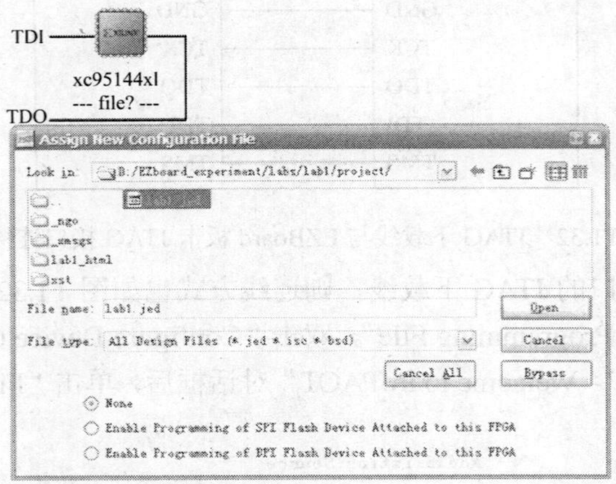

图 T1.35　选择下载 jed 文件

④ 选择完对应的下载 jed 文件后，在 xc95144xl 芯片上右键选择“Program…”，如图 T1.36 所示。

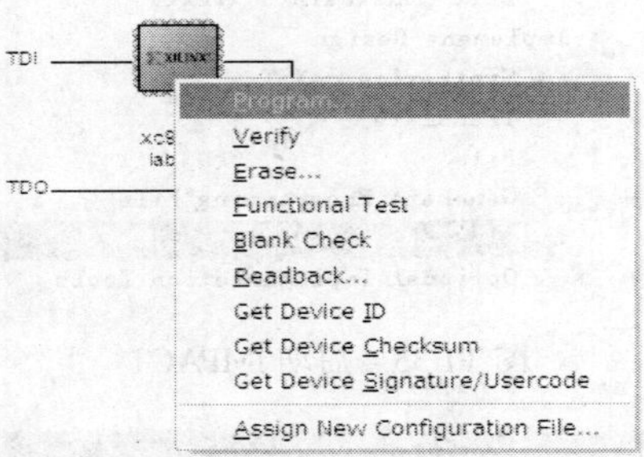

图 T1.36　下载程序到芯片

⑤ 点击“OK”按钮，如图 T1.37 所示。

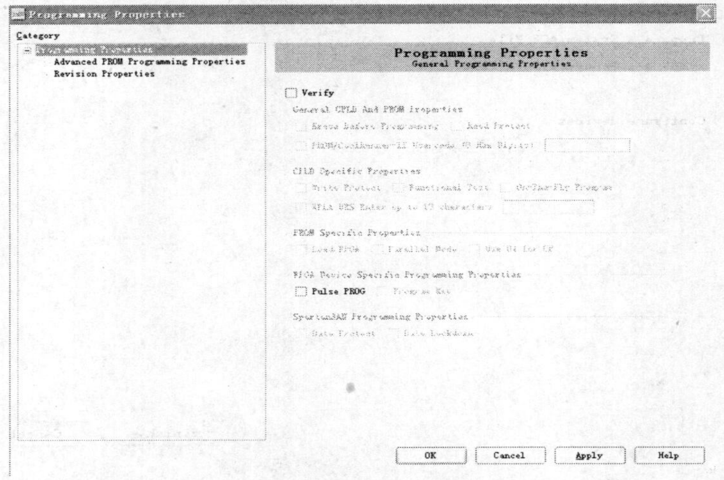

图 T1.37　确认下载

⑥ 下载完 jed 文件到 EZBoard 板卡上后，在开发板上验证此逻辑程序的正确性。拨动开关 SW(1)，观察 LED 发光二极管的运行状态，以此验证逻辑电路设计的正确性。

lab1.v 参考程序代码如下：

```
module lab1(
        CLK,
        SW,
        LED
);
input    CLK;
input    SW;
output   [10:1] LED;
reg       [10:1] LED;
reg       ms500_clk;
reg       [19:0] ms500_cnt;
always@(posedge CLK or negedge SW) begin
   if(!SW) begin
        ms500_cnt <= 20'h0;
        ms500_clk <= 1'b0;
   end
   else begin
        ms500_cnt <= ms500_cnt + 1;
        if(ms500_cnt == 20'hf4240) begin
             ms500_cnt <= 20'h0;
             ms500_clk <= ~ms500_clk;
        end
        else ms500_clk <= ms500_clk;
   end
end
always@(posedge ms500_clk or negedge SW) begin
   if(!SW)
        LED <= 10'b1111111110;
   else
        LED <= {LED[9:1],LED[10]};
end
endmodule
```

lab1_tp.v 仿真参考程序代码如下：

```
module lab1_tp;
    reg CLK;
    reg SW;
```

```
        wire [10:1] LED;
        parameter DELY=100;
        lab1 uut(CLK, SW, LED);
        always #(DELY/2) CLK=~CLK;
        initial begin
              CLK = 0;
              SW = 0;
              #DELY    SW = 1;
              #DELY    SW = 0;
              #DELY    SW = 1;
        end
      initial $monitor($time,,,"CLK=%b SW=%b LED=%b", CLK,SW,LED);
endmodule
```

实验二　按 键 消 抖

1. 实验目的

◆ 掌握按键消抖的方法。
◆ 熟悉 ISE 9.1i 综合工具的使用。
◆ 熟悉 ModelSimSE 6.2b 仿真工具的使用。
◆ 熟悉引脚分配方法。
◆ 熟悉 JTAG 下载工具的使用。

2. 实验内容

按键一般都存在抖动现象(如图 T2.1 所示)。按键消抖一直以来都是工程师们的必备技能，因此掌握按键消抖方法是一项基本要求。按键消抖的方法有很多，本实验只提供一种消抖方法(设计者可自行思考其他方法)。

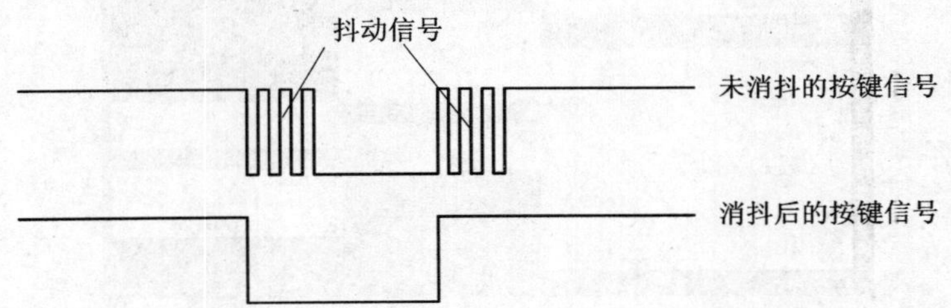

图 T2.1　未消抖与消抖后的按键信号对比图

本实验要求以 EZBoard 为开发板，完成逻辑设计后并下板测试。实现的功能为：以一只 pb 按键作为手动循环累加计数器按钮，计数范围为 0～15，数字要求以二进制的方式显示到 LED 灯上，每按动 pb 按键一次，计数就累加 1；以另一只 pb 按键作为系统复位按钮，复位后计数器恢复到初始状态。EZBoard 开发板上的晶振频率为 4 MHz，按键 pb(1)～pb(4)在按下时为低电平，LED1、LED2、…、LED10 这 10 个 LED 灯高电平点亮，低电平熄灭。

设计的端口连接如图 T2.2 所示，方框里的名称为设计模块中定义的名称(此名称是本实验参考程序中定义的名称)，方框外的名称为对应 EZBoard 开发板上的器件名称。因本实验中 pb(1)按钮为系统复位信号，故只需对 pb(4)按钮消抖。在做此实验时，设计者可对 pb(4)按钮做不消抖和消抖两次实验，看消抖效果是否明显。

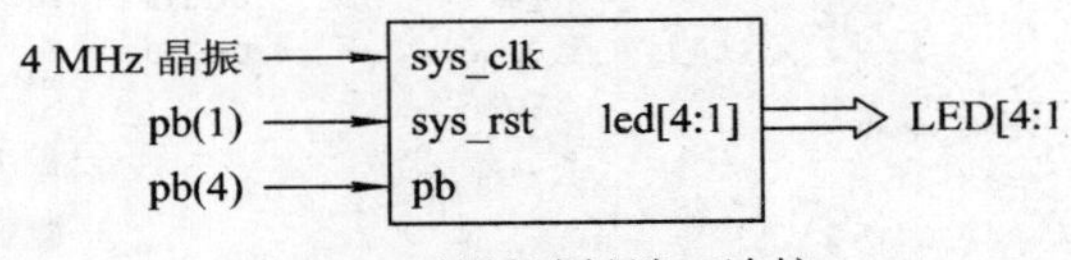

图 T2.2　按键消抖端口连接

要完成此实验，应按照下面的步骤一步一步进行。

(1) 使用 ISE 9.1i 新建工程项目。

(2) 使用 ISE 9.1i 文本编辑器进行电路逻辑设计。

(3) 使用 ISE 9.1i 综合工程项目。

(4) 使用 ISE 9.1i 文本编辑器编写测试文件。

(5) 使用 ModelSimSE 6.2b 工具进行仿真测试。

(6) 使用 ISE 9.1i 工具进行引脚分配、布线并生成下载的 jed 文件。

(7) 通过 JTAG 下载线将 PC 机与 EZBoard 板卡连接起来，使用 ISE 9.1i 的 iMPACT 工具将 jed 文件下载至 EZBoard 板卡上。

(8) 通过按键验证 EZBoard 板卡上 4 只 LED 的变化情况，以此来验证按键消抖逻辑设计的正确性。

3. 实验步骤

(1) 建立 ISE 工程。

具体步骤如下：

① 打开 ISE 9.1i，选择“开始”→“程序”→“Xilinx ISE 9.1i”→“Project Navigator”(或者直接双击桌面图标启动 ISE)，如图 T2.3 所示。

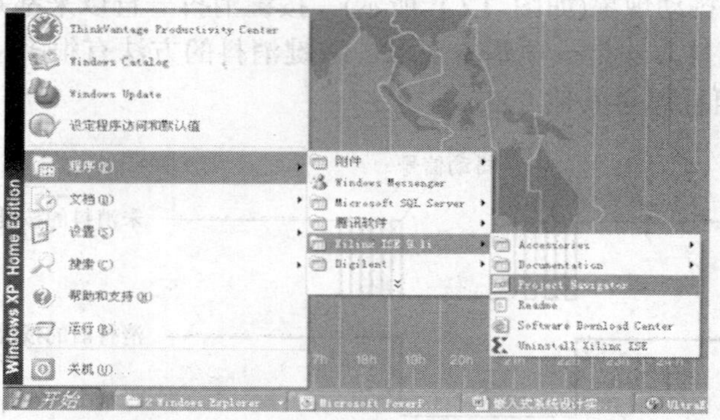

图 T2.3　启动 ISE

② 新建一个工程项目，选择菜单命令“File”→“New Project...”(如果打开 ISE 后，上面已经有存在的工程项目，请选择“File”→“Close Project”)，如图 T2.4 所示。

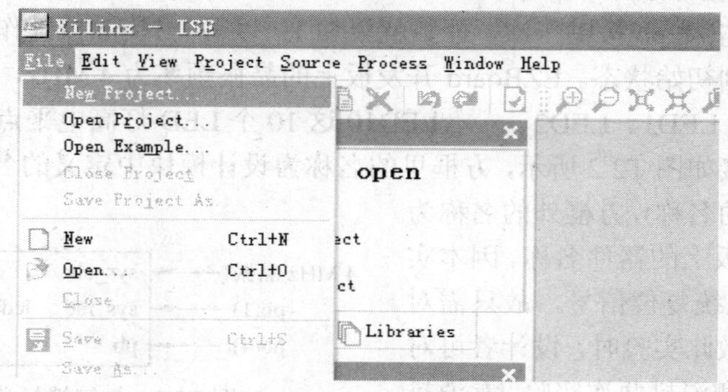

图 T2.4　新建工程

③ 在弹出的“Create New Project”对话框中，通过“...”按钮选择工程项目的存放路径(本实验以存放在 D 盘 EZboard_experiment\labs\lab2\文件夹下为例，路径可任意更改，但请确保所有路径都为英文名称)。在“Project Name”编辑框中输入工程名称(这里以输入 project 为例)，如图 T2.5 所示，然后点击“Next”按钮。

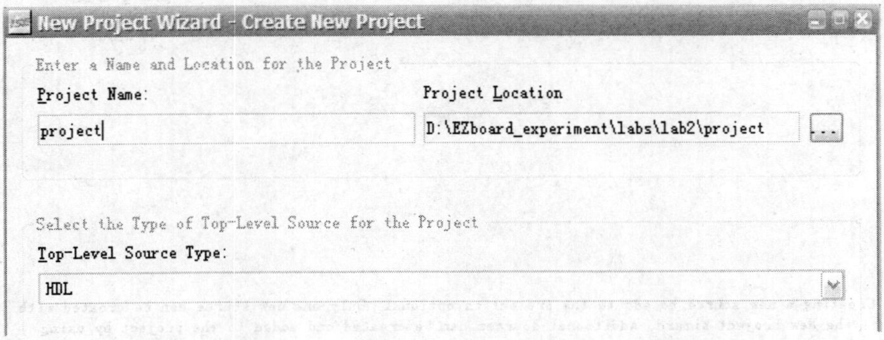

图 T2.5 新建工程向导

④ 在弹出的“Device Properties”对话框中选择 FPGA 的型号、仿真工具和硬件描述语言类型，如图 T2.6 所示。

- Family: XC9500XL CPLDs。
- Device: XC95144XL。
- Package: TQ100。
- Speed: −10。
- Synthesis Tool: XST(VHDL/Verilog)。
- Simulator: Modelsim-SE Verilog。
- Preferred Language: Verilog(如果是 VHDL 语言用户，请选择 VHDL)。

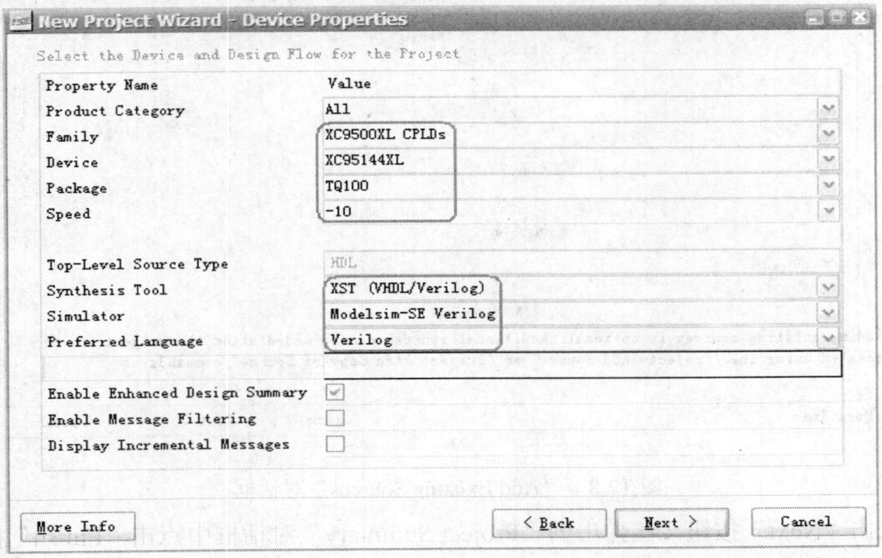

图 T2.6 “Device Properties”对话框

⑤ 点击“Next”按钮，弹出“Create New Source”对话框，如图 T2.7 所示。

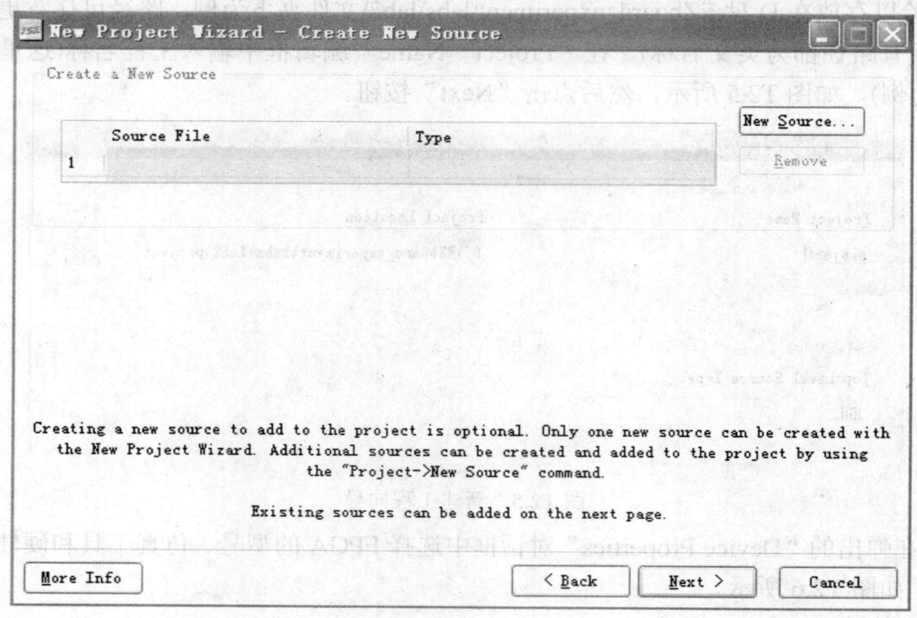

图 T2.7　“Create New Source”对话框

⑥ 点击“Next”按钮，弹出“Add Existing Sources”对话框，如图 T2.8 所示。

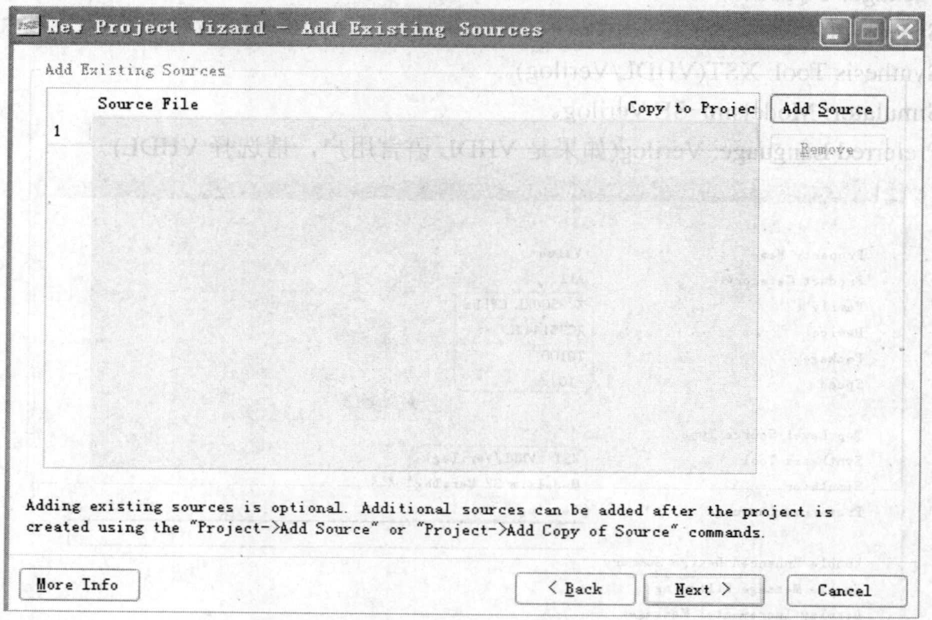

图 T2.8　“Add Existing Sources”对话框

⑦ 点击“Next”按钮，在弹出的“Project Summary”对话框中点击“Finish”按钮，完成工程项目的建立，如图 T2.9 所示。

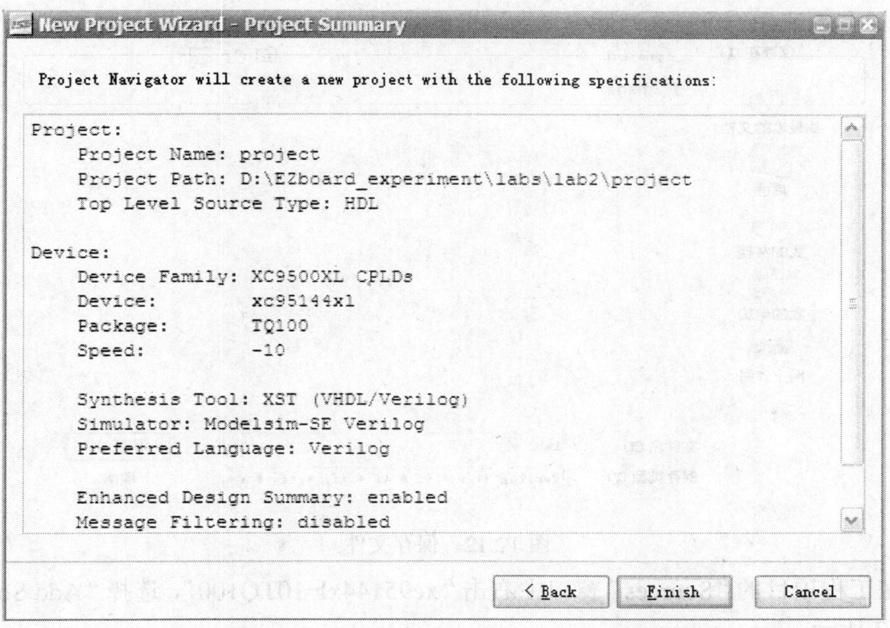

图 T2.9　“Project Summary”对话框

(2) 使用文本编辑形式完成对电路功能的描述，并完成综合。

具体步骤如下：

① 在新建工程向导完成以后，点击“New”按钮，如图 T2.10 所示。

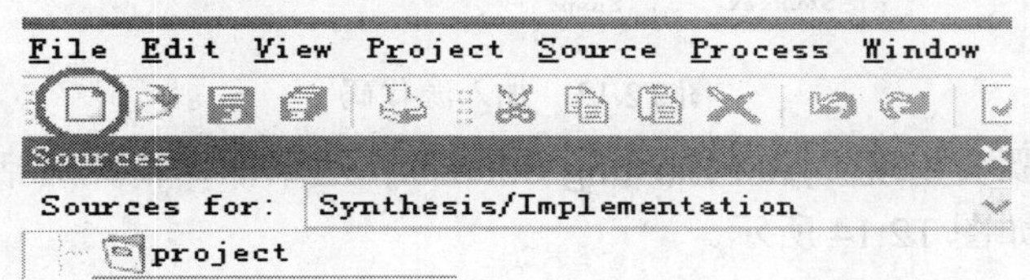

图 T2.10　点击“New”按钮

② 在出现的“New”对话框中选择“Text File”，点击“OK”按钮，如图 T2.11 所示。

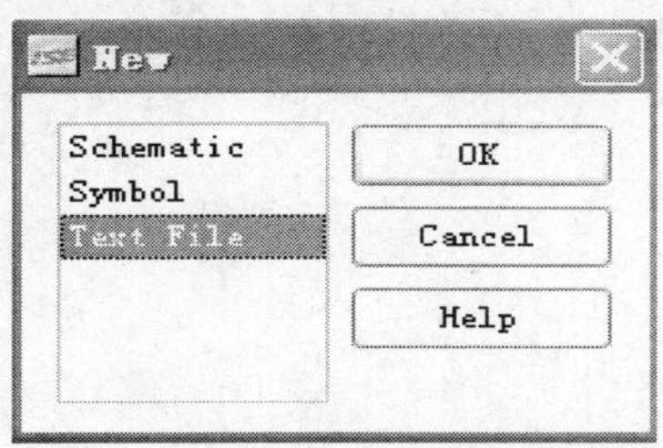

图 T2.11　选择“Text File”

③ 此时在新建的文本对话框中，按照本实验的功能说明，用 Verilog HDL 或 VHDL 语言完成此实验功能的逻辑编程。

④ 待程序设计完成后，选择菜单“File”→“Save As”保存文件，在“文件名”中填写要保存文件的名字(这里以 lab2.v 为例)，然后点击“保存”按钮，如图 T2.12 所示。

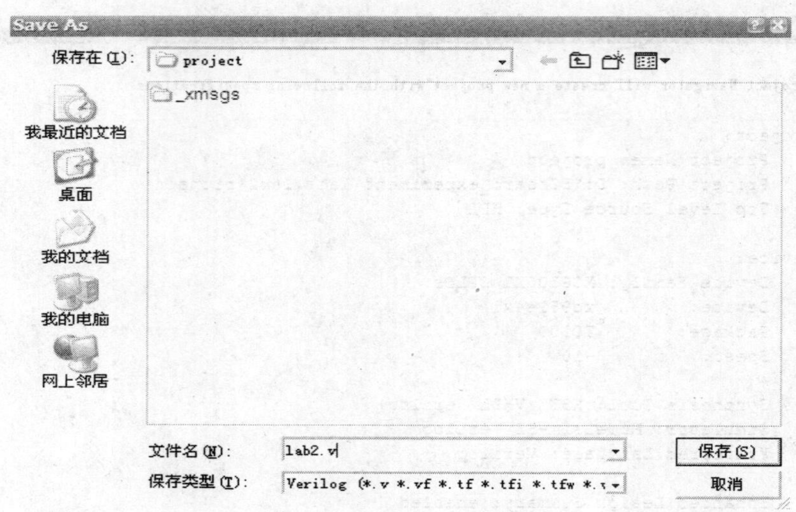

图 T2.12　保存文件

⑤ 在工程项目的“Sources”窗口中右击“xc95144xl-10TQ100”，选择“Add Source…”，如图 T2.13 所示。

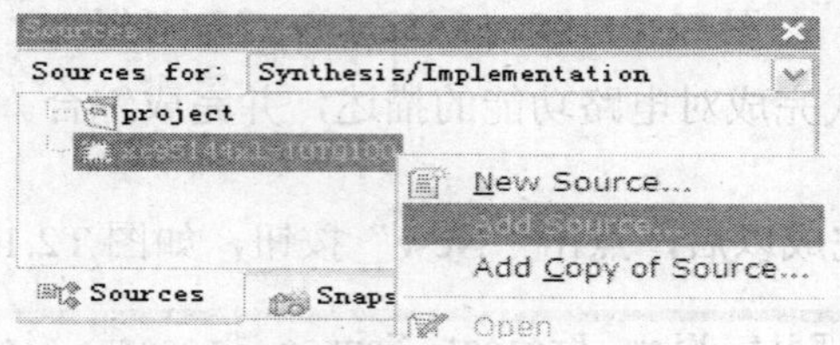

图 T2.13　加入源代码

⑥ 通过上一步骤会出现“Add Existing Sources”对话框，在此对话框中选择 lab2.v 文件，点击“打开”，如图 T2.14 所示。

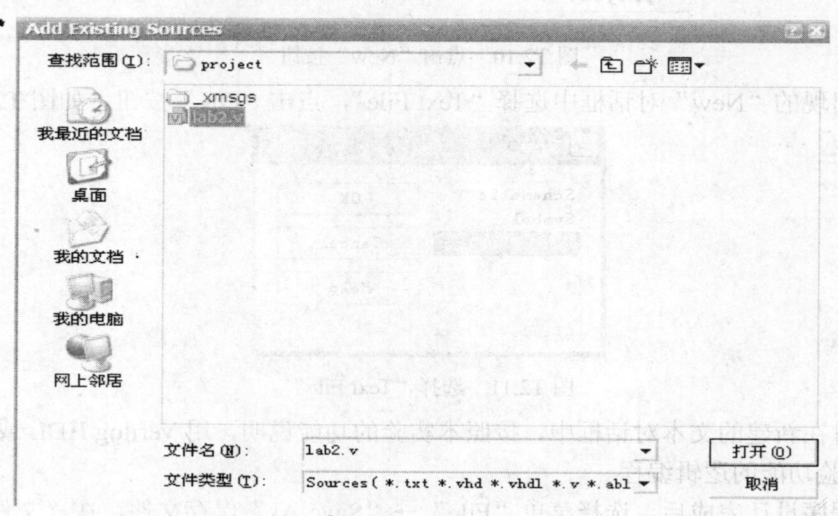

图 T2.14　选择源代码

⑦ 在随后出现的“Adding Sourec Files ...”对话框中点击“OK”按钮，如图 T2.15 所示。

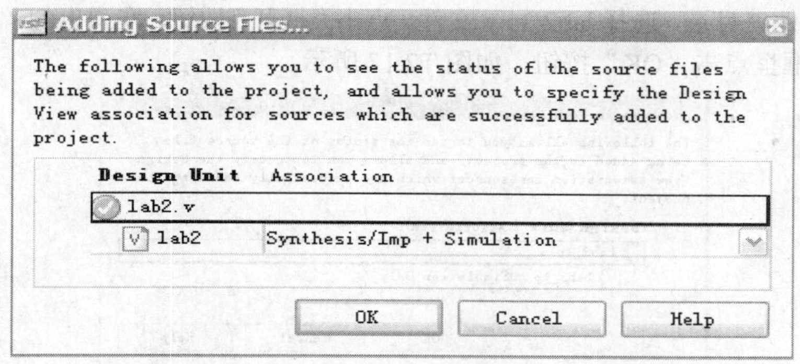

图 T2.15　添加源文件

⑧ 在工程项目的“Sources”窗口中单击 lab2.v，在工程项目的资源操作窗口(Processes)里展开“Implement Design”，双击“Synthesize-XST”，进行综合，综合完成后如图 T2.16 所示。

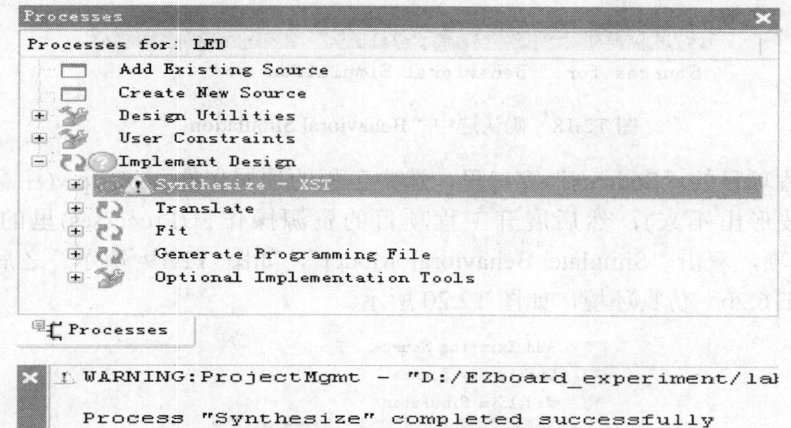

图 T2.16　综合设计

注意：综合完成后，在“Synthesize-XST”上会显示一个小图标，表示该步骤的完成情况。有些警告是可以忽略的。图标的含义如下：

- “对号”表示该操作步骤成功完成。
- “叹号”表示该操作步骤虽完成，但有警告信息。
- “叉号”表示该操作步骤因错误而未完成。

如果编写的程序有错误，可查看“errors”窗口里的提示信息，并修改相应的错误代码，然后保存，再进行综合。

(3) 使用 ModelSimSE 6.2b 仿真工具对电路进行前仿真测试。

具体步骤如下：

① 在 ISE Project Navigator 里选择菜单“File”→“New”，在出现的“New”对话框里选择“Text File”，点击“OK”按钮，此时在新建的文本对话框里编写仿真程序。

② 待编写完仿真程序后，选择菜单“File”→“Save As”，在出现的保存文本对话框的“文件名”中输入 lab2_tp.v(在此以 lab2_tp.v 为例)，然后点击“保存”按钮。

③ 在 ISE Project Navigator 中选择菜单“Project”→“Add Source”，指向上一步骤保存的 lab2_tp.v 文件夹目录，选择 lab2_tp.v 文件，点击“打开”按钮。在弹出的“Adding Source Files…”对话框里点击“OK”按钮，如图 T2.17 所示。

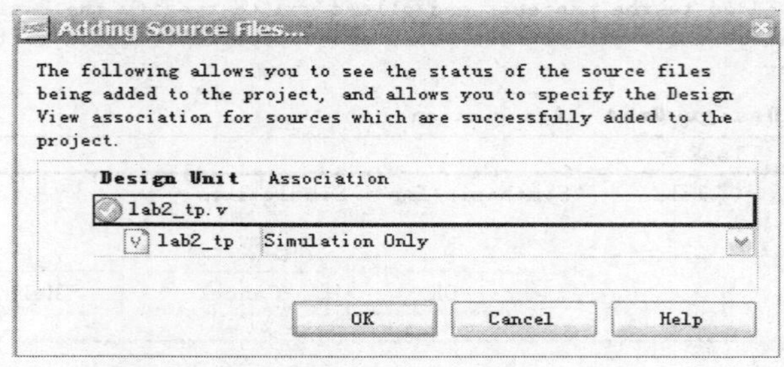

图 T2.17　添加仿真文件

④ 在工程项目的“Sources”窗口里，确保“Sources for”的选项为“Behavioral Simulation”，如图 T2.18 所示。

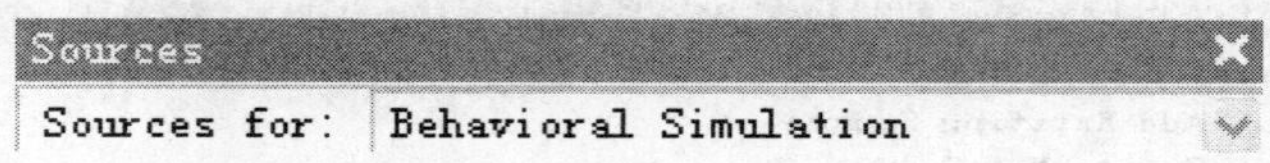

图 T2.18　确认选中“Behavioral Simulation”

⑤ 在工程项目的“Sources”窗口里，选中工程的顶层文件 lab2_tp.v(注意这很关键，不然仿真的波形出不来)，然后展开工程项目的资源操作窗(Processes)里的“ModelSim Simulator”选项，双击“Simulate Behavioral Model”，如图 T2.19 所示。之后会出现进入“ModelSimSE 6.2b”仿真环境，如图 T2.20 所示。

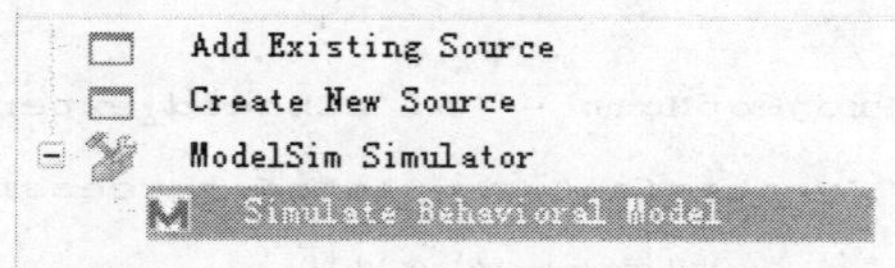

图 T2.19　双击“Simulate Behavioral Model”

图 T2.20　进入“ModelSimSE 6.2b”仿真环境

⑥ 进入 ModelSimSE 后，观察在“wave-default”窗口中有没有出现不想观看波形的端口，如果有此端口，请在此端口上点鼠标右键，选择“Delete”选项，如图 T2.21 所示。

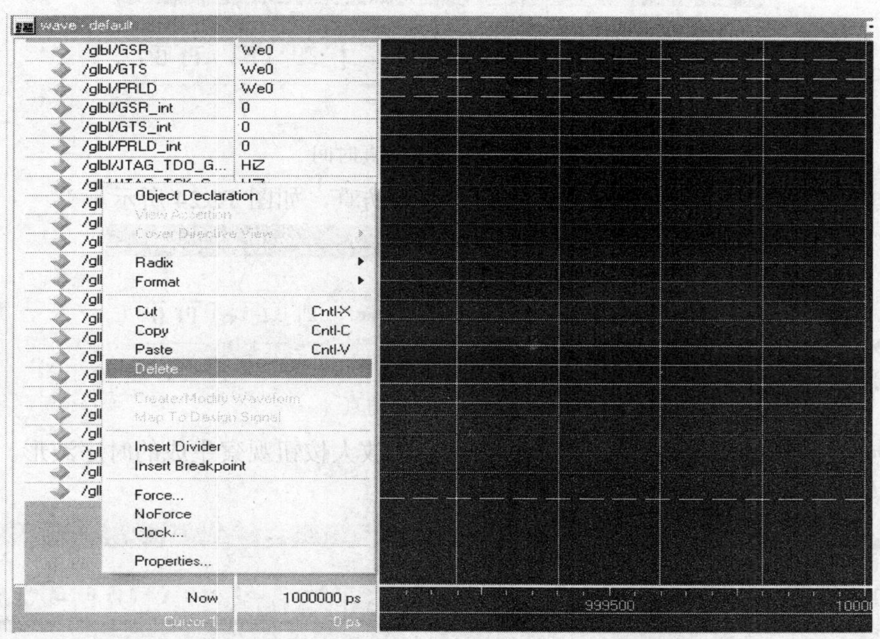

图 T2.21　“wave-default”窗口

删除此端口后，就将要观察的寄存器或者 wire 型变量添加到观察窗口中，在“Workspace”窗口中选择“uut”，然后在“Objects”窗口中选择想要观看波形的端口，再在此端口上右键选择“Add to Wave”→“Selected Signals”，如图 T2.22 所示。

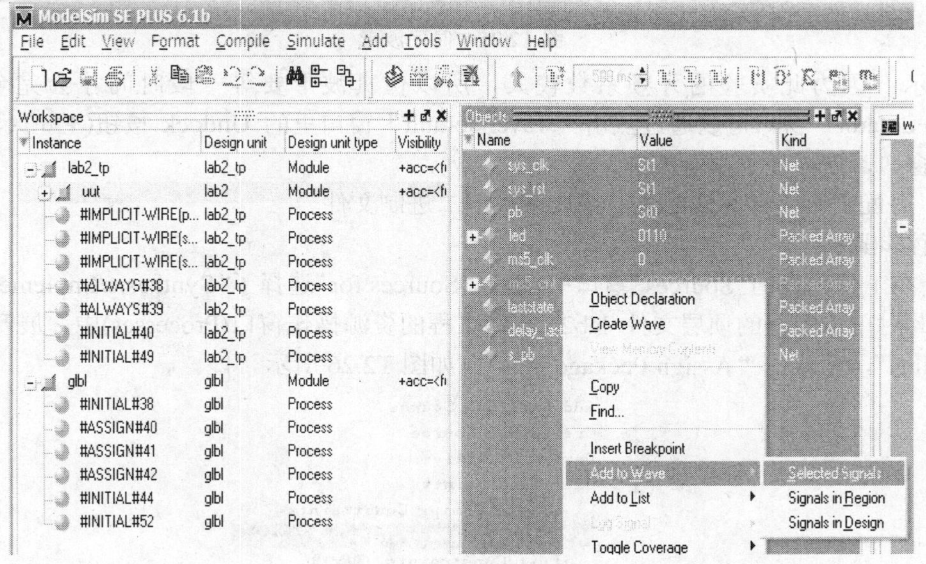

图 T2.22　添加观察变量

⑦ 在工具栏的红色标记编辑框中设置仿真时间，如图 T2.23 所示，时间自行设定，建议设置为 500 ms。

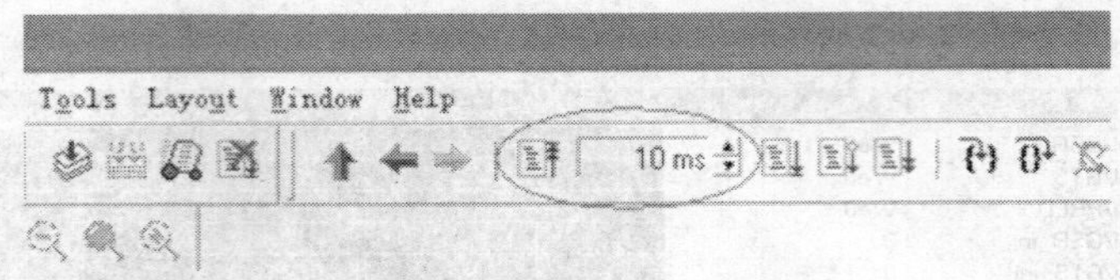

图 T2.23　设置仿真时间

⑧ 点击工具栏中红色标记框内的按钮，开始仿真，如图 T2.24 所示。

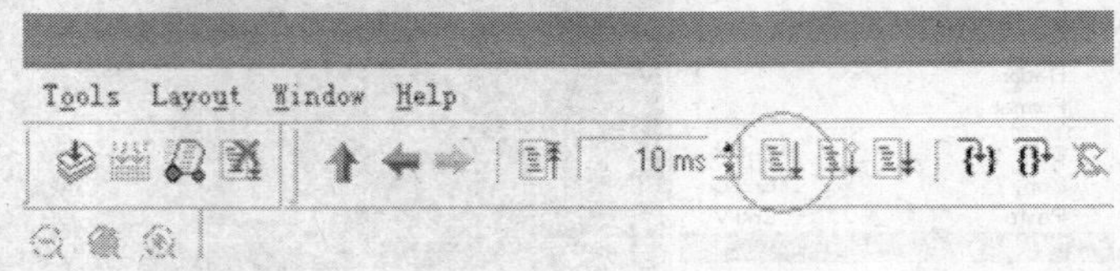

图 T2.24 开始仿真

⑨ 点击 Zoom Full 按钮( )，再点击放大按钮观察生成的时序波形。本实验的参考波形如图 T2.25 所示。

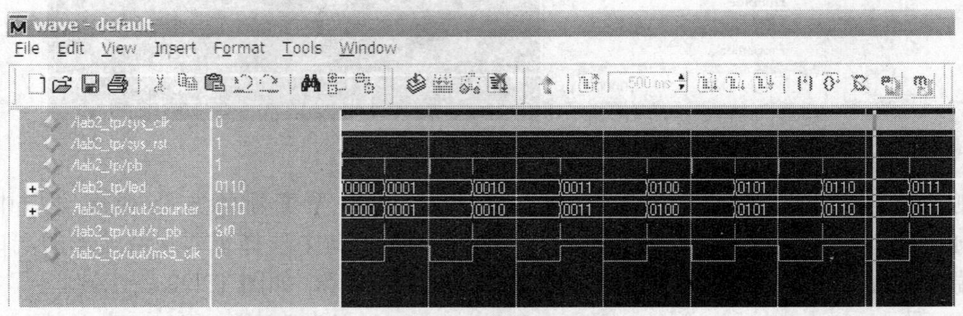

图 T2.25　时序波形

提示：因为此实验的分频系数较大，所以仿真波形要等一段时间才会完全出现。“wave-default”窗口可以通过点击“wave-default”窗口里的 Undock 按钮( )呈现出单独的窗口，这样便于观看波形。

(4) 分配引脚，并完成布线，生成下载的二进制文件。

具体步骤如下：

① 在工程项目的“Sources”窗口中，确保“Sources for”选择了“Synthesis/Implementation”选项。此时单击工程的顶层文件 lab2.v，在工程的资源操作窗口(Processes)中，展开“User Constraints”，并双击“Assign Package Pins”，如图 T2.26 所示。

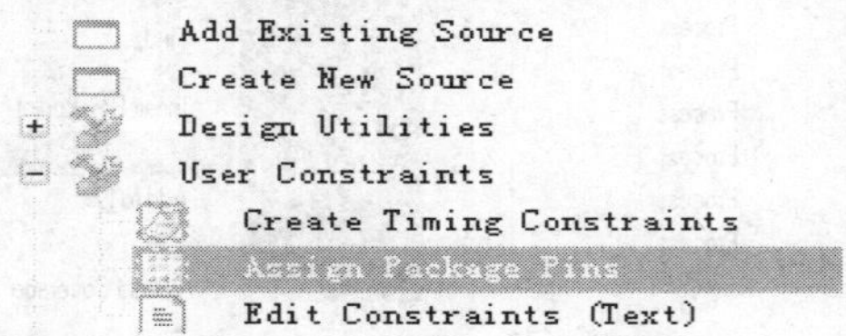

图 T2.26　双击“Assign Package Pins”

② 在出现的“Project Navigator”对话框里，点击“Yes”按钮，如图 T2.27 所示。

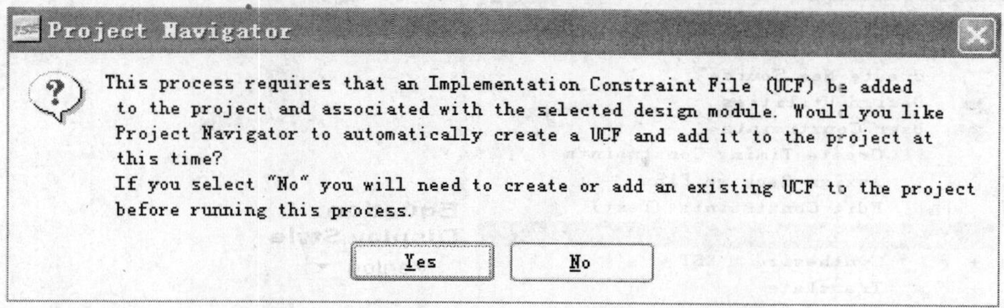

图 T2.27 确定配置引脚

③ 在 Xilinx PACE 中浏览“Design Object List-I/O Pins”窗口，在 Loc 中输入对应的引脚。图 T2.28 为配置好的此实验的引脚图表。

Design Object List - I/O Pins

I/O Name	I/O Direction	Loc	Function Block	Macr
sys_clk	Input	P22	1	9
sys_rst	Input	P99	2	9
pb	Input	P4	2	11
led<4>	Output	P66	4	9
led<3>	Output	P67	4	2
led<2>	Output	P68	4	5
led<1>	Output	P70	4	8

图 T2.28 参考“lab1_ucf.txt”文件配置引脚

④ 在 Xilinx PACE 窗口中，选择“File”→“Save”。在出现的“Bus Delimiter”对话框里选择默认的“XST Default”形式，点击“OK”按钮，如图 T2.29 所示。

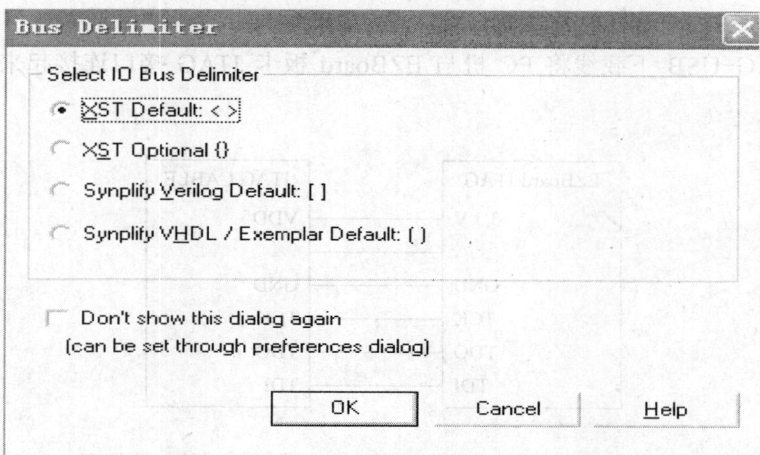

图 T2.29 “Bus Delimiter”对话框

⑤ 关闭 Xilinx PACE 窗口。在工程项目的资源操作窗口(Processes)里双击“Implement Design”，进行布局布线并生成 jed 下载文件，如图 T2.30 所示。

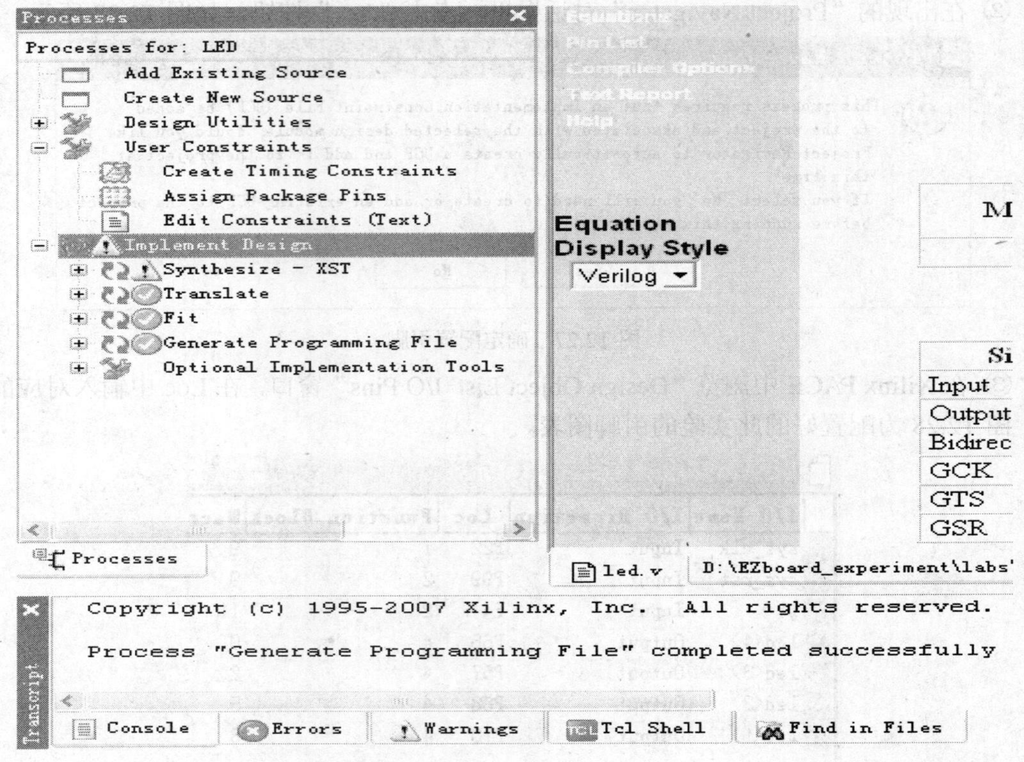

图 T2.30　进行布局布线

注意：布局布线完成后，如有错误出现，可查看芯片类型和引脚配置是否正确。

(5) 接通板卡电源和 JATG 下载线，并下载 jed 程序到板卡上进行测试。

具体步骤如下：

① 用 JTAG-USB 下载线将 PC 机与 EZBoard 板卡 JTAG 接口连接起来，具体连线如 T2.31 所示。

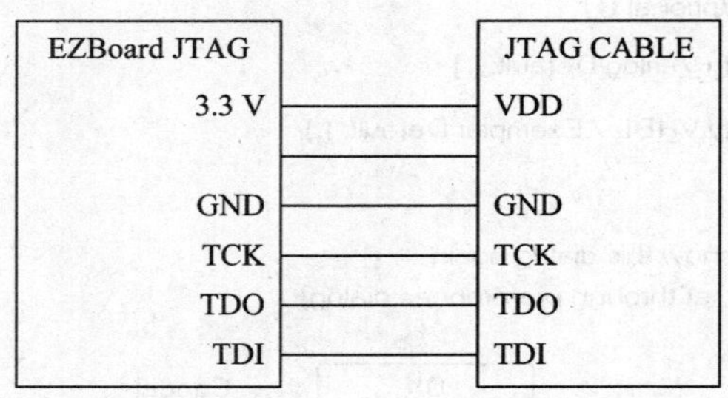

图 T2.31　JTAG 下载线与 EZBoard 板卡 JTAG 接口连接图

② 展开“Generate Programming File”，双击“Configure Device (iMPACT)”，如图 T2.32 所示。在出现“iMPACT – Welcome to iMPACT”对话框后，单击“Finish”按钮，如图 T2.33 所示。

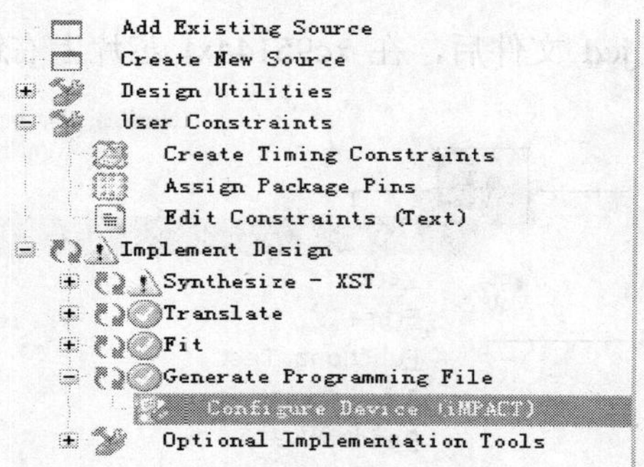

图 T2.32　启动 iMPACT

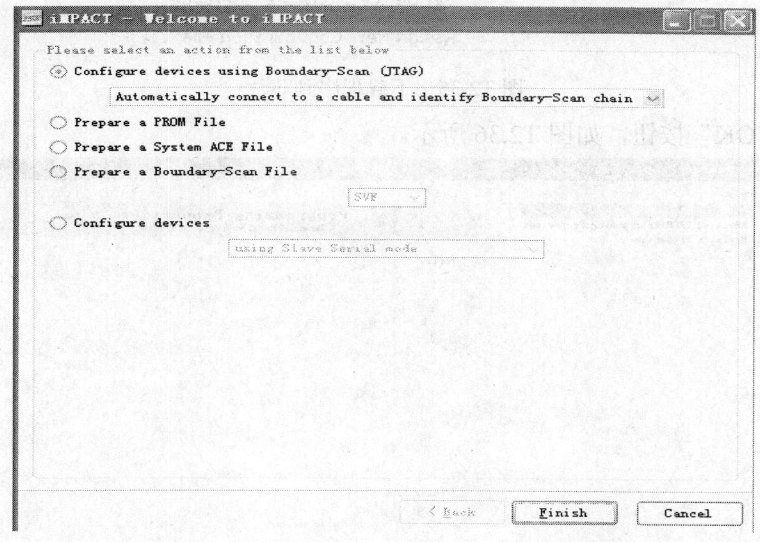

图 T2.33　“iMPACT-Welcome to iMPACT”对话框

③ 在为 xc95144xl 芯片选择对应的下载程序时，选 lab2.jed，点击“Open”按钮，如图 T2.34 所示。

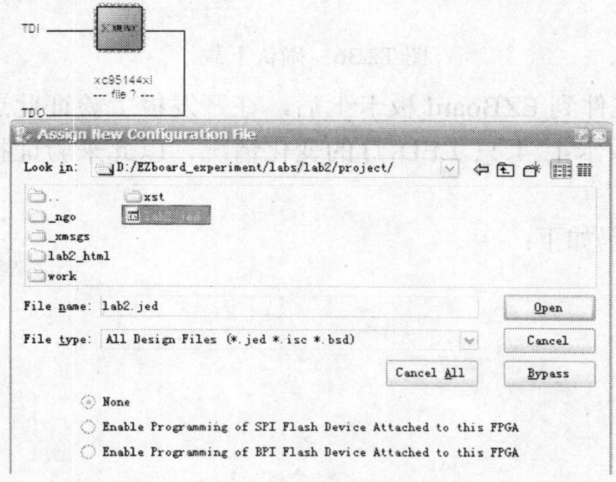

图 T2.34　选择下载 jed 文件

④ 选择完对应的下载 jed 文件后，在 xc95144xl 芯片上右键选择“Program…”，如图 T2.35 所示。

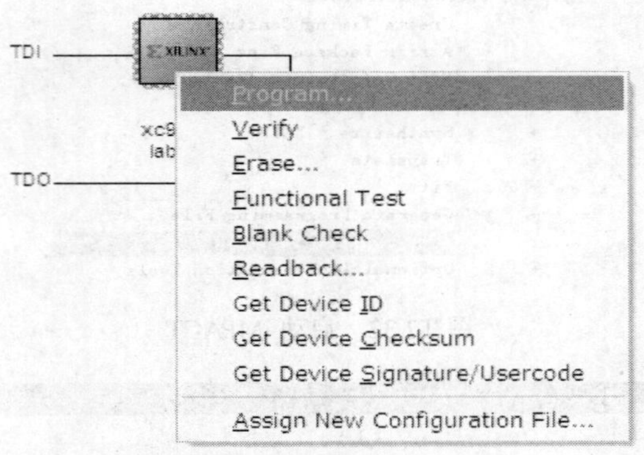

图 T2.35　下载程序到芯片

⑤ 点击“OK”按钮，如图 T2.36 所示。

Programming Properties

Category

Programming Properties

Advanced PROM Programming Properties

Revision Properties

Programming Properties

General Programming Properties

Verify

General CPLD And PROM Properties

CPLD Specific Properties

PROM Specific Properties

FPGA Device Specific Programming Properties

Pulse PROG

Spartan3AN Programming Properties

OK　Cancel　Apply　Help

图 T2.36　确认下载

⑥ 在下载完 jed 文件到 EZBoard 板卡上后，在开发板上验证此逻辑程序的正确性。通过按钮验证 EZBoard 板卡上 4 只 LED 灯的变化情况，以此来验证按键消抖逻辑设计的正确性。

lab2.v 参考程序代码如下：

```
module lab2(
        sys_clk,
        sys_rst,
        pb,
        led
);
```

```
input    sys_clk;
input    sys_rst;
input    pb;
output   [4:1] led;
reg      ms5_clk;
reg      [16:0] ms5_cnt;
reg      laststate;
reg      delay_laststate;
reg      [3:0] counter;
wire     s_pb;
assign   led = counter;
assign   s_pb = laststate & (~delay_laststate);
always @ (posedge sys_clk or negedge sys_rst)
begin
   if(!sys_rst)
      begin
         ms5_cnt <= 17'h0;
         ms5_clk <= 1'b0;
      end
   else
      begin
         ms5_cnt <= ms5_cnt + 1;
         if(ms5_cnt == 17'h2710)
            begin
               ms5_cnt <= 17'h0;
               ms5_clk <= ~ms5_clk;
            end
         else
            ms5_clk <= ms5_clk;
      end
end
always @ (posedge sys_clk or negedge sys_rst)
begin
   if(!sys_rst)
      laststate <= 0;
   else if(ms5_clk == 1)
      begin
         if(pb == 1)
            laststate <= 1;
```

```
            else
                laststate <= 0;
        end
    end
    always @ (posedge sys_clk or negedge sys_rst)
    begin
        if(!sys_rst)
            delay_laststate <= 0;
        else
            delay_laststate <= laststate;
    end

    always @ (posedge s_pb or negedge sys_rst)
    begin
        if(!sys_rst)
            counter <= 4'b0000;
        else
            counter <= counter + 1;
    end
    endmodule
```

lab2_tp.v 仿真参考程序代码如下：

```
module lab2_tp;
    reg sys_clk;
    reg sys_rst;
    reg pb;
    wire [4:1] led;

    parameter DELY=100;
    lab2 uut(sys_clk, sys_rst, pb, led);

    always #(DELY/2) sys_clk=~sys_clk;
    initial begin
        sys_clk = 0;
        sys_rst = 0;
        pb=1;
        #DELY    sys_rst=1;
        #DELY    sys_rst=0;
        #DELY    sys_rst=1;
        #(DELY*10000);
```

```
            #DELY   pb=0;
            #DELY   pb=1;
            #(DELY*10000)   pb=0;
            #DELY   pb=1;
            #(DELY*10000)   pb=0;
            #DELY   pb=1;
            #(DELY*10000)   pb=0;
            #DELY   pb=1;
            #(DELY*10000)   pb=0;
            #DELY   pb=1;
            #(DELY*10000)   pb=0;
            #DELY   pb=1;
            #(DELY*10000)   pb=0;
            #DELY   pb=1;
            #(DELY*10000)   pb=0;
            #DELY   pb=1;
            #(DELY*10000)   pb=0;
            #DELY   pb=1;
            #(DELY*10000)   pb=0;
            #DELY   pb=1;
            #(DELY*10000)   pb=0;
            #DELY   pb=1;
        end
initial $monitor($time,,,"sys_clk=%b sys_rst=%b pb=%bled=%b",sys_clk,sys_rst,pb,led);
endmodule
```

实验三　键控走马灯

1. 实验目的

◆ 初步掌握用 Verilog HDL 硬件描述语言编写程序。

◆ 掌握 ISE 9.1i 综合工具的使用。

◆ 掌握 ModelSimSE 6.2b 仿真工具的使用。

◆ 掌握引脚分配方法。

◆ 掌握 JTAG 下载工具的使用。

2. 实验内容

本实验要求以 EZBoard 为开发板，完成逻辑设计后并下板测试。实现功能为：一只 pb 键作为复位键，另一只 pb 键作为开始、暂停和取反键，按一下 pb 键为开始，LED 发光二极管依次熄灭，循环显示，亮灭占空比为 500 ms，再按一下 pb 键为暂停，长按 pb 键三秒后，LED 灯按位取反。EZBoard 开发板上的晶振频率为 4 MHz，按键 pb(1)～pb(4)在按下时为低电平，LED1、LED2、…、LED10 这 10 个 LED 灯高电平点亮，低电平熄灭。

设计的端口连接如图 T3.1 所示，方框里的名称为设计模块中定义的名称(此名称是本实验参考程序中定义的名称)，方框外的名称为对应 EZBoard 开发板上的器件名称。

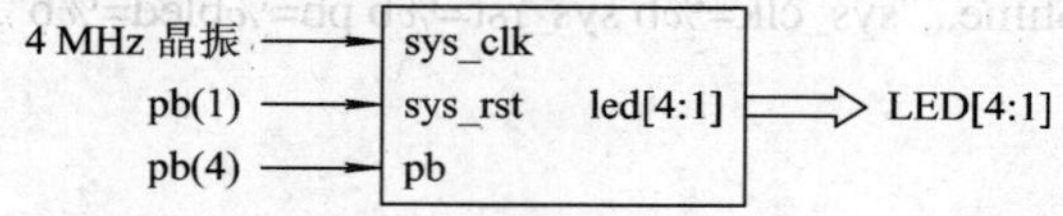

图 T3.1　键控走马灯端口连接

要完成此实验，应按照下面的步骤一步一步进行。

(1) 使用 ISE 9.1i 新建工程项目。

(2) 使用 ISE 9.1i 文本编辑器进行电路逻辑设计。

(3) 使用 ISE 9.1i 综合工程项目。

(4) 使用 ISE 9.1i 文本编辑器编写测试文件。

(5) 使用 ModelSimSE 6.2b 工具进行仿真测试。

(6) 使用 ISE 9.1i 工具进行引脚分配、布线并生成下载的 jed 文件。

(7) 通过 JTAG 下载线将 PC 机与 EZBoard 板卡连接起来，使用 ISE 9.1i 的 iMPACT 工具将 jed 文件下载至 EZBoard 板卡上。

(8) 通过按键，验证 EZBoard 板卡上 10 只 LED 灯的熄灭情况，以此来验证逻辑设计的正确性。

3. 实验步骤

(1) 建立 ISE 工程。

具体步骤如下：

① 打开 ISE 9.1i，选择“开始”→“程序”→“Xilinx ISE 9.1i”→“Project Navigator”(或者直接双击桌面图标启动 ISE)。

② 新建一个工程项目，选择菜单命令“File”→“New Project”(如果打开 ISE 后，上面已经有存在的工程项目，请选择“File”→“Close Project”)，如图 T3.2 所示。

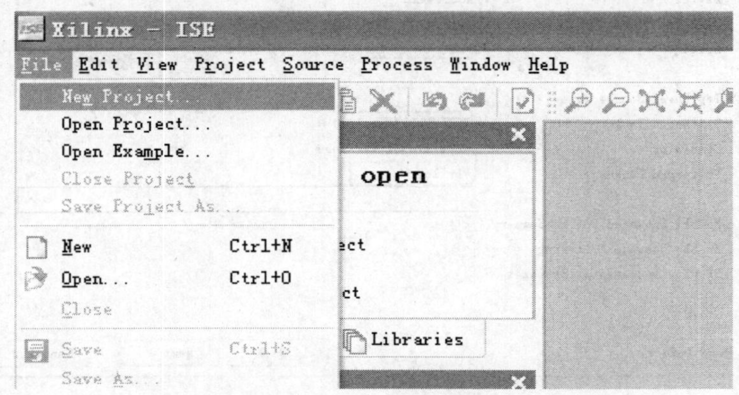

图 T3.2 新建工程

③ 在弹出的“Create New Project”对话框中，通过“...”按钮选择工程项目的存放路径。在“Project Name”编辑框中输入工程名称(这里以输入 project 为例)，如图 T3.3 所示，然后点击“Next”按钮。

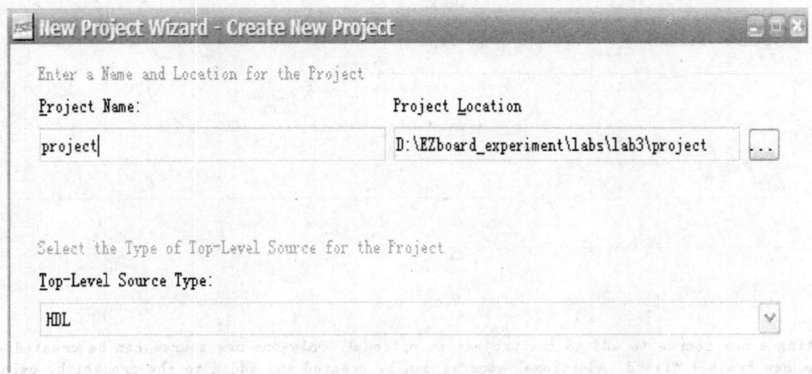

图 T3.3 新建工程向导

④ 在弹出的“Device Properties”对话框中选择 FPGA 的型号、仿真工具和硬件描述语言类型，如图 T3.4 所示。

- Family: XC9500XL CPLDs。
- Device: XC95144XL。
- Package: TQ100。
- Speed: –10。

- Synthesis Tool: XST(VHDL/Verilog)。
- Simulator: Modelsim-SE Verilog。
- Preferred Language: Verilog(如果是 VHDL 语言用户，请选择 VHDL)。

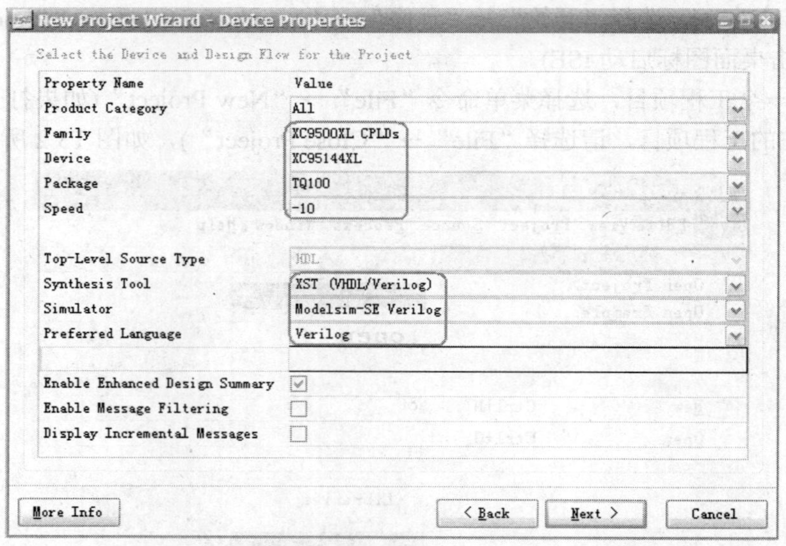

图 T3.4　“Device Properties”对话框

⑤ 点击“Next”按钮，弹出“Create New Source”对话框，如图 T3.5 所示。

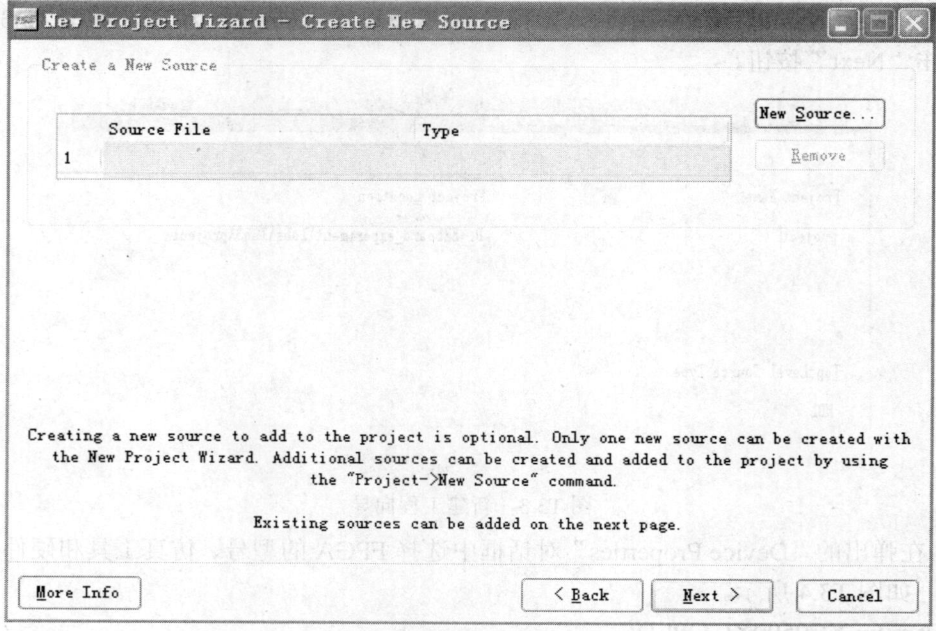

图 T3.5　“Create New Source”对话框

⑥ 点击“Next”按钮，弹出“Add Existing Sources”对话框，如图 T3.6 所示。

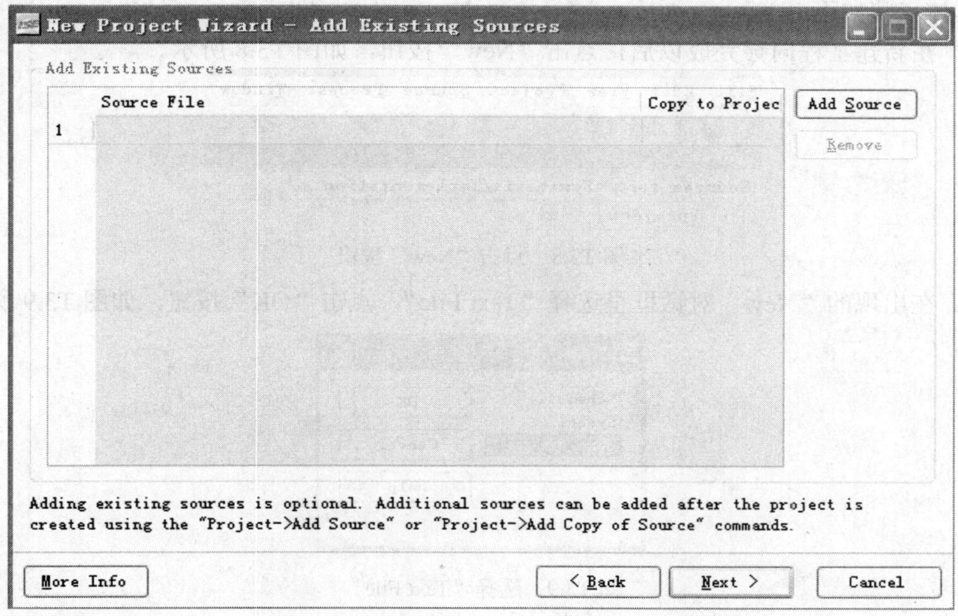

图 T3.6　“Add Existing Sources”对话框

⑦ 点击“Next”按钮，在弹出的“Project Summary”对话框中点击“Finish”按钮，完成工程项目的建立，如图 T3.7 所示。

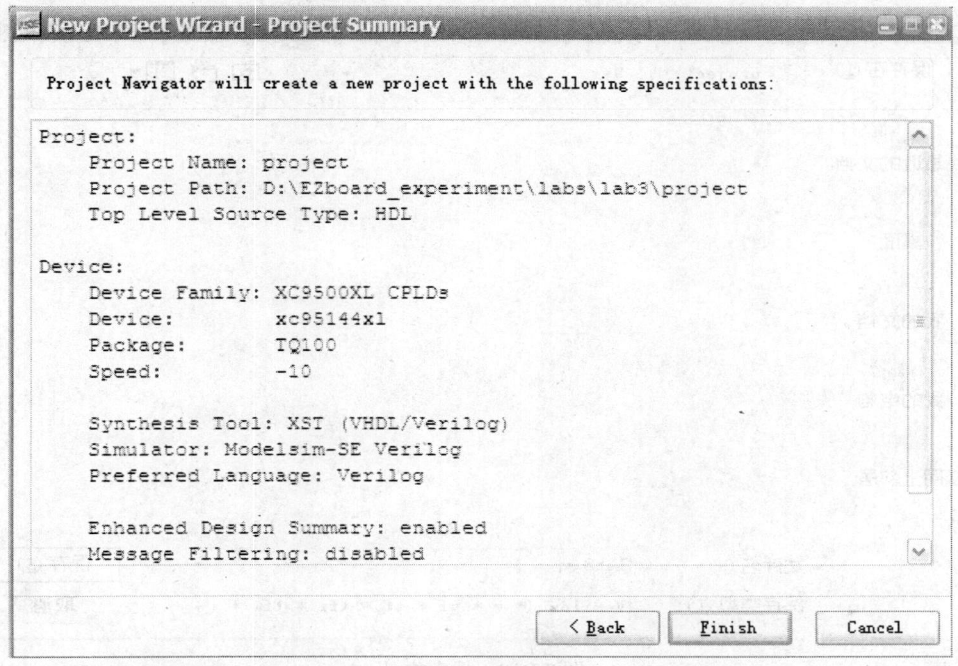

图 T3.7　“Project Summary”对话框

(2) 使用文本编辑形式完成对电路功能的描述，并完成综合。

具体步骤如下：

① 在新建工程向导完成以后，点击“New”按钮，如图 T3.8 所示。

图 T3.8　点击“New”按钮

② 在出现的“New”对话框里选择“Text File”，点击“OK”按钮，如图 T3.9 所示。

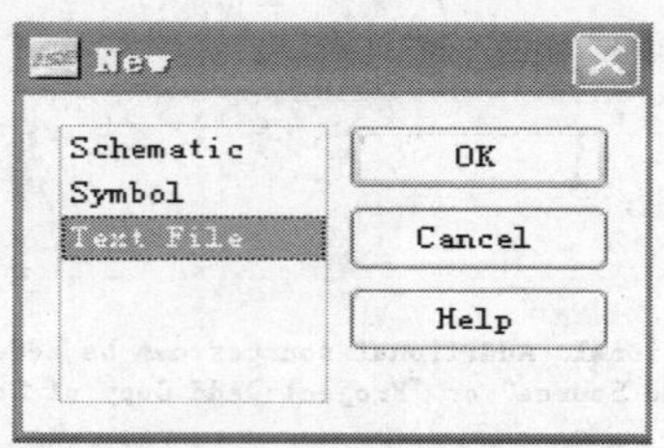

图 T3.9　选择“Text File”

③ 此时在新建的文本对话框中，按照本实验的功能说明，用 Verilog HDL 或 VHDL 语言完成此实验功能的逻辑编程。

④ 待程序设计完成后，选择菜单“File”→“Save As”保存文件，在“文件名”里填写要保存文件的名字(这里以 lab3.v 为例)，然后点击“保存”按钮，如图 T3.10 所示。

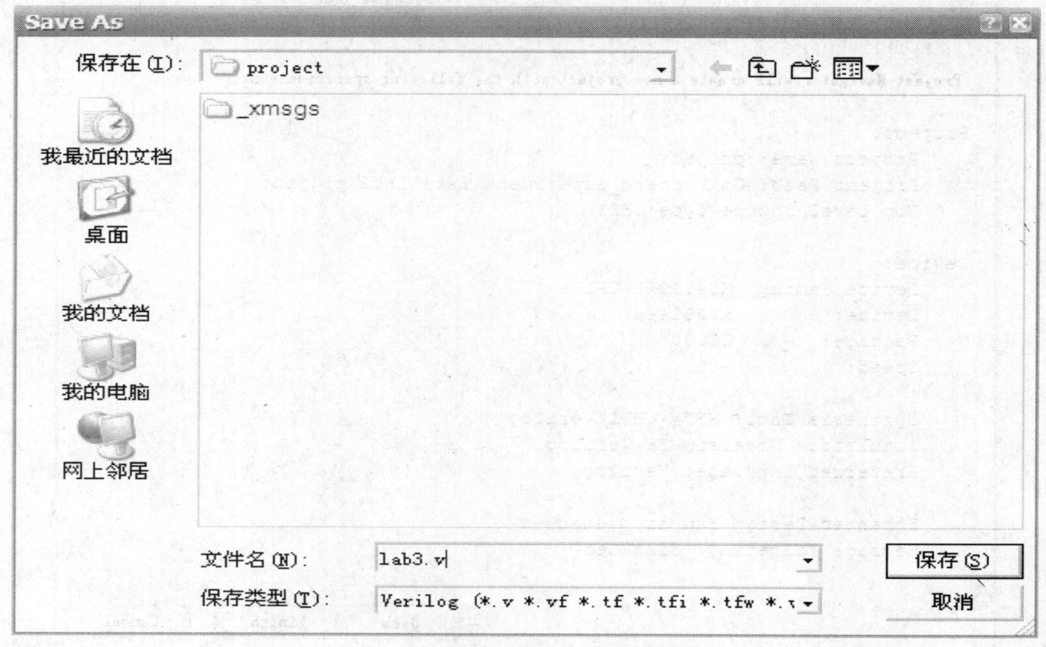

图 T3.10　保存文件

⑤ 在工程项目的“Sources”窗口中右击“xc95144xl-10TQ100”，选择“Add Source…”，如图 T3.11 所示。

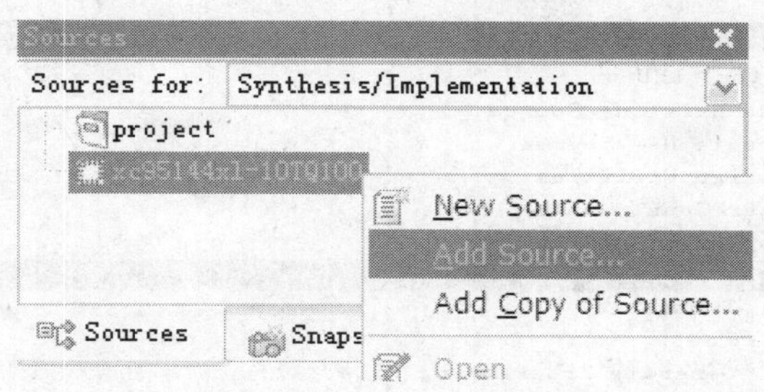

图 T3.11 加入源代码

⑥ 通过上一步骤会出现“Add Existing Sourecs”对话框，在此对话框中选择 lab3.v 文件，点击“打开”按钮，如图 T3.12 所示。

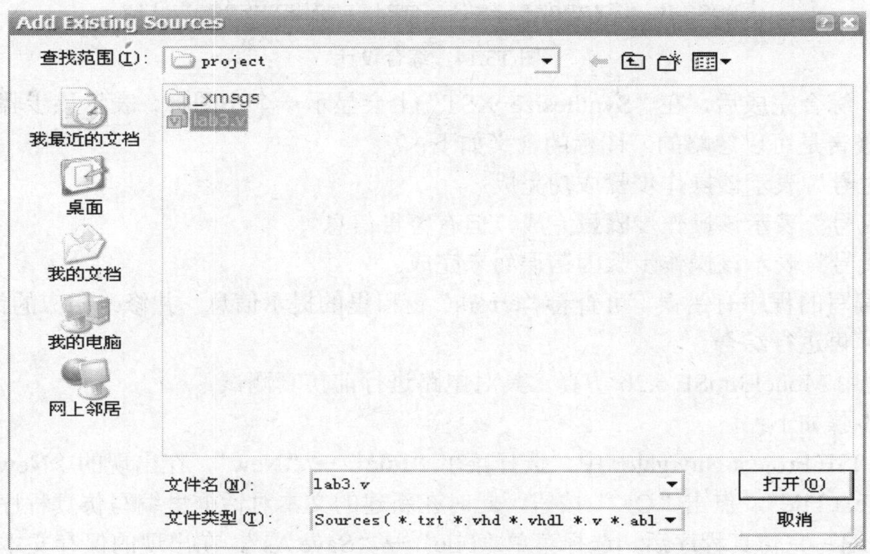

图 T3.12 选择源代码

⑦ 在随后出现的“Adding Source Files…”对话框中点击“OK”按钮，如图 T3.13 所示。

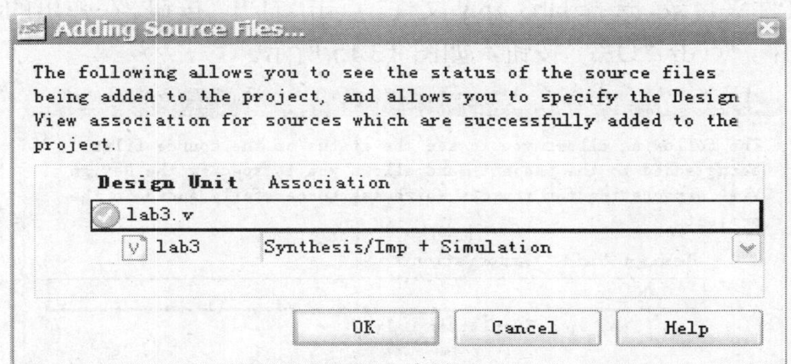

图 T3.13 添加源文件

⑧ 在工程项目的“Sources”窗口中，单击 lab3.v，在工程项目的资源操作窗口(Processes)中展开“Implement Design”，双击“Synthesize –XST”，进行综合，综合完成后如图 T3.14 所示。

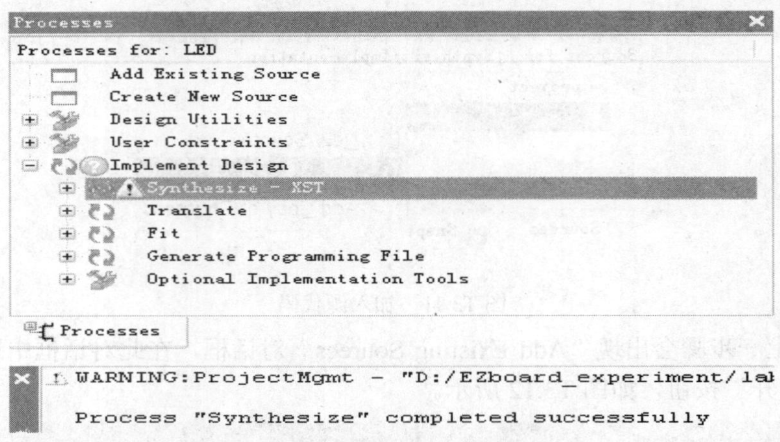

图 T3.14　综合设计

注意：综合完成后，在“Synthesize-XST”上会显示一个小图标，表示该步骤的完成情况。有些警告是可以忽略的。图标的含义如下：

- “对号”表示该操作步骤成功完成。
- “叹号”表示该操作步骤虽完成，但有警告信息。
- “叉号”表示该操作步骤因错误而未完成。

如果编写的程序有错误，可查看“errors”窗口里的提示信息，并修改相应的错误代码，然后保存，再进行综合。

(3) 使用 ModelSimSE 6.2b 仿真工具对电路进行前仿真测试。

具体步骤如下：

① 在 ISE Project Navigator 中，选择菜单“File”→“New”，在出现的“New”对话框中选择“Text File”，点击“OK”按钮，此时在新建的文本对话框里编写仿真程序。

② 待编写完仿真程序后，选择菜单“File”→“Save As”，在出现的保存文本对话框的“文件名”中输入 lab3_tp.v，然后点击“保存”按钮。

③ 在 ISE Project Navigator 中，选择菜单“Project”→“Add Source”，指向上一步骤保存的 lab3_tp.v 文件夹目录，选择 lab3_tp.v 文件，点击“打开”按钮。在弹出的“Adding Source Files…”对话框中，点击“OK”按钮，如图 T3.15 所示。

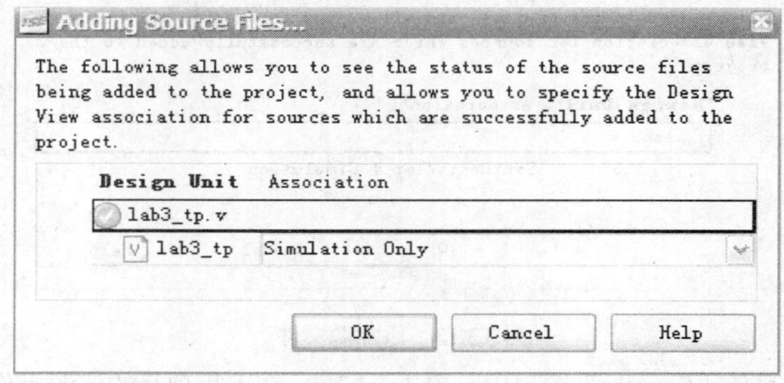

图 T3.15　添加仿真文件

④ 在工程项目的“Sources”窗口中，确保“Sources for”的选项为“Behavioral Simulation”，如图 T3.16 所示。

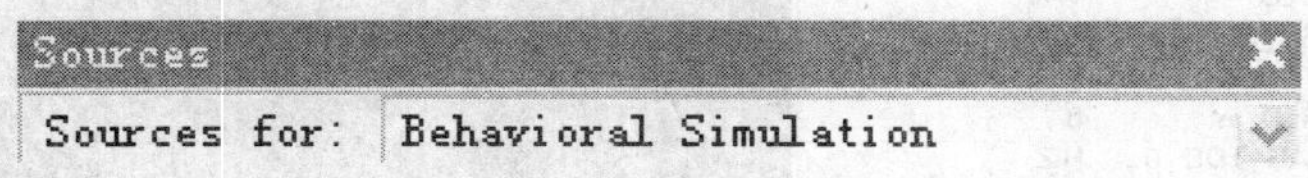

图 T3.16 确认选中“Behavioral Simulation”

⑤ 在工程项目的“Sources”窗口中，选中工程的顶层文件 lab3_tp.v(注意这很关键，不然仿真的波形出不来)，然后展开工程的资源操作窗口(Processes)里的“ModelSim Simulator”选项，双击“Simulate Behavioral Model”，如图 T3.17 所示。之后会出现进入“ModelSim SE 6.2b”仿真环境，如图 T3.18 所示。

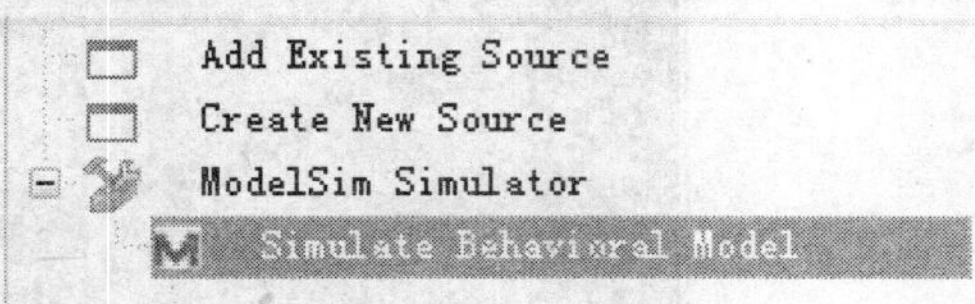

图 T3.17 双击“Simulate Behavioral Model”

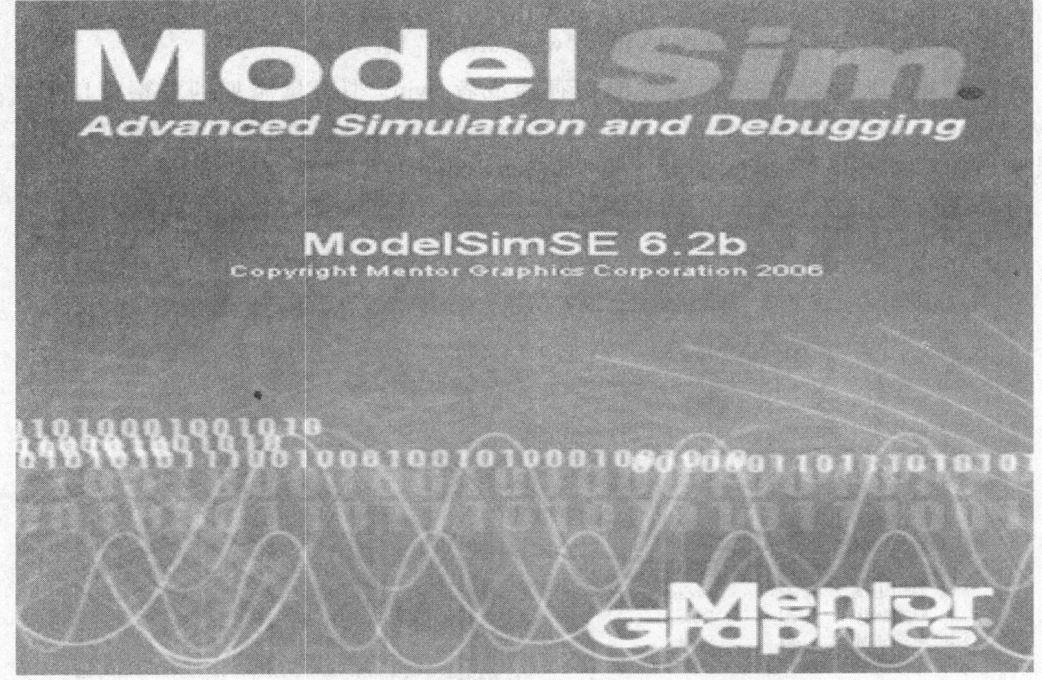

图 T3.18 进入“ModelSimSE 6.2b”仿真环境

⑥ 进入 ModelSimSE 后，观察在“wave-default”窗口中有没有出现不想观看波形的端口，如果有此端口，请在此端口上点鼠标右键，选择“Delete”选项，如图 T3.19 所示。

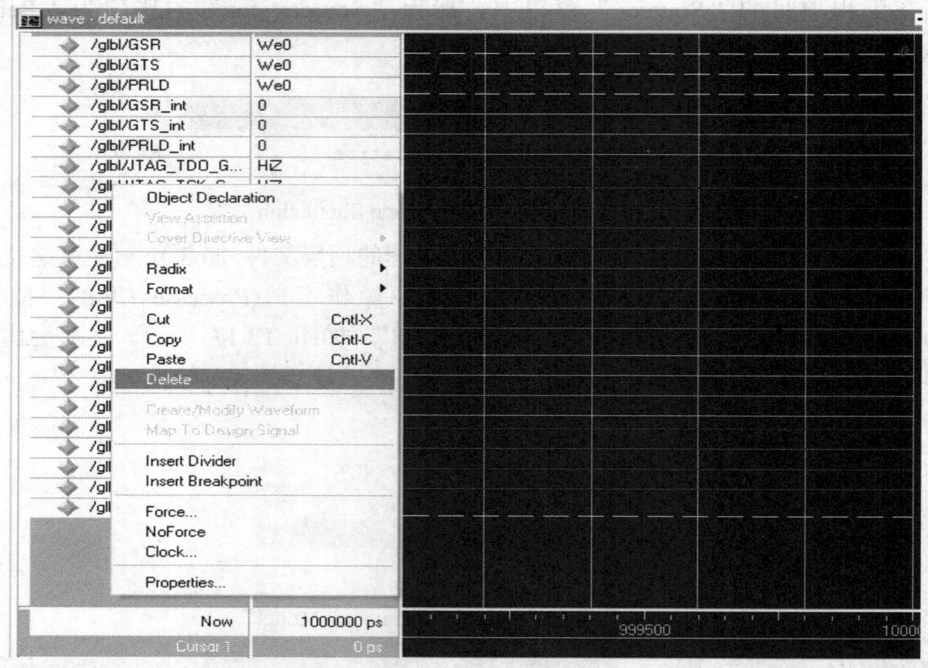

图 T3.19　“wave-default”窗口

删除此端口后，就将需要观察的寄存器或者 wire 型变量添加到观察窗口中，在“Workspace”窗口中选择“uut”，然后在“Objects”窗口中选择想要观看波形的端口，再在此端口上右键选择“Add to Wave”→“Selected Signals”，如图 T3.20 所示。

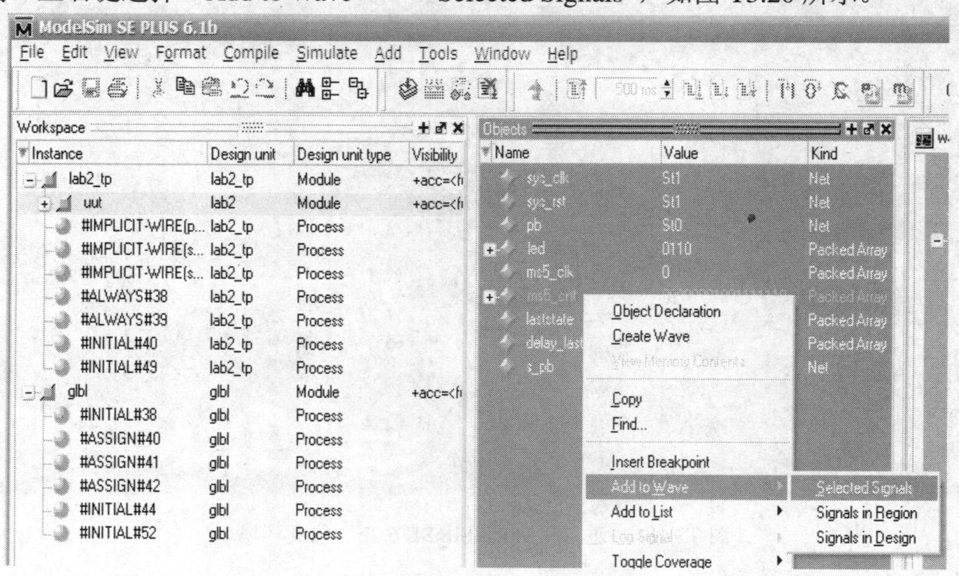

图 T3.20　添加观察变量

⑦ 在工具栏的红色标记编辑框中设置仿真时间，如图 T3.21 所示，时间自行设定，建议设置为 500 ms。

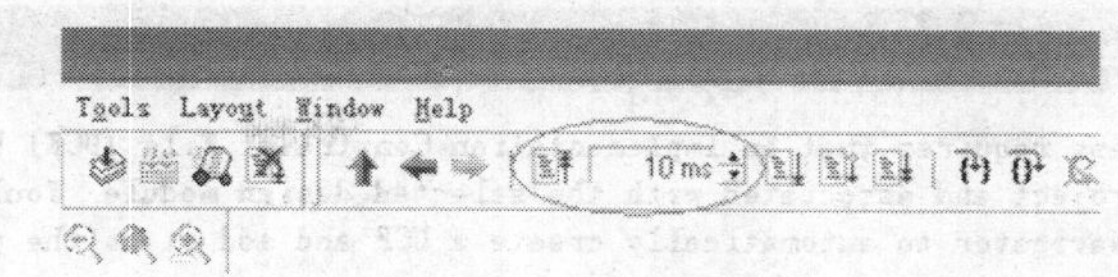

图 T3.21　设置仿真时间

⑧ 点击工具栏中红色标记框内的按钮，开始仿真，如图 T3.22 所示。

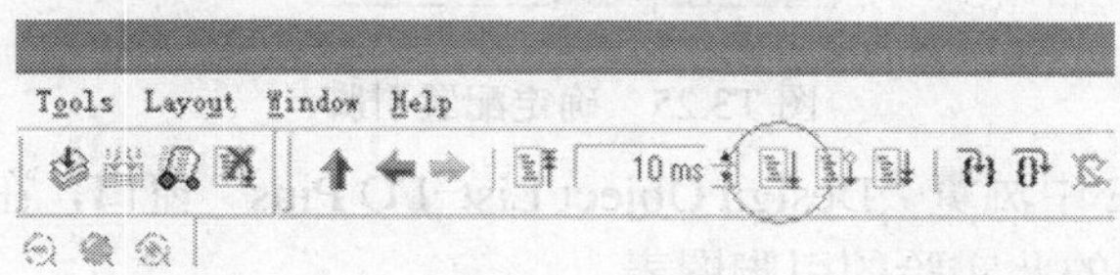

图 T3.22　开始仿真

⑨ 点击 Zoom Ful 按钮( )，再点击放大按钮观察生成的时序波形，本实验的参考波形如图 T3.23 所示。

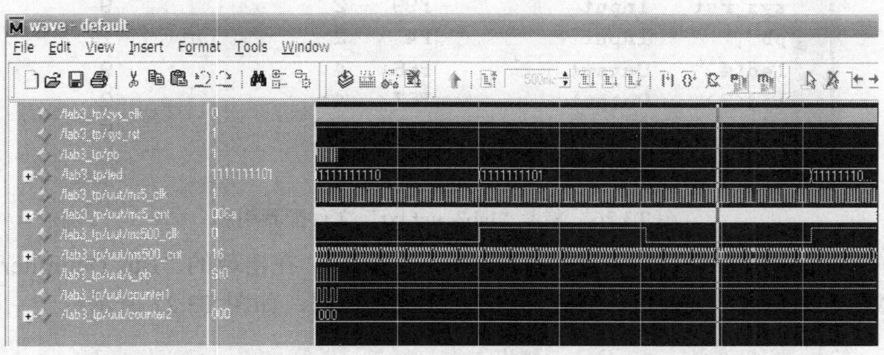

图 T3.23　时序波形

提示：因为此实验的分频系数较大，所以仿真波形要等一段时间才会完全出现。“wave-default”窗口可以通过点击“wave-default”窗口里的 Undock 按钮( )呈现出单独的窗口，这样便于观看波形。

(4) 分配引脚，并完成布线，生成下载的二进制文件。

具体步骤如下：

① 在工程项目的“Sources”窗口中，确保“Sources for”选择了“Synthesis/Implementation”选项。此时单击工程项目的顶层文件 lab3.v。在工程项目的资源操作窗口(Processes)中展开“User Constraints”，并双击“Assign Package Pins”，如图 T3.24 所示。

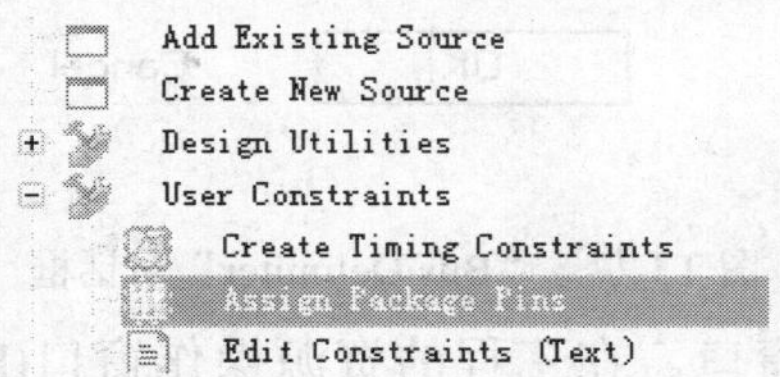

图 T3.24　双击“Assign Package Pins”

② 在出现的“Project Navigator”对话框里，点击“Yes”按钮，如图 T3.25 所示。

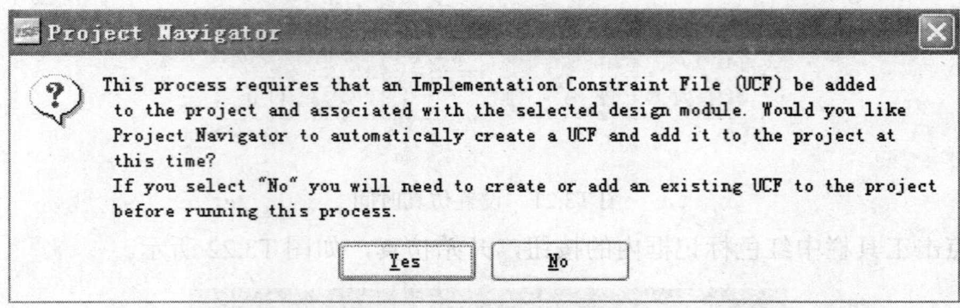

图 T3.25　确定配置引脚

③ 在 Xilinx PACE 中浏览“Design Object List-I/O Pins”窗口，在 Loc 中输入对应的引脚。图 T3.26 为配置好的此实验的引脚图表。

Design Object List - I/O Pins

I/O Name	I/O Direction	Loc	Function Block	Macr
sys_clk	Input	P22	1	9
sys_rst	Input	P99	2	9
pb	Input	P4	2	11
led<4>	Output	P66	4	9
led<3>	Output	P67	4	2
led<2>	Output	P68	4	5
led<1>	Output	P70	4	8

图 T3.26　参考“lab3_ucf.txt”文件配置引脚

④ 在 Xilinx PACE 窗口中，选择“File”→“Save”。在出现的“Bus Delimiter”对话框里，选择默认的“XST Default”形式，点击“OK”按钮，如图 T3.27 所示。

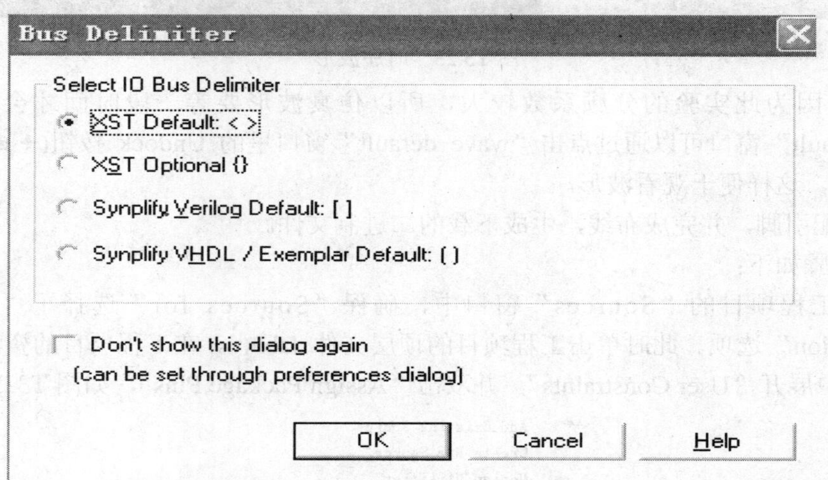

图 T3.27　“Bus Delimiter”对话框

⑤ 关闭 Xilinx PACE 窗口。在工程的资源操作窗口(Processes)里双击“Implement Design”，进行布局布线并生成 jed 下载文件，如图 T3.28 所示。

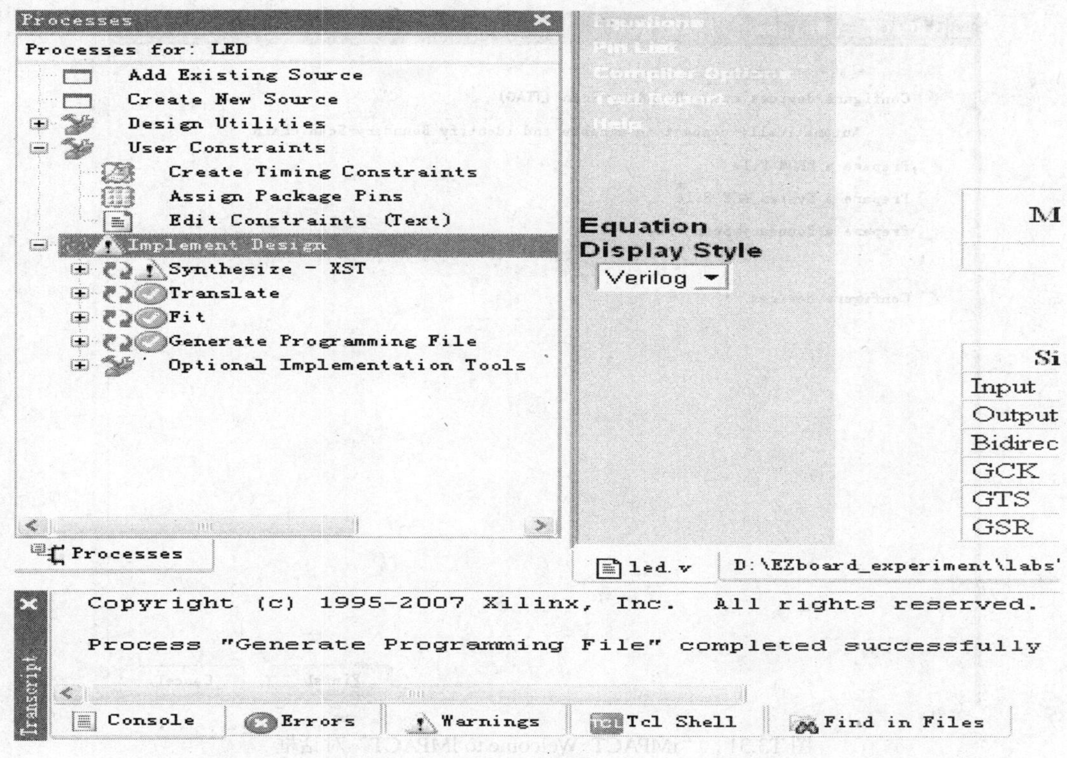

图 T3.28 进行布局布线

注意：布局布线完成后，如有错误出现，请查看芯片类型和引脚配置是否正确。

(5) 接通板卡电源和 JATG 下载线，并下载 jed 程序到板卡上进行测试。

具体步骤如下：

① 用 JTAG-USB 下载线将 PC 机与 EZBoard 板卡 JTAG 接口连接起来，具体连线如图 T3.29 所示。

② 展开"Generate Programming File"，双击"Configure Device (iMPACT)"，如图 T3.30 所示。在出现"iMPACT-Welcome to iMPACT"对话框后，单击"Finish"按钮，如图 T3.31 所示。

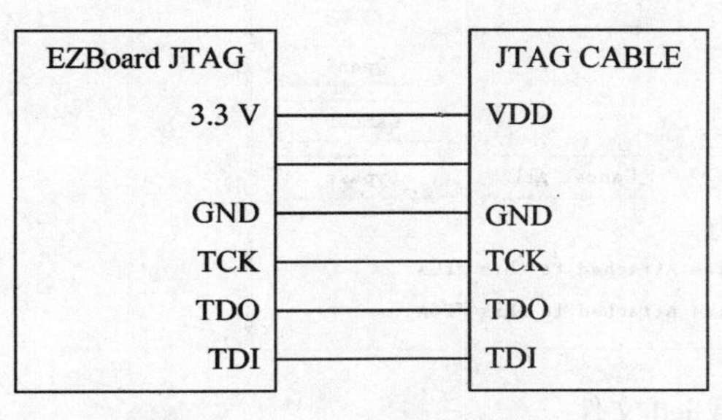

图 T3.29 JTAG 下载线与 EZBoard 板卡 JTAG 接口连接图

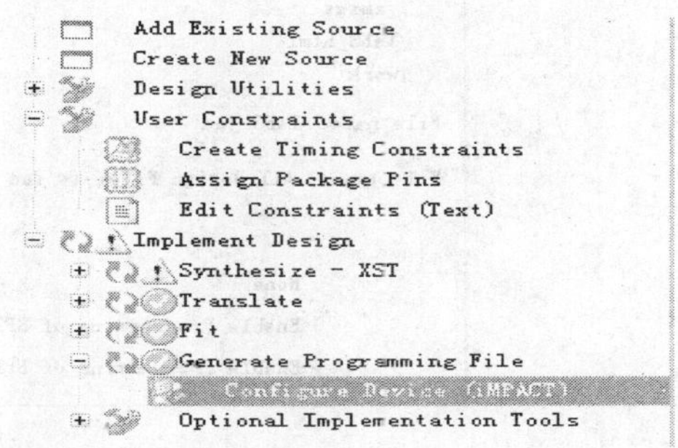

图 T3.30 启动 iMPACT

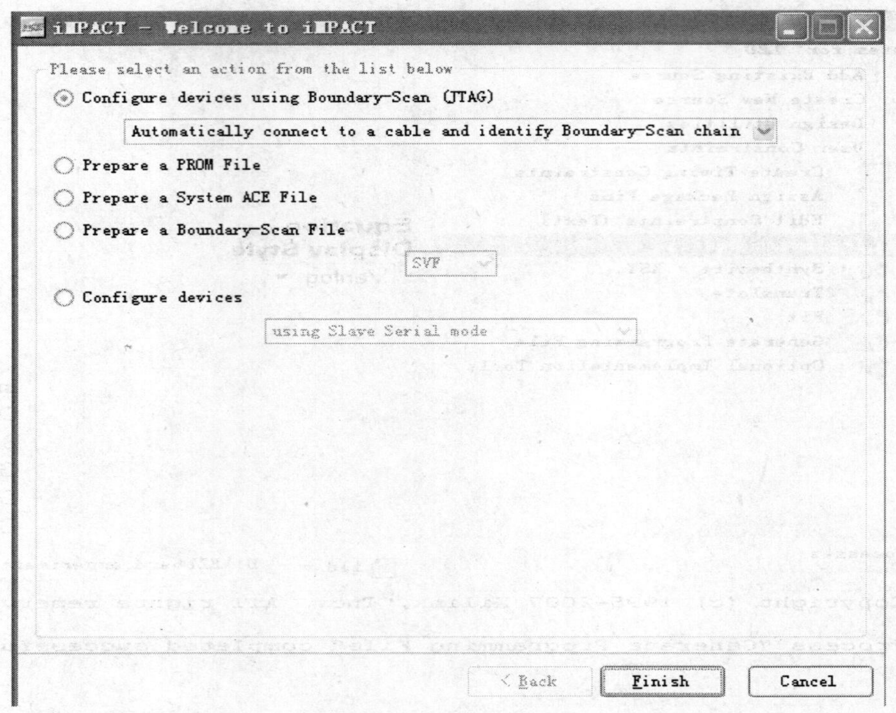

图 T3.31　“iMPACT-Welcome to iMPACT”对话框

③ 在为 xc95144xl 芯片选择对应的下载程序时，选“lab3.jed”，点击“Open”按钮，如图 T3.32 所示。

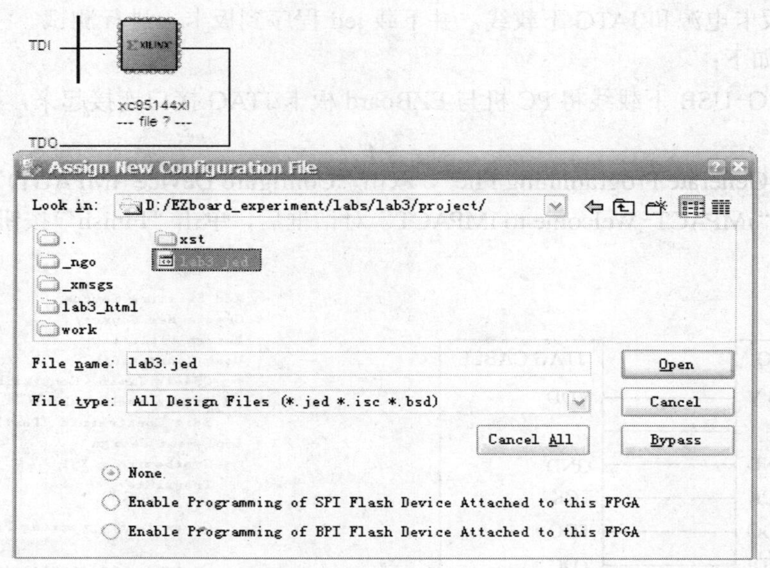

图 T3.32　选择下载 jed 文件

④ 选择完对应的下载 jed 文件后，在 xc95144xl 芯片上右键选择“Program...”，如图 T3.33 所示。

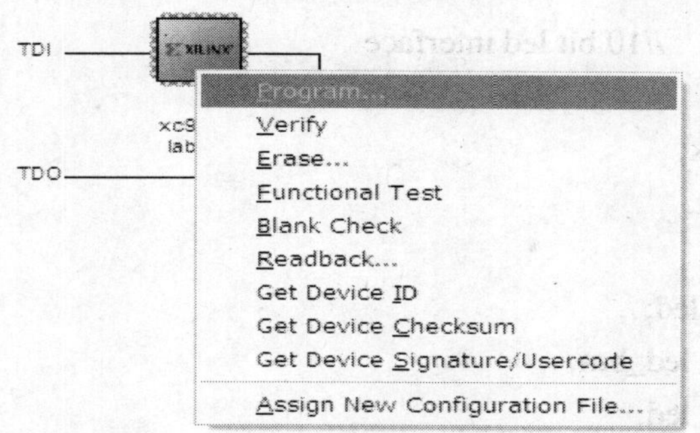

图 T3.33　下载程序到芯片

⑤ 点击“OK”按钮，如图 T3.34 所示。

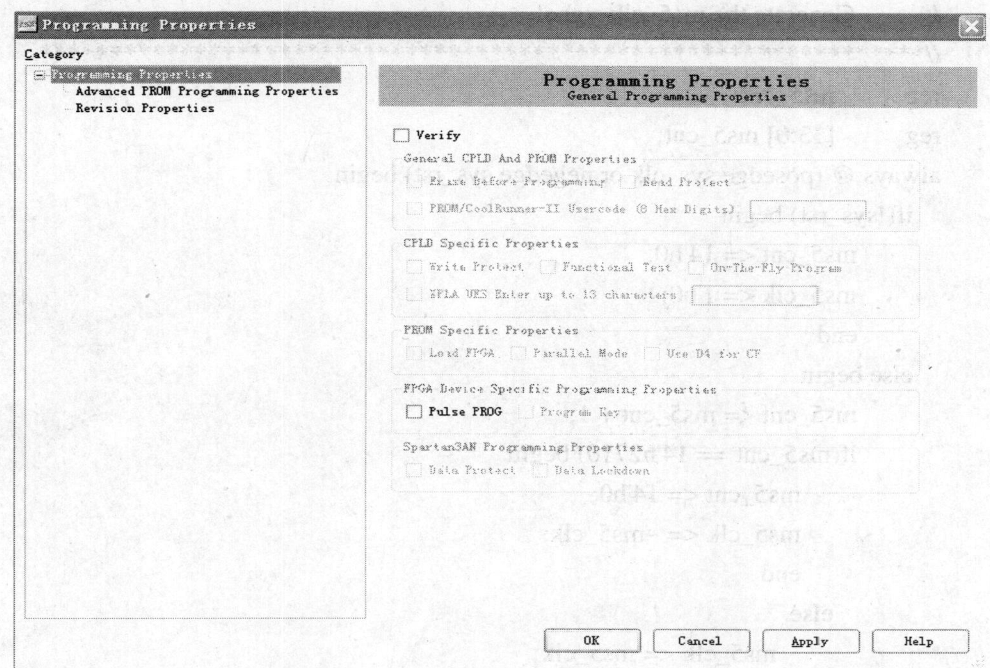

图 T3.34　确认下载

⑥ 下载完 jed 文件到 EZBoard 板卡上后，在开发板上验证此逻辑程序的正确性。

通过按钮验证 EZBoard 板卡上 10 只 LED 灯的熄灭情况，以此来验证逻辑设计的正确性。

lab3.v 参考程序代码如下：

```
module lab3(
//input
        sys_clk,    //system clock 4Mhz
        sys_rst,    //system reset
        pb,
//output
```

```
        led         //10 bit led interface
);
input    sys_clk;
input    sys_rst;
input    pb;
output   [10:1] led;
reg      [10:1] led_buf;
wire     [10:1] led;
assign   led = led_buf;
//************************************************************
//       Generate the ms5_clk signal
//************************************************************
reg      ms5_clk;
reg      [13:0] ms5_cnt;
always @ (posedge sys_clk or negedge sys_rst) begin
   if(!sys_rst) begin
         ms5_cnt <= 14'h0;
         ms5_clk <= 1'b0;
         end
   else begin
         ms5_cnt <= ms5_cnt + 1;
         if(ms5_cnt == 14'h2710) begin
               ms5_cnt <= 14'h0;
               ms5_clk <= ~ms5_clk;
               end
            else
                  ms5_clk <= ms5_clk;
   end
end
//************************************************************
//       Generate the ms500_clk signal
//************************************************************
reg   ms500_clk;
reg   [5:0] ms500_cnt;
always@(posedge ms5_clk or negedge sys_rst) begin
   if(!sys_rst) begin
         ms500_cnt <= 6'h0;
         ms500_clk <= 1'b0;
   end
```

```
    else begin
        ms500_cnt <= ms500_cnt + 1;
        if(ms500_cnt == 6'h32) begin
            ms500_cnt <= 6'h0;
            ms500_clk <= ~ms500_clk;
        end
    else ms500_clk <= ms500_clk;
    end
end
//****************************************************************
reg   laststate;
reg   delay_laststate;
wire   s_pb;
assign   s_pb = laststate & (~delay_laststate);
always @ (posedge sys_clk or negedge sys_rst) begin
    if(!sys_rst)
        laststate <= 1;
    else if(ms5_clk == 1) begin
        if(pb == 0)
                laststate <= 0 ;
        else
                laststate <= 1;
    end
end

always @ (posedge sys_clk or negedge sys_rst) begin
    if(!sys_rst)
        delay_laststate <= 1;
    else
        delay_laststate <= laststate;
end
//****************************************************************
reg   counter1;
always @ (negedge s_pb or negedge sys_rst) begin
    if(!sys_rst)
        counter1 <= 0;
    else if(s_pb==0)
        counter1 <= counter1 + 1;
    else
```

```
            counter1 <= counter1;
    end

    reg    [2:0] counter2;
    always @ (posedge ms500_clk or negedge sys_rst) begin
      if(!sys_rst)
            counter2 <= 0;
      else if(pb==0) begin
            if(counter2==6)
                  counter2 <= 0;
            else
                  counter2 <= counter2 + 1;
      end
      else
            counter2 <= 0;
    end
    //****************************************************************
    always @ (posedge ms500_clk or negedge sys_rst) begin
      if(!sys_rst)
            led_buf <= 10'b1111111110;
      else if(counter2==6)
            led_buf <= ~led_buf;
      else if(counter1)
            led_buf <= {led_buf[9:1],led_buf[10]};
      else
            led_buf <= led_buf ;
    end
    endmodule
```

lab3_tp.v 仿真参考程序代码如下：

```
module lab3_tp;
    reg sys_clk;
    reg sys_rst;
    reg pb;
    wire [10:1] led;

  parameter DELY=100;
    lab3 uut(sys_clk, sys_rst, pb, led);

    always #(DELY/2) sys_clk=~sys_clk;
```

```
initial begin
    // Initialize Inputs
    sys_clk = 0;
    sys_rst = 0;
    pb=1;
    #DELY  sys_rst=1;
  #DELY  sys_rst=0;
    #DELY  sys_rst=1;
   #(DELY*10000);
    #DELY  pb=0;
   #DELY  pb=1;
    #(DELY*10000)  pb=0;
   #DELY  pb=1;
    #(DELY*10000)  pb=0;
   #DELY  pb=1;
    #(DELY*10000)  pb=0;
   #DELY  pb=1;
    #(DELY*10000)  pb=0;
   #DELY  pb=1;
    #(DELY*10000)  pb=0;
   #DELY  pb=1;
    #(DELY*10000)  pb=0;
   #DELY  pb=1;
    #(DELY*10000)  pb=0;
   #DELY  pb=1;
    #(DELY*10000)  pb=0;
   #DELY  pb=1;
    #(DELY*10000)  pb=0;
   #DELY  pb=1;
    #(DELY*10000)  pb=0;
   #DELY  pb=1;
    #(DELY*10000)  pb=0;
   #DELY  pb=1;
    #(DELY*10000)  pb=0;
   #DELY  pb=1;
end
 initial $monitor($time,,,"sys_clk=%b sys_rst=%b pb=%b led=%b", sys_clk,
sys_rst,pb,led);
endmodule
```

实验四　音符演奏器

1. 实验目的

- 掌握各音阶频率对应的分频比的计算。
- 掌握用 Verilog HDL 硬件描述语言编写程序。
- 掌握 ISE 9.1i 综合工具的使用。
- 掌握 ModelSimSE 6.2b 仿真工具的使用。
- 掌握引脚分配方法。
- 掌握 JTAG 下载工具的使用。

2. 实验内容

频率的高低决定了音调的高低。音乐的十二平均率规定：每两个 8 度音(如简谱中的中音 1 与高音 1)之间的频率相差约 1 倍。在两个 8 度音之间，又可分为 12 个半音，每两个半音的频率比为 $\sqrt[12]{2}$ 。另外，音名 A(简谱中的低音 6)的频率为 440 Hz，音名 B 到 C 之间、E 到 F 之间为半音，其余为全音。由此可以计算出简谱中从低音 1 至高音 1 之间每个音名对应的频率，如表 T4.1 所示。

表 T4.1　简谱中的音名与频率的关系

音　名	频率/Hz	音　名	频率/Hz	音　名	频率/Hz
低音 1	261.6	中音 1	523.3	高音 1	1046.5
低音 2	293.7	中音 2	587.3	高音 2	1174.7
低音 3	329.6	中音 3	659.3	高音 3	1318.5
低音 4	349.2	中音 4	698.5	高音 4	1396.9
低音 5	392	中音 5	784	高音 5	1568
低音 6	440	中音 6	880	高音 6	1760
低音 7	493.9	中音 7	987.8	高音 7	1975.5

所有不同频率的信号都可以从同一个基准频率分频得到，因此表 T4.2 中的频率可以借助开发板上 4 MHz 的晶振分频得到。为了减少输出的偶次谐波分量，最后输入到扬声器的波形为对称方波，因此在到达扬声器之前，有一个二分频的分频器。表 T4.2 中的分频比就是在由 4 MHz 频率二分频得到 2 MHz 频率的基础上计算出来的。

表 T4.2　各音阶频率对应的分频比

音　名	分频比	音　名	分频比	音　名	分频比
低音 1	7445	中音 1	3822	高音 1	1911
低音 2	6810	中音 2	3405	高音 2	1703
低音 3	6068	中音 3	3034	高音 3	1517
低音 4	5727	中音 4	2863	高音 4	1432
低音 5	5102	中音 5	2551	高音 5	1276
低音 6	4545	中音 6	2273	高音 6	1136
低音 7	4049	中音 7	2025	高音 7	1012

本实验要求以 EZBoard 为开发板，完成逻辑设计后并下板测试。实现的功能为：选取 21 个音符中的四个音阶，以 pb(1)～pb(4)四个按键作为这四个音阶的演奏按键。EZBoard 开发板上的晶振频率为 4 MHz，按键 pb(1)～pb(4)在按下时为低电平，本实验配套的程序代码中选取的是中音 1、2、3、4 四个音阶。

设计的端口连接如图 T4.1 所示，方框里的名称为设计模块中定义的名称(此名称是本实验参考程序中定义的名称)，方框外的名称为对应 EZBoard 开发板上的器件名称。

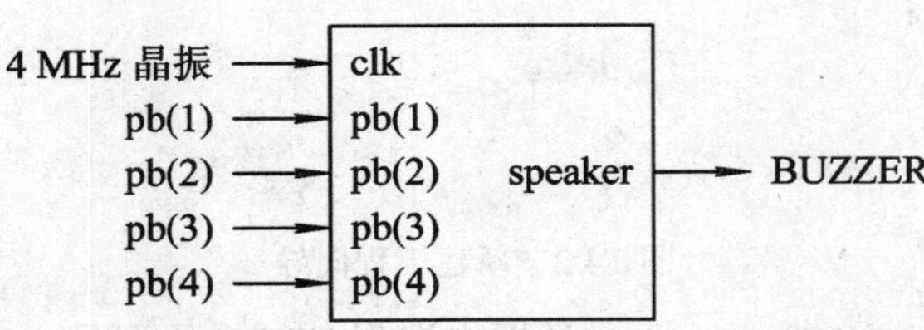

图 T4.1　音符演奏器端口连接

要完成此实验，应按照下面的步骤一步一步进行：

(1) 使用 ISE 9.1i 新建工程项目。

(2) 使用 ISE 9.1i 文本编辑器进行电路逻辑设计。

(3) 使用 ISE 9.1i 综合工程项目。

(4) 使用 ISE 9.1i 文本编辑器编写测试文件。

(5) 使用 ModelSimSE 6.2b 工具进行仿真测试。

(6) 使用 ISE 9.1i 工具进行引脚分配、布线并生成下载的 jed 文件。

(7) 通过 JTAG 下载线将 PC 机与 EZBoard 板卡连接起来，使用 ISE 9.1i 的 iMPACT 工具将 jed 文件下载至 EZBoard 板卡上。

(8) 通过按键 pb(1)～pb(4)验证 EZBoard 板卡上蜂鸣器的演奏情况，以此来验证逻辑设计的正确性。

3. 实验步骤

(1) 建立 ISE 工程。

具体步骤如下：

① 打开 ISE 9.1i，选择“开始”→“程序”→“Xilinx ISE 9.1i”→“Project Navigator”(或者直接双击桌面图标启动 ISE)。

② 新建一个工程项目，选择菜单命令“File”→“New Project”(如果打开 ISE 后，上面已经有存在的工程项目，请选择“File”→“Close Project”)。

③ 在弹出的“Create New Project”对话框中，通过“...”按钮选择工程项目的存放路径(本实验以存放在 D 盘 EZboard_experiment \labs\lab4\文件夹下为例，路径可任意更改，但请确保所有路径都为英文名称)。在“Project Name”编辑框中输入工程项目的名称(这里以输入 project 为例)，如图 T4.2 所示，然后点击“Next”按钮。

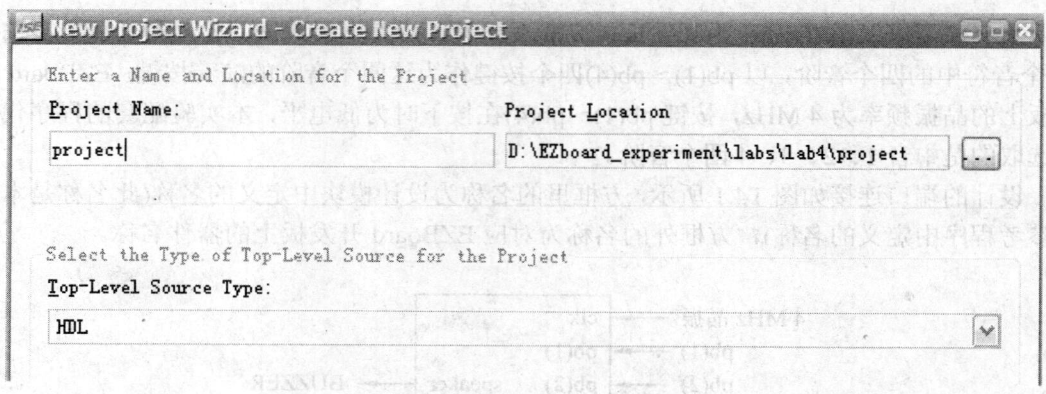

图 T4.2　新建工程向导

④ 在弹出的“Device Properties”对话框中选择 FPGA 的型号、仿真工具和硬件描述语言类型。

- Family: XC9500XL CPLDs。
- Device: XC95144XL。
- Package: TQ100。
- Speed: –10。
- Synthesis Tool: XST (VHDL/Verilog)。
- Simulator: Modelsim-SE Verilog。
- Preferred Language: Verilog(如果是 VHDL 语言用户，请选择 VHDL)。

⑤ 点击“Next”按钮，弹出“Create New Source”对话框。

⑥ 点击“Next”按钮，弹出“Add Existing Sources”对话框。

⑦ 点击“Next”按钮，在弹出的“Project Summary”对话框中点击“Finish”按钮，完成工程项目的建立，如图 T4.3 所示。

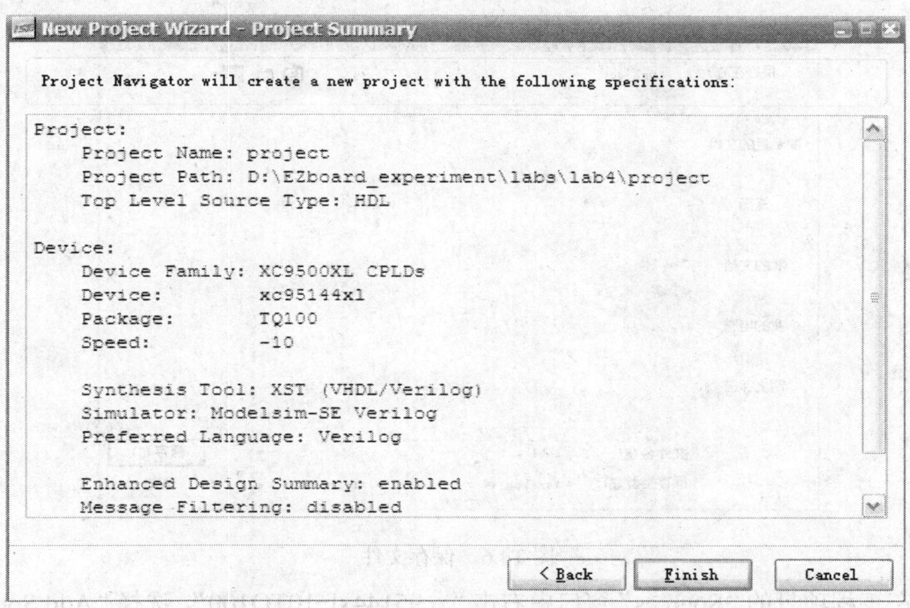

图 T4.3　“Project Summary”对话框

(2) 使用文本编辑形式完成对电路功能的描述，并完成综合。

具体步骤如下：

① 在新建工程向导完成以后，点击“New”按钮，如图 T4.4 所示。

图 T4.4　点击“New”按钮

② 在出现的“New”对话框中选择“Text File”，点击“OK”按钮，如图 T4.5 所示。

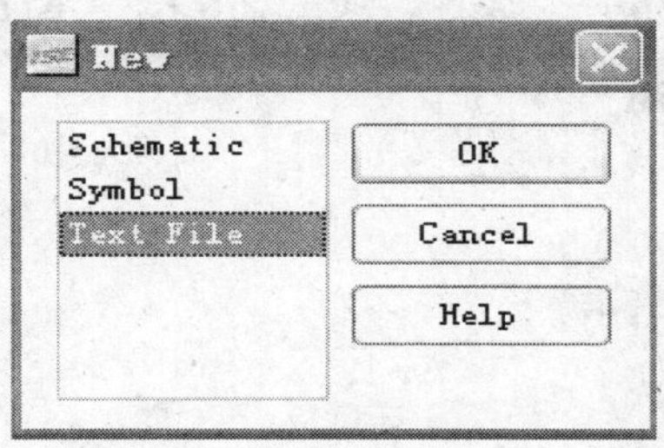

图 T4.5　选择“Text File”

③ 此时在新建的文本对话框中，按照本实验的功能说明，用 Verilog HDL 或 VHDL 语言完成此实验功能的逻辑编程。

④ 待程序设计完成后，选择菜单“File”→“Save As”保存文件，在“文件名”中填写要保存文件的名字(这里以 lab4.v 为例)，然后点击“保存”按钮，如图 T4.6 所示。

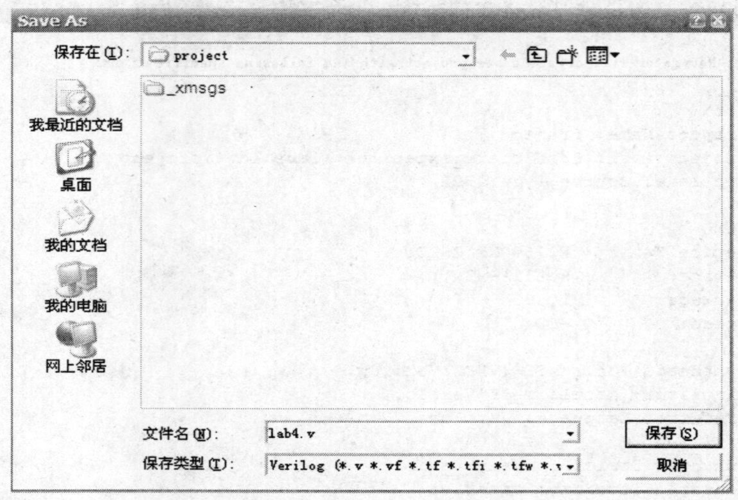

图 T4.6　保存文件

⑤ 在工程项目的“Sources”窗口中右击“xc95144xl-10TQ100”，选择“Add Source…”，如图 T4.7 所示。

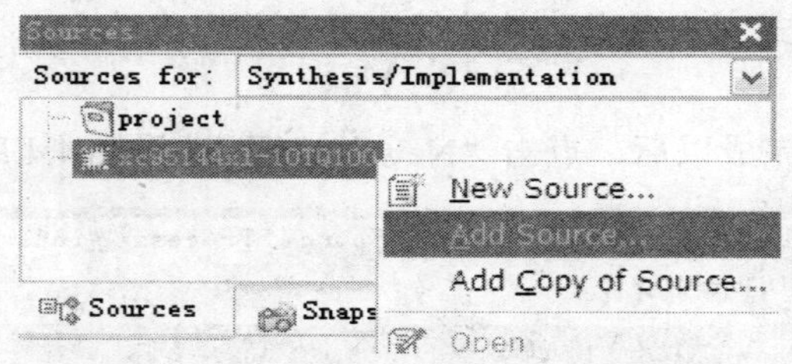

图 T4.7　加入源代码

⑥ 通过上一步骤会出现“Add Existing Sources”对话框，在此对话框中选择 lab4.v 文件，点击“打开”按钮，如图 T4.8 所示。

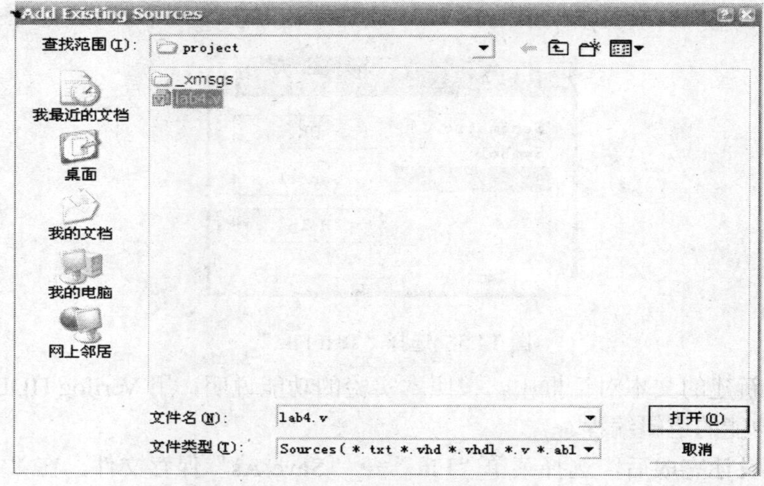

图 T4.8　选择源代码

⑦ 在随后出现的“Adding Source Files...”对话框中点击“OK”按钮，如图 T4.9 所示。

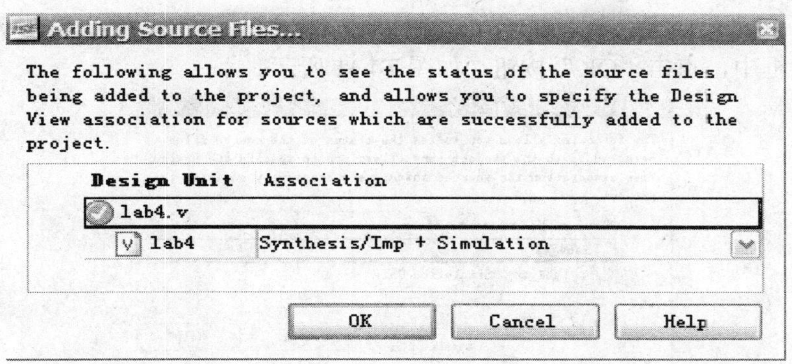

图 T4.9 添加源文件

⑧ 在工程项目的“Sources”窗口中，单击“lab4.v”，在工程项目的资源操作窗口(Processes)中展开“Implement Design”，双击“Synthesize-XST”，进行综合，综合完成后如图 T4.10 所示。

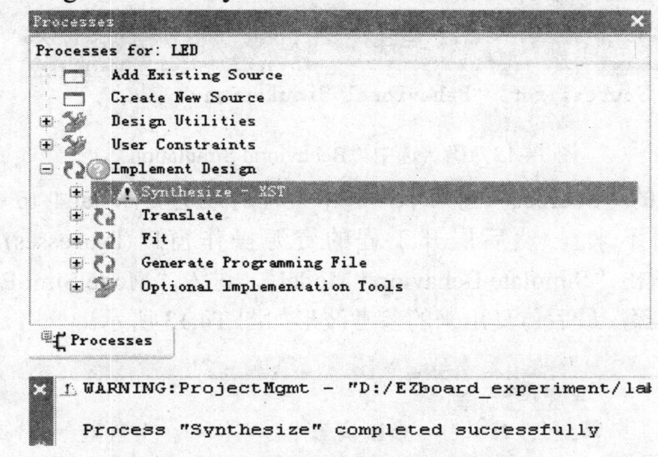

图 T4.10 综合设计

注意：综合完成后，在“Synthesize-XST”上会显示一个小图标，表示该步骤的完成情况。有些警告是可以忽略的。图标的含义如下：

- “对号”表示该操作步骤成功完成。
- “叹号”表示该操作步骤虽完成，但有警告信息。
- “叉号”表示该操作步骤因错误而未完成。

如果编写的程序有错误，请查看“errors”窗口里的提示信息，并修改相应的错误代码，然后保存，再进行综合。

(3) 使用 ModelSimSE 6.2b 仿真工具对电路进行前仿真测试。

具体步骤如下：

① 在 ISE Project Navigator 里选择菜单“File”→“New”，在出现的“New”对话框中选择“Text File”，点击“OK”按钮，此时在新建的文本对话框里编写仿真程序。

② 待编写完仿真程序后，选择菜单“File”→“Save As”，在出现的保存文本对话框的

"文件名"中输入 lab4_tp.v，然后点击"保存"按钮。

③ 在 ISE Project Navigator 中，选择菜单"Project"→"Add Source"，指向上一步骤保存的 lab4_tp.v 文件夹目录，选择 lab4_tp.v 文件，点击"打开"按钮。在弹出的"Adding Source Files…"对话框中，点击"OK"按钮，如图 T4.11 所示。

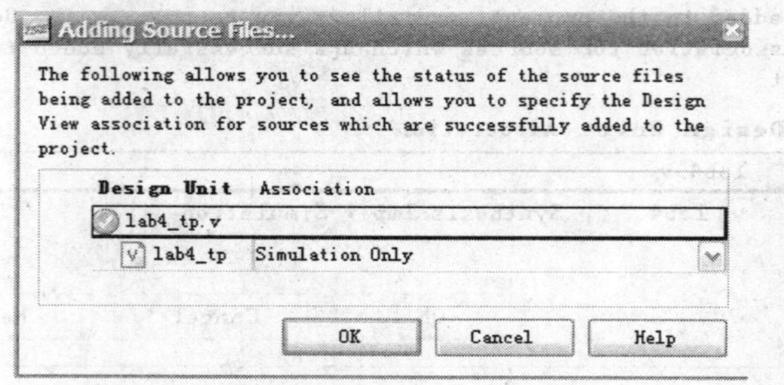

图 T4.11　添加仿真文件

④ 在工程项目的"Sources"窗口中，确保"Sources for"的选项为"Behavioral Simulation"，如图 T4.12 所示。

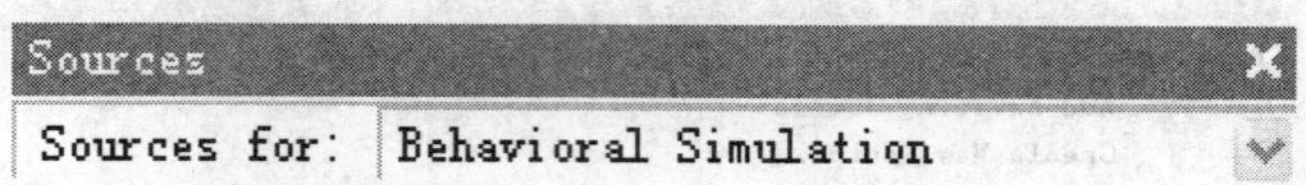

图 T4.12　确认选中"Behavioral Simulation"

⑤ 在工程项目的"Sources"窗口中，选中工程的顶层文件 lab4_tp.v(注意这很关键，不然仿真的波形出不来)，然后展开工程的资源操作窗口(Processes)里的"ModelSim Simulator"选项，双击"Simulate Behavioral Model"，进入"ModelSimSE 6.2b"仿真环境。

⑥ 按照相关步骤，最后仿真出来的参考波形如图 T4.13 所示。

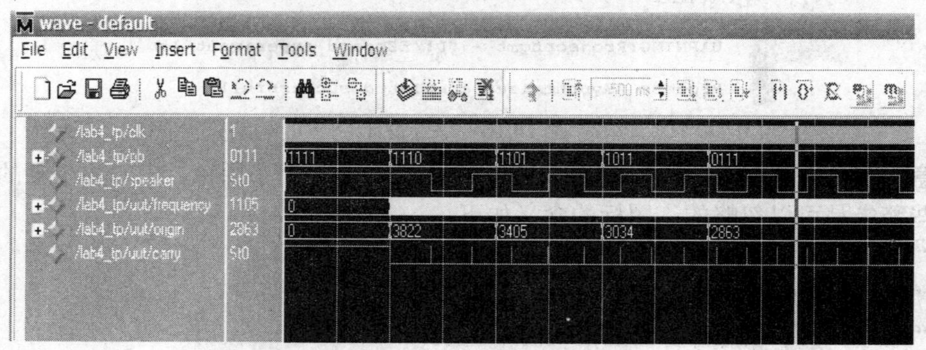

图 T4.13　时序波形

提示：因为此实验的分频系数较大，所以仿真波形要等一段时间才会完全出现。"wave-default"窗口可以通过点击"wave-default"窗口里的 Undock 按钮(+ ↗ ×)呈现出单独的窗口，这样便于观看波形。

(4) 分配引脚，并完成布线，生成下载的二进制文件。

具体步骤如下：

① 在工程项目的"Sources"窗口中，确保"Sources for"选择了"Synthesis/

Implementation”选项。此时单击工程的顶层文件 lab4.v。在工程项目的资源操作窗口(Processes)中，展开“User Constraints”，并双击“Assign Package Pins”。在随后出现的“Project Navigator”对话框里，点击“Yes”按钮。

② 在 Xilinx PACE 中浏览“Design Object List-I/O Pins”窗口，在 Loc 中输入对应的引脚。图 T4.14 为配置好的此实验的引脚图表。

Design Object List - I/O Pins

I/O Name	I/O Direction	Loc	Function Block	Macr
clk	Input	P22	1	9
pb<4>	Input	P4	2	11
pb<3>	Input	P3	2	7
pb<2>	Input	P1	2	10
pb<1>	Input	P99	2	9
speaker	Output	P50	3	4

图 T4.14　参考“lab4_ucf.txt”文件配置引脚

③ 在 Xilinx PACE 窗口中，选择“File”→“Save”。在出现的“Bus Delimiter”对话框里，选择默认的“XST Default”形式，点击“OK”按钮。

④ 关闭 Xilinx PACE 窗口。在工程项目的资源操作窗口(Processes)里双击“Implement Design”，进行布局布线并生成 jed 下载文件，如图 T4.15 所示。

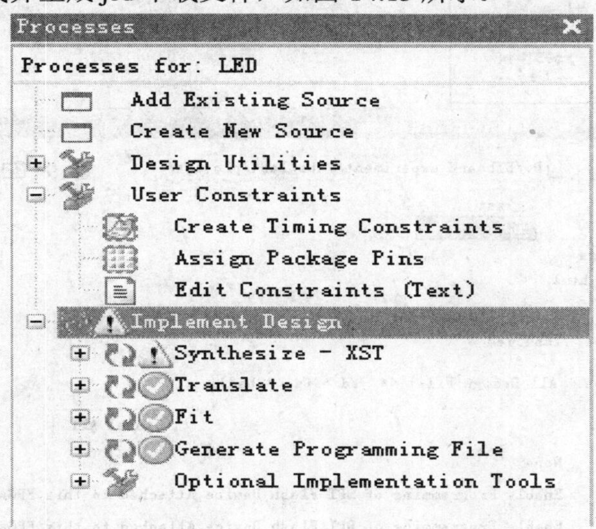

图 T4.15　进行布局布线

注意：布局布线完成后，如有错误出现，请查看芯片类型和引脚配置是否正确。

(5) 接通板卡电源和 JATG 下载线，并下载 jed 程序到板卡上进行测试。

具体步骤如下：

① 用 JTAG-USB 下载线或并口 JTAG 下载线将 PC 机与 EZBoard 板卡 JTAG 接口连接起来。

② 展开“Generate Programming File”，双击“Configure Device (iMPACT)”，如图 T4.16 所示。在出现“iMPACT-Welcome to iMPACT”对话框后，选择“Finish”按钮。

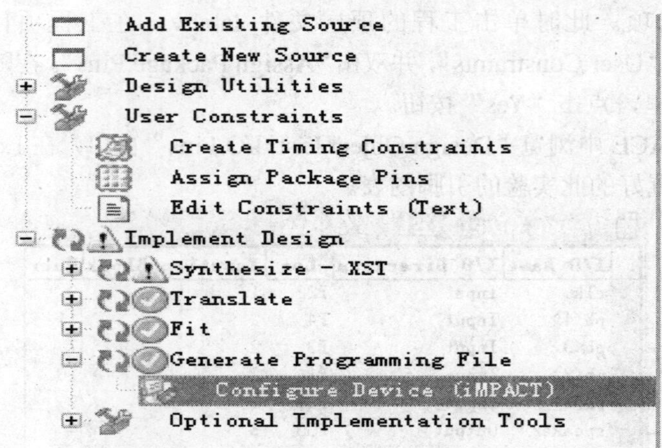

图 T4.16　启动 iMPACT

③ 在为 xc95144xl 芯片选择对应的下载程序时，选择 lab4.jed，点击“Open”按钮，如图 T4.17 所示。

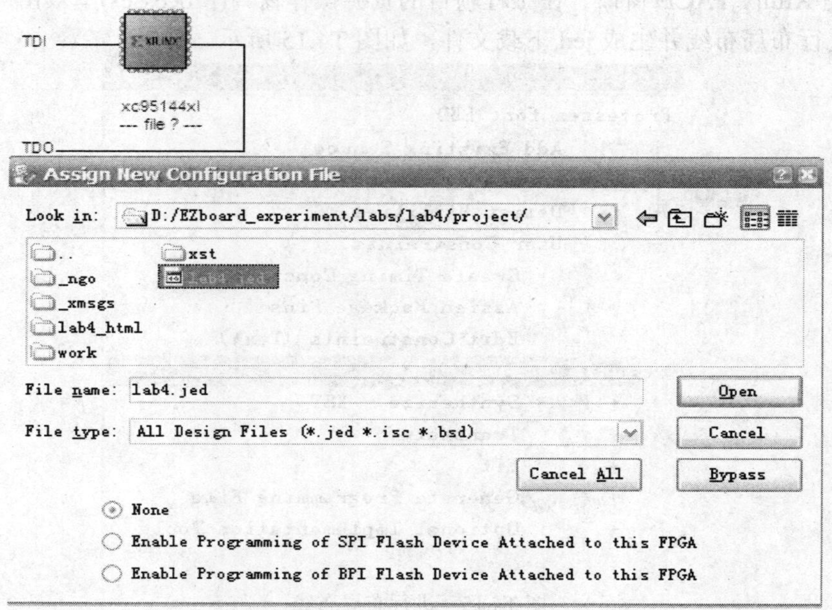

图 T4.17　选择下载 jed 文件

④ 选择完对应的下载 jed 文件后，在 xc95144xl 芯片上右键选择“Program…”。在随后出现的“Progamming Properties”对话框中，点击“OK”按钮。

⑤ 下载完 jed 文件到 EZBoard 板卡上后，在开发板上验证此逻辑程序的正确性。

通过按键 pb(1)～pb(4)验证 EZBoard 板卡上蜂鸣器的演奏情况，以此验证逻辑设计的正确性。

lab4.v 参考程序代码如下：

```
module lab4(
```

```
            clk,
            pb,
            speaker
    );
    input         clk;
    input[4:1] pb;
    output          speaker;
    reg             speaker=0;
    reg[11:0]       frequency=0 ;
    reg[11:0]       origin=0;
    wire   carry;
    assign carry=(frequency==0);
    always@(posedge clk ) begin
      if(carry)
            frequency <= origin;
      else
            frequency <= frequency - 1;
    end
    always@(posedge carry) begin
      speaker <= ~speaker;
    end
    always@(posedge clk) begin
      case(pb)
      4'b1110 : origin <=3822;
      4'b1101 : origin <=3405;
      4'b1011 : origin <=3034;
      4'b0111 : origin <=2863;
      default : origin <=0;
      endcase
    end
    endmodule
```

lab4_tp.v 仿真参考程序代码如下：

```
    module lab4_tp;
        reg clk;
        reg [4:1] pb;
        wire speaker;
        parameter DELY=100;
        lab4 uut(clk, pb, speaker);
        always #(DELY/2) clk=~clk;
```

```
    initial begin
        clk = 0;
        pb = 4'b1111;
        #(DELY*10000)   pb = 4'b1110;
        #(DELY*10000)   pb = 4'b1101;
        #(DELY*10000)   pb = 4'b1011;
        #(DELY*10000)   pb = 4'b0111;

    end
   initial $monitor($time,,,"clk=%b pb=%b speaker=%b", clk,pb,speaker);
endmodule
```

实验五　数码管循环计数器

1. 实验目的

◆ 初步掌握利用人眼惰性现象让几个数码管同时显示的方法。
◆ 掌握 ISE 9.1i 综合工具的使用。
◆ 掌握 ModelSimSE 6.2b 仿真工具的使用。
◆ 掌握引脚分配方法。
◆ 掌握 JTAG 下载工具的使用。

2. 实验内容

本实验要求以 EZBoard 为开发板，完成逻辑设计后并下板测试。实现的功能为：以一只 pb 按键作为复位键，以另一只 pb 按键作为启动键。按复位键复位后，数码管全部清零。当按下启动键(下降沿触发)时，数码管开始累加，范围在 0～9999 循环，变化间隔为 1 s。EZBoard 开发板上的晶振频率为 4 MHz，按键 pb(1)～pb(4)在按下时为低电平，数码管低电平驱动。

由人眼惰性现象可知，数码管在熄灭 20 ms 以内再重新点亮，人眼就看成此数码管处于点亮状态。本实验因要用到四只数码管，故每只数码管要在 5 ms 以内重新点亮，这样四只数码管就都处于点亮状态。本实验参考程序代码中，每只数码管是在 2 ms 时重新点亮，秒数越小，数码管的亮度就越高，设计者可自行配置。

设计的端口连接如图 T5.1 所示，方框里的名称为设计模块中定义的名称(此名称是本实验参考程序中定义的名称)，方框外的名称为对应 EZBoard 开发板上的器件名称。

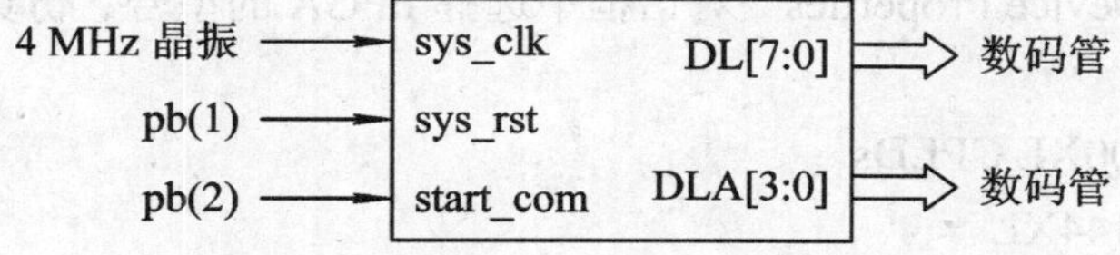

图 T5.1　数码管计数器端口连接

要完成此实验，应按照下面的步骤一步一步进行。

(1) 使用 ISE 9.1i 新建工程项目。
(2) 使用 ISE 9.1i 文本编辑器进行电路逻辑设计。
(3) 使用 ISE 9.1i 综合工程项目。
(4) 使用 ISE 9.1i 文本编辑器编写测试文件。

(5) 使用 ModelSimSE 6.2b 工具进行仿真测试。

(6) 使用 ISE 9.1i 工具进行引脚分配、布线并生成下载的 jed 文件。

(7) 通过 JTAG 下载线将 PC 机与 EZBoard 板卡连接起来，使用 ISE 9.1i 的 iMPACT 工具将 jed 文件下载至 EZBoard 板卡上。

(8) 通过按键，观察 EZBoard 板卡上的数字显示，以此来验证逻辑设计的正确性。

3. 实验步骤

(1) 建立 ISE 工程。

具体步骤如下：

① 打开 ISE9.1i，选择“开始”→“程序”→“Xilinx ISE 9.1i”→“Project Navigator”(或者直接双击桌面图标启动 ISE)。

② 新建一个工程项目，选择菜单命令“File”→“New Project”(如果打开 ISE 后，上面已经有存在的工程项目，请选择“File”→“Close Project”)。

③ 在弹出的“Create New Project”对话框中，通过“...”按钮选择工程项目的存放路径(本实验以存放在 D 盘 EZboard_experiment\labs\lab5\文件夹下为例，路径可任意更改，但请确保所有路径都为英文名称)。在“Project Name”编辑框中输入工程名称(这里以输入 project 为例)，然后点击“Next”按钮，如图 T5.2 所示。

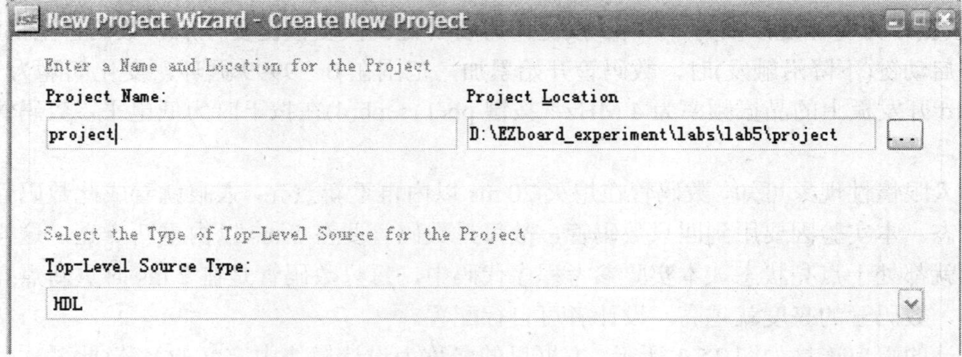

图 T5.2　新建工程向导

④ 在弹出的“Device Properties”对话框中选择 FPGA 的型号、仿真工具和硬件描述语言类型。

- Family: XC9500XL CPLDs。
- Device: XC95144XL。
- Package: TQ100。
- Speed: –10。
- Synthesis Tool: XST (VHDL/Verilog)。
- Simulator: Modelsim-SE Verilog。
- Preferred Language: Verilog(如果是 VHDL 语言用户，请选择 VHDL)。

⑤ 点击“Next”按钮，弹出“Create New Source”对话框。

⑥ 点击“Next”按钮，弹出“Add Existing Sources”对话框。

⑦ 点击“Next”按钮，在弹出的“Project Summary”对话框中，点击“Finish”按钮，完成工程项目的建立，如图 T5.3 所示。

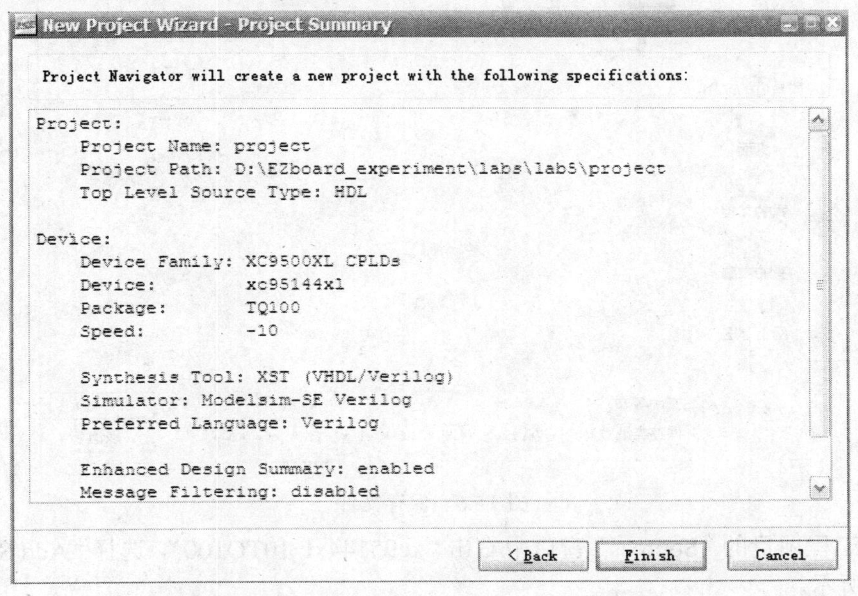

图 T5.3　“Project Summary”对话框

(2) 用文本编辑形式完成对电路功能的描述，并完成综合。

具体步骤如下：

① 在新建工程向导完成以后，点击“New”按钮，如图 T5.4 所示。

图 T5.4　点击“New”按钮

② 在出现的“New”对话框中选择“Text File”，点击“OK”按钮，如图 T5.5 所示。

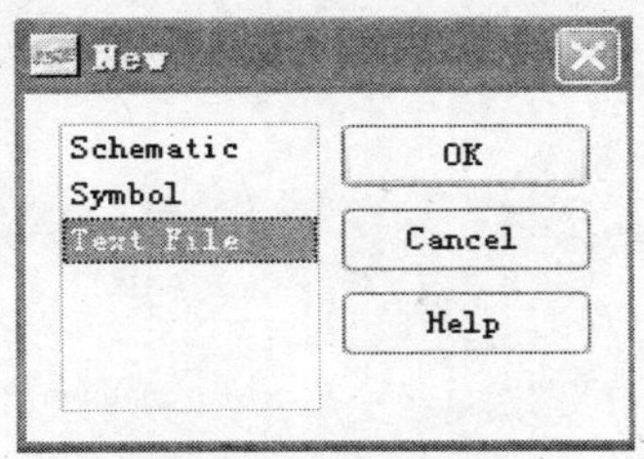

图 T5.5　选择“Text File”

③ 此时在新建的文本对话框中，按照本实验的功能说明，用 Verilog HDL 或 VHDL 语言完成此实验功能的逻辑编程。

④ 待程序设计完成后，选择菜单“File”→“Save As”保存文件，在“文件名”中填

写要保存文件的名字(这里以 lab5.v 为例)，然后点击“保存”按钮，如图 T5.6 所示。

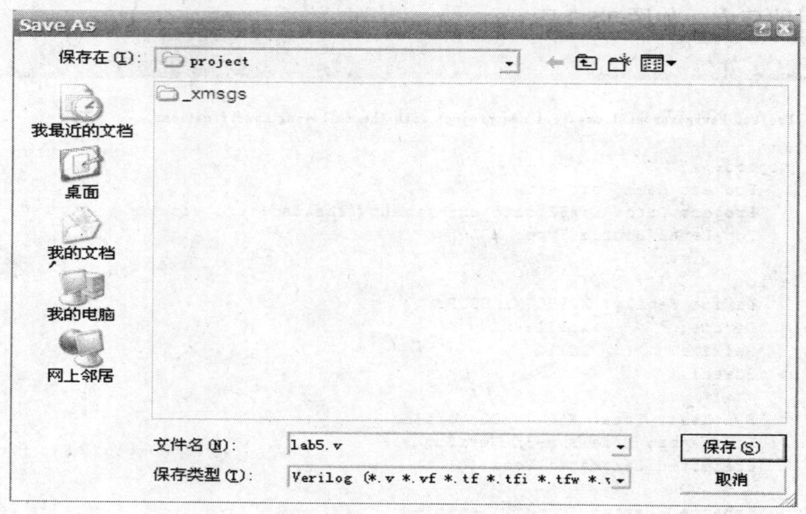

图 T5.6　保存文件

⑤ 在工程项目的“Sources”窗口中右击“xc95144xl-10TQ100”，选择“Add Source…”，如图 T5.7 所示。

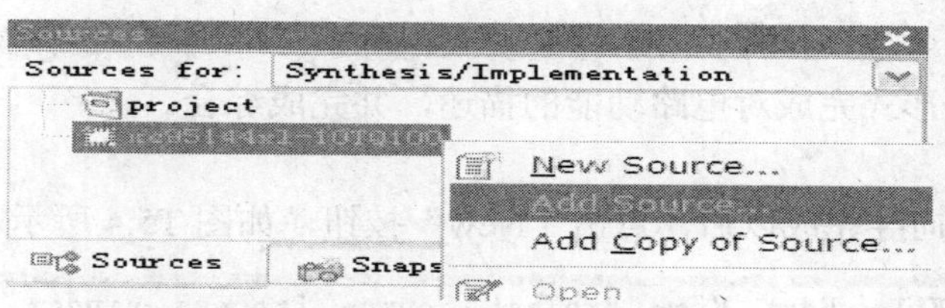

图 T5.7　加入源代码

⑥ 通过上一步骤会出现“Add Existing Sources”对话框，在此对话框中选择 lab5.v 文件，点击“打开”按钮，如图 T5.8 所示。

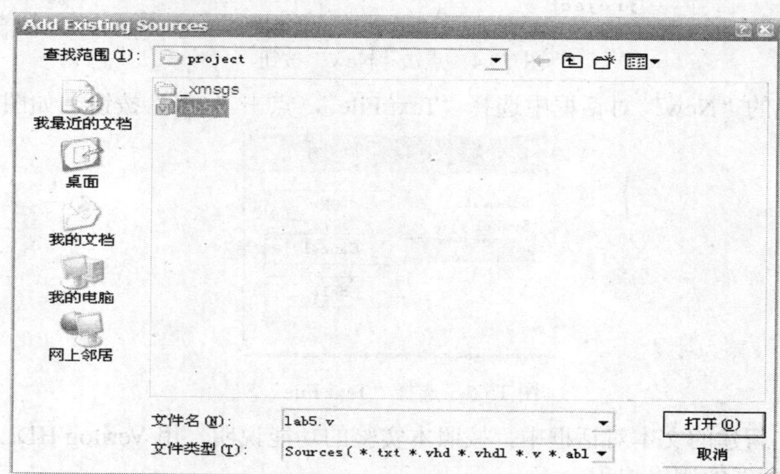

图 T5.8　选择源代码

⑦ 在随后出现的“Adding Source Files…”对话框中点击“OK”按钮，如图 T5.9 所示。

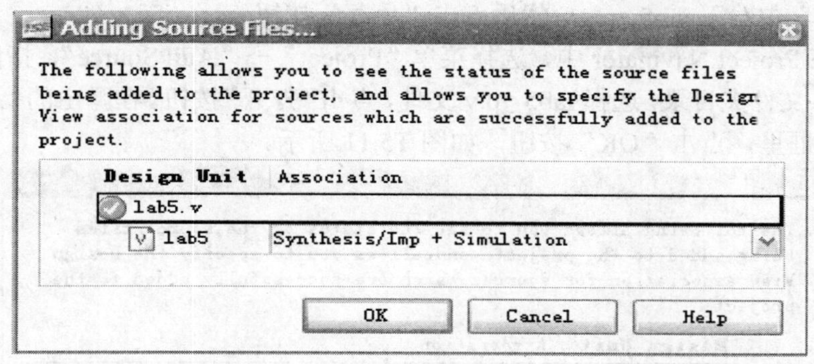

图 T5.9　添加源文件

⑧ 在工程项目的“Sources”窗口中，单击“lab5.v”，在工程的资源操作窗口(Processes)中展开“Implement Design”，双击“Synthesize-XST”，进行综合，综合完成后如图 T5.10 所示。

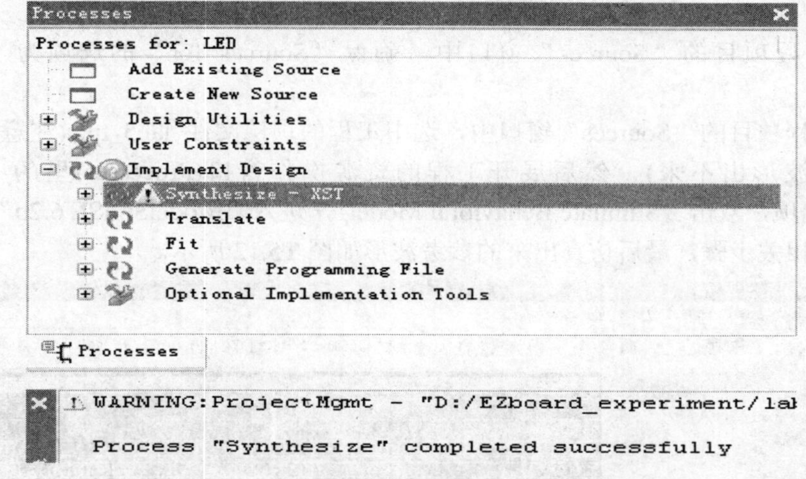

图 T5.10　综合设计

注意：综合完成后，在“Synthesize-XST”上会显示一个小图标，表示该步骤的完成情况。有些警告是可以忽略的。图标的含义如下：

- “对号”表示该操作步骤成功完成。
- “叹号”表示该操作步骤虽完成，但有警告信息。
- “叉号”表示该操作步骤因错误而未完成。

如果编写的程序有错误，请查看“errors”窗口里的提示信息，并修改相应的错误代码，然后保存，再进行综合。

(3) 使用 ModelSimSE 6.2b 仿真工具对电路进行前仿真测试。

具体步骤如下：

① 在 ISE Project Navigator 中，选择菜单“File”→“New”，在出现的“New”对话框中选择“Text File”，点击“OK”按钮，此时在新建的文本对话框里编写仿真程序。

② 待编写完仿真程序后，选择菜单“File”→“Save As”，在出现的“保存文本”对话框的“文件名”中输入 lab5_tp.v，然后点击“保存”按钮。

③ 在 ISE Project Navigator 中，选择菜单“Project”→“Add Source”，指向上一步骤保存的 lab5_tp.v 文件夹目录，选择 lab5_tp.v 文件，点击“打开”按钮。在弹出的“Adding Source Files…”对话框里，点击“OK”按钮，如图 T5.11 所示。

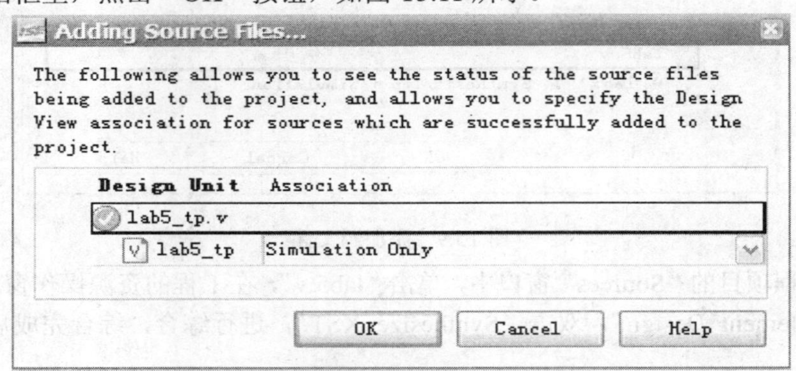

图 T5.11　添加仿真文件

④ 在工程项目的“Sources”窗口中，确保“Sources for”的选项为“Behavioral Simulation”。

⑤ 在工程项目的“Sources”窗口中，选中工程的顶层文件 lab5_tp.v(注意这很关键，不然仿真的波形出不来)，然后展开工程的资源操作窗口(Processes)里的“ModelSim Simulator”选项，双击“Simulate Behavioral Model”，进入“ModelSimSE 6.2b”仿真环境。

⑥ 按照相关步骤，最后仿真出来的参考波形如图 T5.12 所示。

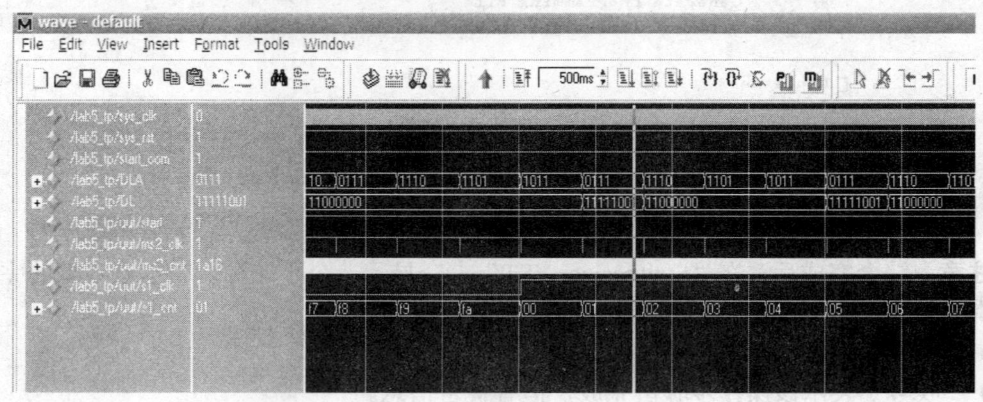

图 T5.12　时序波形

提示：因为此实验的分频系数较大，所以仿真波形要等一段时间才会完全出现。“wave-default”窗口可以通过点击“wave-default”窗口里的 Undock 按钮(+□×)呈现出单独的窗口，这样便于观看波形。

(4) 分配引脚，并完成布线和生成下载的二进制文件。

具体步骤如下：

① 在工程项目的“Sources”窗口中，确保“Sources for”选择了“Synthesis/

Implementation”选项。此时单击工程的顶层文件 lab5.v，在工程的资源操作窗口(Processes)中，展开“User Constraints”，并双击“Assign Package Pins”。在随后出现的“Project Navigator”对话框里，点击“Yes”按钮。

② 在 Xilinx PACE 中浏览“Design Object List-I/O Pins”窗口，在 Loc 中输入对应的引脚。图 T5.13 为配置好的此实验的引脚图表。

Design Object List - I/O Pins

I/O Name	I/O Direction	Loc	Function Block	Macr
sys_clk	Input	P22	1	9
sys_rst	Input	P99	2	9
start_com	Input	P1	2	10
DLA<3>	Output	P86	4	16
DLA<2>	Output	P71	4	3
DLA<1>	Output	P78	4	14
DLA<0>	Output	P87	2	1
DL<7>	Output	P77	4	7
DL<6>	Output	P74	4	11
DL<5>	Output	P79	4	18
DL<4>	Output	P85	4	13
DL<3>	Output	P81	4	10
DL<2>	Output	P76	4	6
DL<1>	Output	P72	4	4
DL<0>	Output	P82	4	12

图 T5.13 参考“lab5_ucf.txt”文件配置引脚

③ 在 Xilinx PACE 窗口中，选择“File”→“Save”。在出现的“Bus Delimiter”对话框里，选择默认的“XST Default”形式，点击“OK”按钮。

④ 关闭 Xilinx PACE 窗口。在工程项目的资源操作窗口(Processes)中双击“Implement Design”，进行布局布线并生成 jed 下载文件，如图 T5.14 所示。

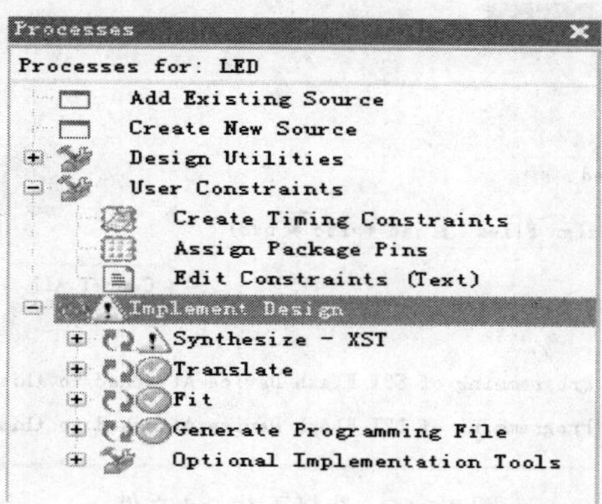

图 T5.14 进行布局布线

注意：布局布线完成后，如有错误出现，请查看芯片类型和引脚配置是否正确。

(5) 接通板卡电源和 JATG 下载线，并下载 jed 程序到板卡上进行测试。

具体步骤如下：

① 用 JTAG-USB 下载线或并口 JTAG 下载线将 PC 机与 EZBoard 板卡 JTAG 接口连接起来。

② 展开“Generate Programming File”，双击“Configure Device (iMPACT)”，如图 T5.15

所示。在出现“iMPACT – Welcome to iMPACT”对话框后，单击“Finish”按钮。

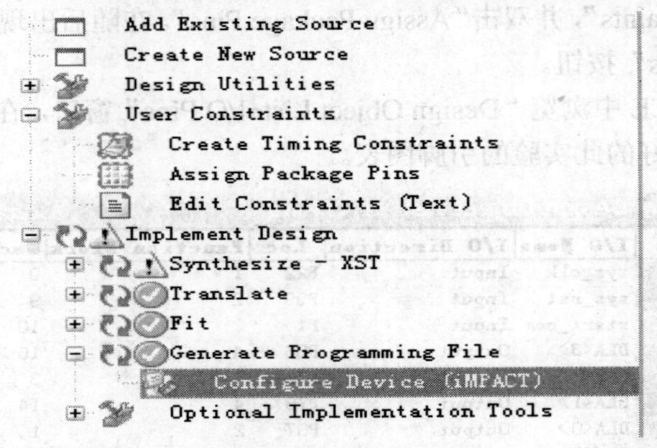

图 T5.15　启动 iMPACT

③ 在为 xc95144xl 芯片选择对应的下载程序时，选择 lab5.jed，点击“Open”按钮，如图 T5.16 所示。

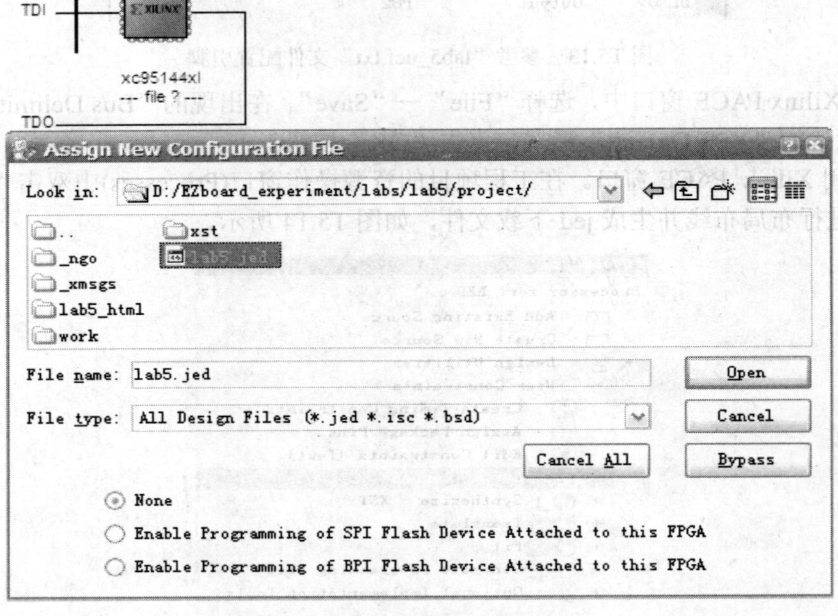

图 T5.16　选择下载 jed 文件

④ 选择完对应的下载 jed 文件后，在 xc95144xl 芯片上右键选择“Program…”。在随后出现的“Progamming Properties”对话框里，点击“OK”按钮。

⑤ 等下载完 jed 文件到 EZBoard 板卡上后，在开发板上验证此逻辑程序的正确性。通过按钮观察 EZBoard 板卡上的数字显示，以此来验证逻辑设计的正确性。

lab5.v 参考程序代码如下：

```
module lab5(
        sys_clk,
```

```
        sys_rst,
        start_com,
        DLA,
        DL
);

input   sys_clk;
input   sys_rst;
input   start_com;

output [3:0] DLA;
output [7:0] DL;

reg [3:0] DLA;
reg [7:0] DL;
//****************************************************************
//      Generate the ms2_clk signal
//****************************************************************
reg     ms2_clk;
reg     [12:0] ms2_cnt;
always @ (posedge sys_clk or negedge sys_rst) begin
   if(!sys_rst) begin
        ms2_cnt <= 13'h0;
        ms2_clk <= 1'b0;
   end
   else begin
        ms2_cnt <= ms2_cnt + 1;
        if(ms2_cnt == 13'h1f40) begin
              ms2_cnt <= 13'h0;
              ms2_clk <= 0;
        end
          else
                ms2_clk <= 1;
   end
end
//****************************************************************
//      Generate the s1_clk signal
//****************************************************************
reg   s1_clk;
```

```
reg    [7:0] s1_cnt;
always @ (posedge ms2_clk or negedge sys_rst) begin
   if(!sys_rst) begin
         s1_cnt <= 8'h0;
         s1_clk <= 1'b0;
   end
   else begin
         s1_cnt <= s1_cnt + 1;
         if(s1_cnt == 8'hfa) begin
               s1_cnt <= 8'h0;
               s1_clk <= ~s1_clk;
         end
           else
                 s1_clk <= s1_clk;
   end
end
//*************************************************************
//       Generate the start signal
//*************************************************************
reg start;
always @ (posedge sys_clk or negedge sys_rst) begin
   if(!sys_rst)
         start <= 1'b0;
   else if(!start_com)
         start <= 1'b1;
   else
         start <= start;
end

reg [3:0] g_cnt;
always @ (posedge s1_clk or negedge sys_rst) begin
   if(!sys_rst)
         g_cnt <= 4'h0;
   else if(start) begin
         if(g_cnt==4'h9)
               g_cnt <= 4'h0;
           else
               g_cnt <= g_cnt + 1'b1;
         end
```

```
    else
        g_cnt <= g_cnt;
end

reg s_clk;
reg [3:0] s_cnt;
always @ (posedge s1_clk or negedge sys_rst) begin
    if(!sys_rst) begin
        s_clk <= 1'b0;
        s_cnt <= 4'h0;
          end
    else if(g_cnt==4'h9) begin
        if(s_cnt==4'h9) begin
                s_clk <= 1'b1;
            s_cnt <= 4'h0;
                end
          else begin
                s_clk <= 1'b0;
            s_cnt <= s_cnt + 1'b1;
            end
        end
    else begin
        s_clk <= s_clk;
        s_cnt <= s_cnt;
        end
end

reg b_clk;
reg [3:0] b_cnt;
always @ (posedge s_clk or negedge sys_rst) begin
    if(!sys_rst) begin
        b_clk <= 1'b0;
        b_cnt <= 4'h0;
          end
    else begin
        if(b_cnt==4'h9) begin
                b_clk <= 1'b1;
            b_cnt <= 4'h0;
                end
```

```
            else begin
                b_clk <= 1'b0;
                b_cnt <= b_cnt + 1'b1;
                end
    end
end

reg [3:0] q_cnt;
always @ (posedge b_clk or negedge sys_rst) begin
    if(!sys_rst)
        q_cnt <= 4'h0;
    else begin
        if(q_cnt==4'h9)
            q_cnt <= 4'h0;
        else
            q_cnt <= q_cnt + 1'b1;
        end
end

reg [7:0] reg_data [9:0];
always @ (negedge sys_rst or posedge sys_clk)
begin
    if(!sys_rst)
        begin
            reg_data[0] <= 8'hc0;
            reg_data[1] <= 8'hf9;
            reg_data[2] <= 8'ha4;
            reg_data[3] <= 8'hb0;
            reg_data[4] <= 8'h99;
            reg_data[5] <= 8'h92;
            reg_data[6] <= 8'h82;
            reg_data[7] <= 8'hf8;
            reg_data[8] <= 8'h80;
            reg_data[9] <= 8'h90;
        end
end

reg [1:0] counter;
always @(posedge ms2_clk or negedge sys_rst) begin
```

```
        if (!sys_rst) begin
              DLA[3:0] <= 4'b0111;
                DL[7:0] <= 8'hc0;
                counter <= 0;
        end
        else begin
              counter <= counter + 1;
              case(counter)
                    0 : begin   DLA[3:0] <= 4'b1110;   DL[7:0] <= reg_data[q_cnt]; end
                    1 : begin   DLA[3:0] <= 4'b1101;   DL[7:0] <= reg_data[b_cnt]; end
                    2 : begin   DLA[3:0] <= 4'b1011;   DL[7:0] <= reg_data[s_cnt]; end
                    3 : begin   DLA[3:0] <= 4'b0111;   DL[7:0] <= reg_data[g_cnt]; end
              endcase
        end
    end
    endmodule
```

lab5_tp.v 仿真参考程序代码如下：

```
module lab5_tp;
      reg sys_clk;
      reg sys_rst;
      reg start_com;
      wire [3:0] DLA;
      wire [7:0] DL;
      parameter DELY=100;
      lab5 uut(sys_clk, sys_rst, start_com, DLA, DL);

      always #(DELY/2) sys_clk=~sys_clk;
      initial begin
            sys_clk = 0;
            sys_rst = 0;
            start_com=1;
            #DELY   sys_rst=1;
            #DELY   sys_rst=0;
            #DELY   sys_rst=1;
            #DELY   start_com=0;
            #DELY   start_com=1;
      end
    initial   $monitor($time,,,"sys_clk=%b   sys_rst=%b   start_com=%b   DLA=%b
DL=%b", sys_clk,sys_rst,start_com,DLA,DL);
    endmodule
```

实验六　数码管蛇形显示

1. 实验目的

◆ 掌握利用人眼惰性现象让几个数码管同时显示的方法。
◆ 掌握 ISE 9.1i 综合工具的使用。
◆ 掌握 ModelSimSE 6.2b 仿真工具的使用。
◆ 掌握引脚分配方法。
◆ 掌握 JTAG 下载工具的使用。

2. 实验内容

本实验要求以 EZBoard 为开发板，完成逻辑设计后并下板测试。实现的功能为：以一只 pb 按键作为复位键，另一只 pb 按键作为启动键。启动后蛇形显示从左向右、从右向左不停地移动。EZBoard 开发板上的晶振频率为 4 MHz，按键 pb(1)～pb(4)在按下时为低电平，数码管低电平驱动。

设计的端口连接如图 T6.1 所示，方框里的名称为设计模块中定义的名称(此名称是本实验参考程序中定义的名称)，方框外的名称为对应 EZBoard 开发板上的器件名称。

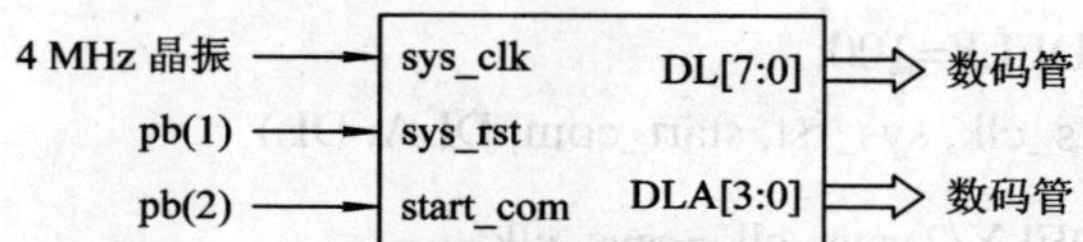

图 T6.1　数码蛇形显示端口连接

说明：本实验参考程序代码中，蛇形显示的移动方式如图 T6.2 所示(步骤 1～26)，开始时点亮一只数码管，并置数为 8。设计者也可另行设计其他方式。

图 T6.2　蛇形显示移动步骤

要完成此实验，应按照下面的步骤一步一步进行。

(1) 使用 ISE 9.1i 新建工程项目。

(2) 使用 ISE 9.1i 文本编辑器进行电路逻辑设计。

(3) 使用 ISE 9.1i 综合工程项目。

(4) 使用 ISE 9.1i 文本编辑器编写测试文件。

(5) 使用 ModelSimSE 6.2b 工具进行仿真测试。

(6) 使用 ISE 9.1i 工具进行引脚分配、布线并生成下载的 jed 文件。

(7) 通过 JTAG 下载线将 PC 机与 EZBoard 板卡连接起来，使用 ISE 9.1i 的 iMPACT 工具将 jed 文件下载至 EZBoard 板卡上。

(8) 通过按键，观察数码管上的蛇形移动，以此来验证逻辑设计的正确性。

3. 实验步骤

(1) 建立 ISE 工程。

具体步骤如下：

① 打开 ISE 9.1i，选择“开始”→“程序”→“Xilinx ISE 9.1i”→“Project Navigator”(或者直接双击桌面图标启动 ISE)。

② 新建一个工程项目，选择菜单命令“File”→“New Project”(如果打开 ISE 后，上面已经有存在的工程项目，请选择“File”→“Close Project”)。

③ 在弹出的“Create New Project”对话框中，通过“...”按钮选择工程项目的存放路径(本实验以存放在 D 盘 EZboard_experiment \labs\lab6\文件夹下为例，路径可任意更改，但请确保所有路径都为英文名称)。在“Project Name”编辑框中输入工程名称(这里以输入 project 为例)，然后点击“Next”按钮，如图 T6.3 所示。

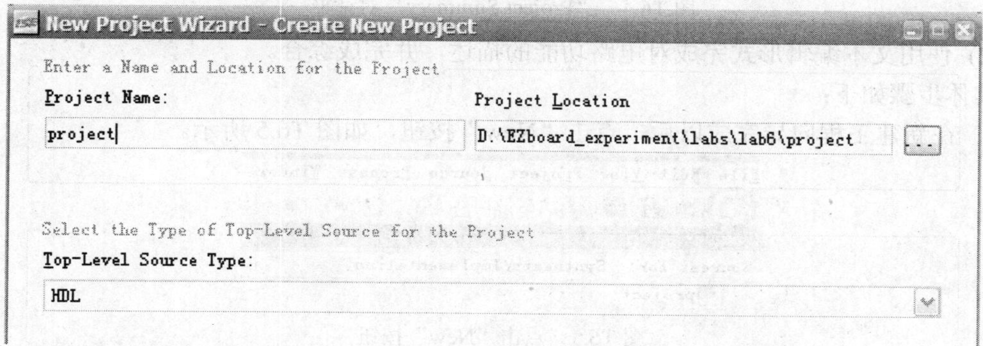

图 T6.3 新建工程向导

④ 在弹出的“Device Properties”对话框中选择 FPGA 的型号、仿真工具和硬件描述语言类型。

- Family: XC9500XL CPLDs。
- Device: XC95144XL。
- Package: TQ100。
- Speed: –10。
- Synthesis Tool: XST (VHDL/Verilog)。
- Simulator: ModelSim-SE Verilog。
- Preferred Language: Verilog(如果是 VHDL 语言用户，请选择 VHDL)。

⑤ 点击“Next”按钮，弹出“Create New Source”对话框。

⑥ 点击“Next”按钮，弹出“Add Existing Sources”对话框。

⑦ 点击“Next”按钮，在弹出的“Project Summary”对话框中点击“Finish”按钮，完成工程项目的建立，如图 T6.4 所示。

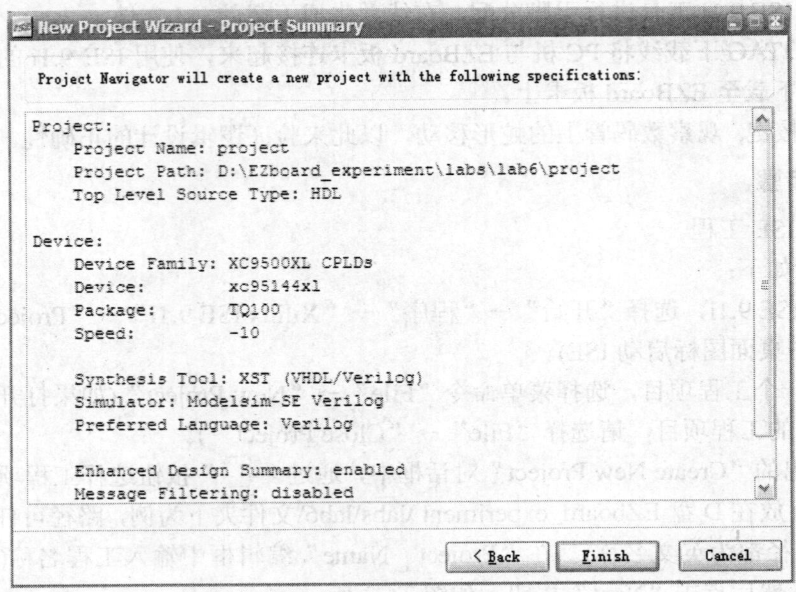

图 T6.4　“Project Summary”对话框

(2) 使用文本编辑形式完成对电路功能的描述，并完成综合。

具体步骤如下：

① 在新建工程向导完成以后，点击“New”按钮，如图 T6.5 所示。

图 T6.5　点击“New”按钮

② 在出现的“New”对话框里选择“Text File”，点击“OK”按钮，如图 T6.6 所示。

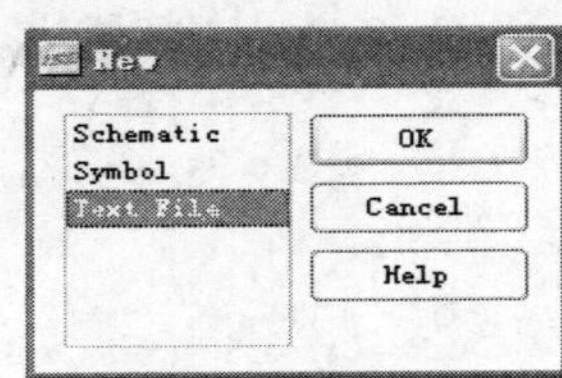

图 T6.6　选择“Text File”

③ 此时在新建的文本对话框中，按照本实验的功能说明，用 Verilog HDL 或 VHDL 语言完成此实验功能的逻辑编程。

④ 待程序设计完成后，选择菜单“File”→“Save As”保存文件，在“文件名”里填写要保存文件的名字(这里以 lab6.v 为例)，然后点击“保存”按钮，如图 T6.7 所示。

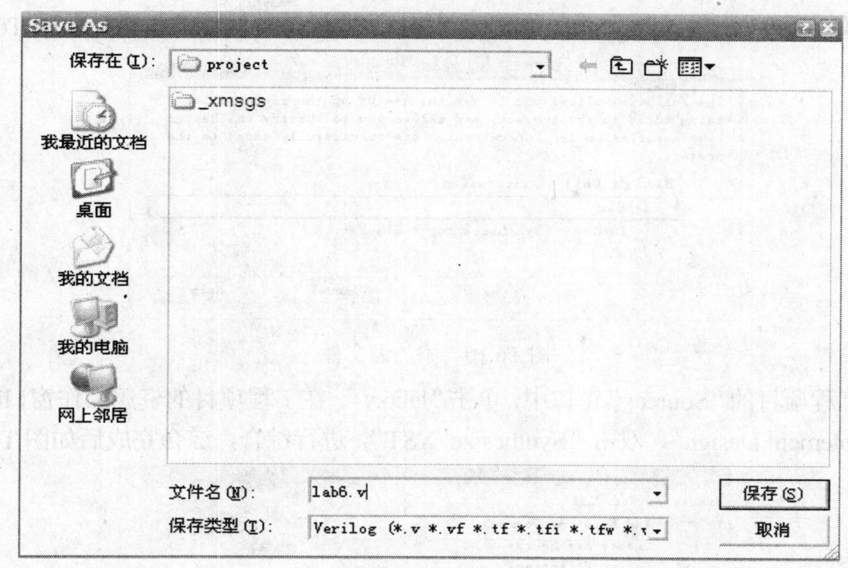

图 T6.7 保存文件

⑤ 在工程项目的“Sources”窗口中右击“xc95144xl-10TQ100”，选择“Add Source...”，如图 T6.8 所示。

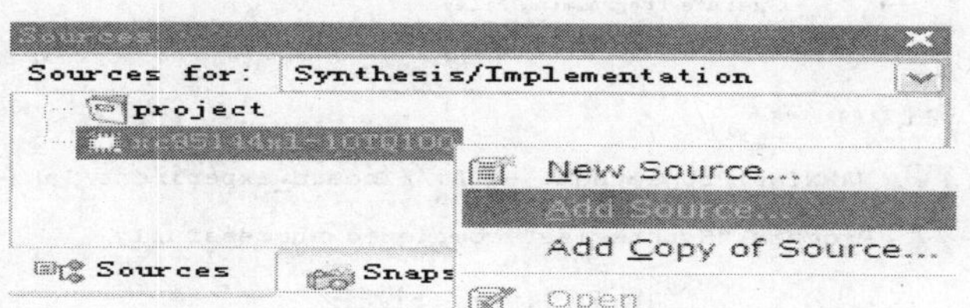

图 T6.8 加入源代码

⑥ 通过上一步骤会出现“Add Existing Sources”对话框，在此对话框中选择 lab6.v 文件，点击“打开”按钮，如图 T6.9 所示。

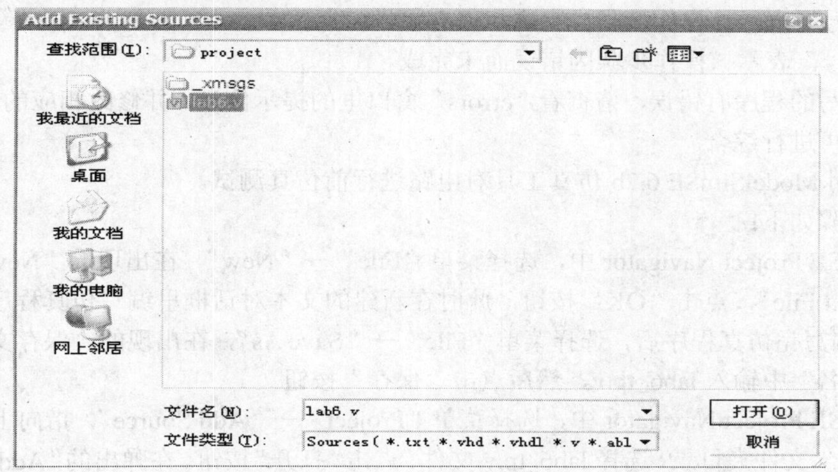

图 T6.9 选择源代码

⑦ 在随后出现的“Adding Soure Files…”对话框中点击“OK”按钮，如图 T6.10 所示。

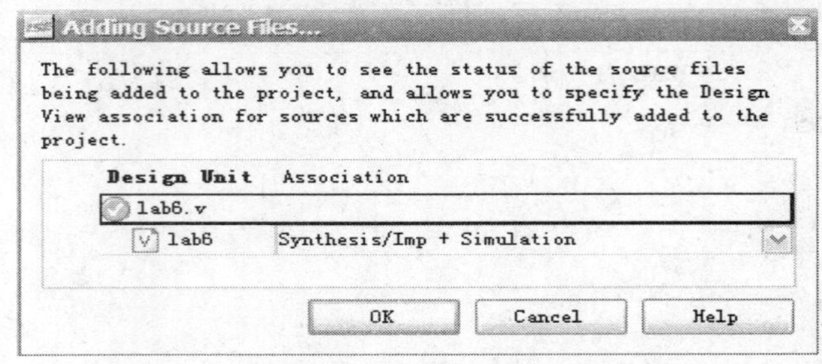

图 T6.10　添加源文件

⑧ 在工程项目的“Sources”窗口中，单击“lab6.v”，在工程项目的资源操作窗口(Processes)中展开“Implement Design”，双击“Synthesize-XST”，进行综合，综合完成后如图 T6.11 所示。

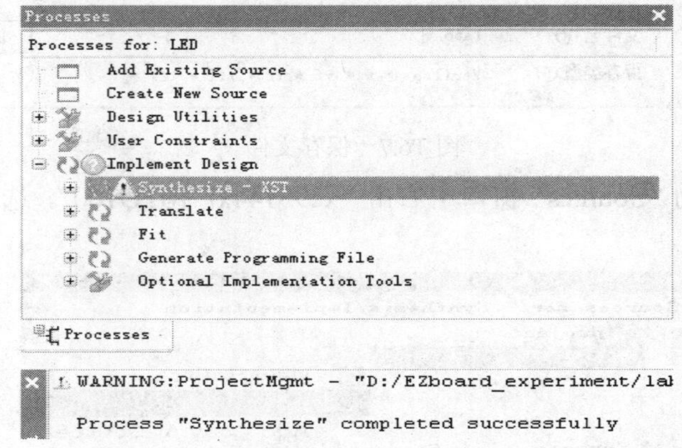

图 T6.11　综合设计

注意：综合完成后，在“Synthesize-XST”上会显示一个小图标，表示该步骤的完成情况。有些警告是可以忽略的。图标的含义如下：

- “对号”表示该操作步骤成功完成。
- “叹号”表示该操作步骤虽完成，但有警告信息。
- “叉号”表示该操作步骤因错误而未完成。

如果编写的程序有错误，请查看“errors”窗口里的提示信息，并修改相应的错误代码，然后保存，再进行综合。

(3) 使用 ModelSimSE 6.2b 仿真工具对电路进行前仿真测试。

具体步骤如下：

① 在 ISE Project Navigator 中，选择菜单“File”→“New”，在出现的“New”对话框中选择“Text File”，点击“OK”按钮，此时在新建的文本对话框里编写仿真程序。

② 待编写完仿真程序后，选择菜单“File”→“Save As”，在出现的“保存文本”对话框的“文件名”中输入 lab6_tp.v，然后点击“保存”按钮。

③ 在 ISE Project Navigator 中，选择菜单“Project”→“Add Source”，指向上一步骤保存的 lab6_tp.v 文件夹目录，选择 lab6_tp.v 文件，点击“打开”按钮。在弹出的“Adding Source Files…”对话框里，点击“OK”按钮，如图 T6.12 所示。

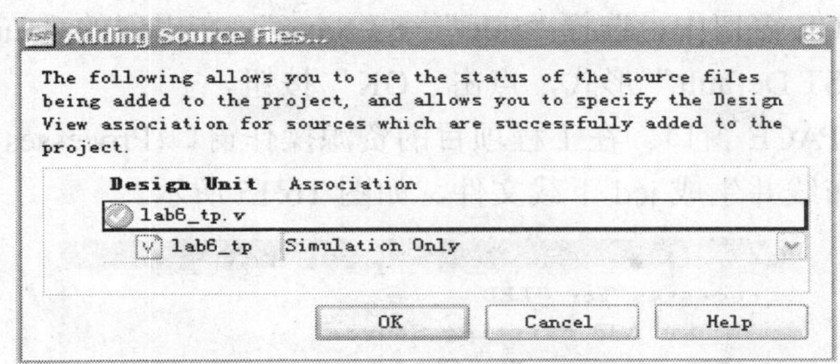

图 T6.12　添加仿真文件

④ 在工程项目的 Sources 窗口中，确保“Sources for”的选项为“Behavioral Simulation”。

⑤ 在工程项目的 Sources 窗口中，选中工程的顶层文件 lab6_tp.v(注意这很关键，不然仿真的波形出不来)，然后展开工程的资源操作窗口(Processes)里的“ModelSim Simulator”选项，双击“Simulate Behavioral Model”，进入“ModelSimSE 6.2b”仿真环境。

⑥ 按照相关步骤，最后仿真出来的参考波形如图 T6.13 所示。

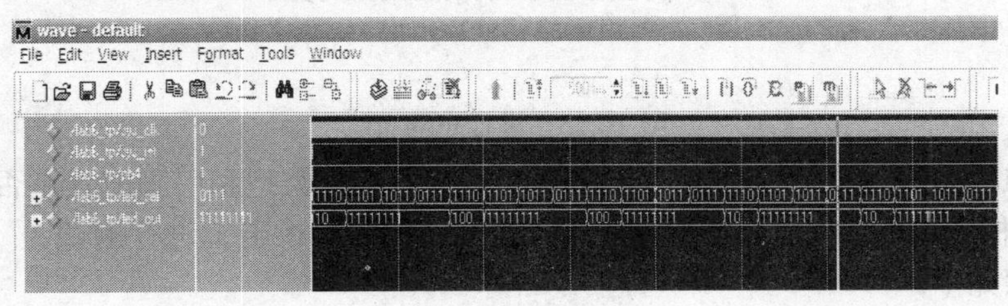

图 T6.13　时序波形

(4) 分配引脚，并完成布线，生成下载的二进制文件。

具体步骤如下：

① 在工程项目的“Sources”窗口中，确保“Sources for”选择了“Synthesis/Implementation”选项。此时单击工程的顶层文件 lab6.v，在工程项目的资源操作窗口(Processes)中，展开“User Constraints”，并双击“Assign Package Pins”。在随后出现的“Project Navigator”对话框里，点击“Yes”按钮。

② 在 Xilinx PACE 中浏览“Design Object List-I/O Pins”窗口，在 Loc 中输入对应的引脚。图 T6.14 为配置好的此实验的引脚图表。

Design Object List - I/O Pins

I/O Name	I/O Direction	Loc	Function Block	Mac
sys_clk	Input	P22	1	9
sys_rst	Input	P99	2	9
pb4	Input	P4	2	11
led_out<7>	Output	P77	4	7
led_out<6>	Output	P74	4	11
led_out<5>	Output	P79	4	18
led_out<4>	Output	P85	4	13
led_out<3>	Output	P81	4	10
led_out<2>	Output	P76	4	6
led_out<1>	Output	P72	4	4
led_out<0>	Output	P82	4	12
led_sel<3>	Output	P86	4	16
led_sel<2>	Output	P71	4	3
led_sel<1>	Output	P78	4	14
led_sel<0>	Output	P87	2	1

图 T6.14　参考“lab6_ucf.txt”文件配置引脚

③ 在 Xilinx PACE 窗口中，选择“File”→“Save”。在出现的“Bus Delimiter”对话框里，选择默认的“XST Default”形式，点击“OK”按钮。

④ 关闭 Xilinx PACE 窗口。在工程项目的资源操作窗口(Processes)中双击“Implement Design”，进行布局布线并生成 jed 下载文件，如图 T6.15 所示。

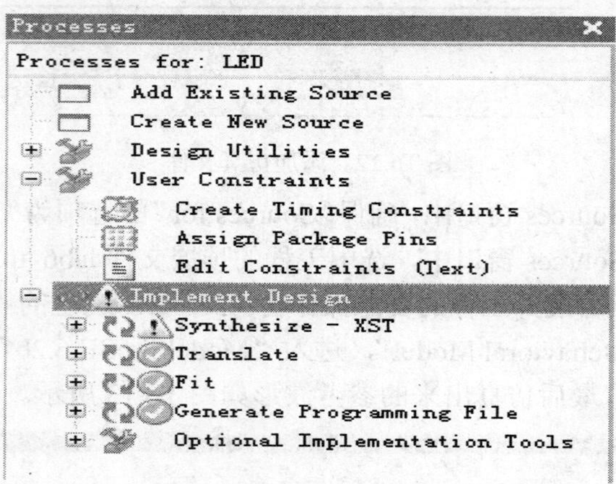

图 T6.15　进行布局布线

注意：布局布线完成后，如有错误出现，请查看芯片类型和引脚配置是否正确。

(5) 接通板卡电源和 JATG 下载线，并下载 jed 程序到板卡上进行测试。

具体步骤如下：

① 用 JTAG-USB 下载线或并口 JTAG 下载线将 PC 机与 EZBoard 板卡 JTAG 接口连接起来。

② 展开“Generate Programming File”，双击“Configure Device (iMPACT)”，如图 T6.16 所示。在出现“iMPACT – Welcome to iMPACT”对话框后，单击“Finish”按钮。

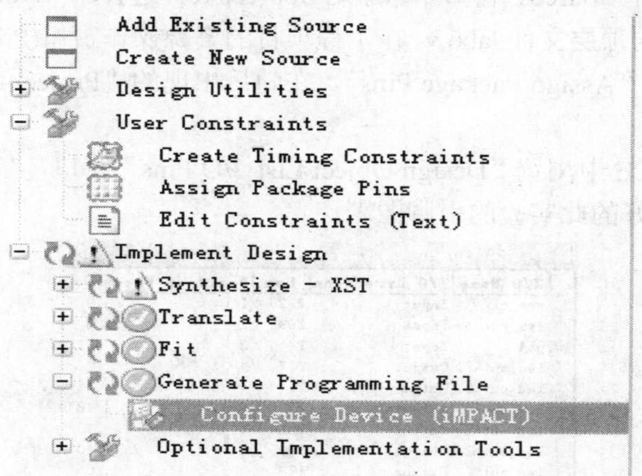

图 T6.16　启动 iMPACT

③ 在为 xc95144xl 芯片选择对应的下载程序时，选 lab6.jed，点击“Open”按钮，如图 T6.17 所示。

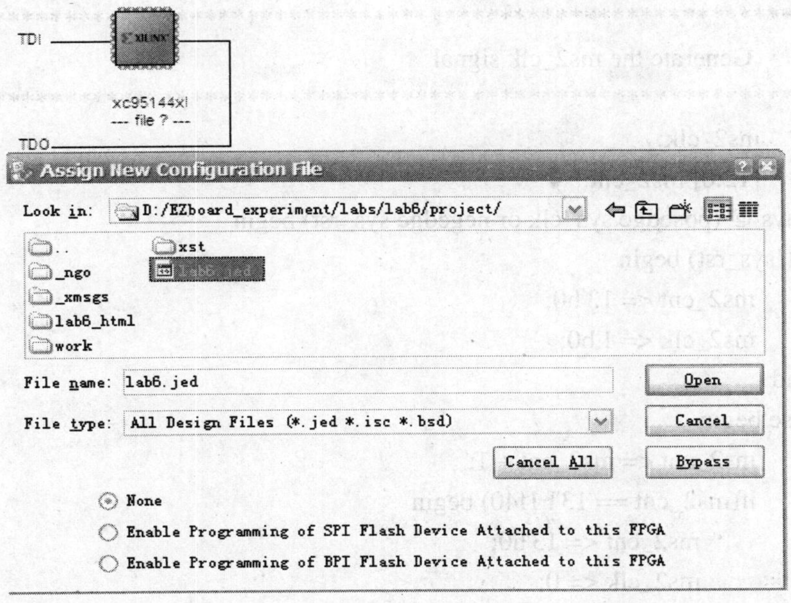

图 T6.17　选择下载 jed 文件

④ 选择完对应的下载 jed 文件后，在 xc95144xl 芯片上右键选择“Program…”。在随后出现的“Progamming Properties”对话框里，点击“OK”按钮。

⑤ 等下载完 jed 文件到 EZBoard 板卡上后，在开发板上验证此逻辑程序的正确性。通过按钮观察数码管上的蛇形移动，以此来验证逻辑设计的正确性。

lab6.v 参考程序代码如下：

```
module lab6(
        sys_clk,
        sys_rst,
        pb4,
        led_out,
        led_sel);

input   sys_clk;
input   sys_rst;
input   pb4;

output  [7:0] led_out;
output  [3:0] led_sel;

reg     [7:0] led_out;
reg     [3:0] led_sel;
reg     [27:0] q;
```

```
//*************************************************************
//        Generate the ms2_clk signal
//*************************************************************
reg     ms2_clk;
reg     [12:0] ms2_cnt;
always @ (posedge sys_clk or negedge sys_rst) begin
   if(!sys_rst) begin
         ms2_cnt <= 13'h0;
         ms2_clk <= 1'b0;
   end
   else begin
         ms2_cnt <= ms2_cnt + 1;
         if(ms2_cnt == 13'h1f40) begin
               ms2_cnt <= 13'h0;
               ms2_clk <= 0;
         end
            else
                  ms2_clk <= 1;
   end
end
//*************************************************************
//        Generate the ms250_clk signal
//*************************************************************
reg    ms250_clk;
reg    [6:0] ms250_cnt;
always @ (posedge ms2_clk or negedge sys_rst) begin
   if(!sys_rst) begin
         ms250_cnt <= 7'h0;
         ms250_clk <= 1'b0;
   end
   else begin
         ms250_cnt <= ms250_cnt + 1;
         if(ms250_cnt == 7'h7d) begin
               ms250_cnt <= 7'h0;
               ms250_clk <= 0;
         end
            else
                  ms250_clk <= 1;
   end
```

```
end

reg start;
always @ (negedge sys_rst or posedge sys_clk)
begin
    if(!sys_rst)
        start <= 1'b0;
    else if(!pb4)
        start <= 1'b1;
    else
        start <= start;
end

reg   [1:0] counter1;
always @(posedge ms2_clk or negedge sys_rst) begin
  if (!sys_rst) begin
      led_sel[3:0] <= 4'b1110;
        led_out[7:0] <= 8'h80;
        counter1 <= 0;
  end
  else begin
      counter1 <= counter1 + 1;
      case(counter1)
          0 : begin   led_sel[3:0] <= 4'b1110;  led_out[6:0] <= q[6:0];    end
          1 : begin   led_sel[3:0] <= 4'b1101;  led_out[6:0] <= q[13:7];   end
          2 : begin   led_sel[3:0] <= 4'b1011;  led_out[6:0] <= q[20:14];  end
          3 : begin   led_sel[3:0] <= 4'b0111;  led_out[6:0] <= q[27:21];  end
    endcase
  end
end

reg [27:0] reg_data [31:0];
always @ (posedge sys_clk or negedge sys_rst) begin
  if(!sys_rst) begin
    reg_data[0]   <= 28'hfffff80;
    reg_data[1]   <= 28'hffff790;
    reg_data[2]   <= 28'hffff398;
    reg_data[3]   <= 28'hffff19c;
    reg_data[4]   <= 28'hff7f19e;
```

```
            reg_data[5]    <= 28'hff7b19f;
            reg_data[6]    <= 28'hff731bf;
            reg_data[7]    <= 28'hdf731ff;
            reg_data[8]    <= 28'hcf739ff;
            reg_data[9]    <= 28'hc773dff;
            reg_data[10]   <= 28'hc373fff;
            reg_data[11]   <= 28'hc1f3fff;
            reg_data[12]   <= 28'h81f7fff;
            reg_data[13]   <= 28'h01fffff;

            reg_data[14]   <= 28'h09effff;
            reg_data[15]   <= 28'h19cffff;
            reg_data[16]   <= 28'h398ffff;
            reg_data[17]   <= 28'h798feff;
            reg_data[18]   <= 28'h7b8fe7f;
            reg_data[19]   <= 28'h7f8ee7f;
            reg_data[20]   <= 28'hff8ee7b;
            reg_data[21]   <= 28'hff9ee73;
            reg_data[22]   <= 28'hffbee63;
            reg_data[23]   <= 28'hfffee43;
            reg_data[24]   <= 28'hfffef42;
            reg_data[25]   <= 28'hfffefc0;
            reg_data[26]   <= 28'hfffff80;
            reg_data[27]   <= 28'hfffff80;
            reg_data[28]   <= 28'hfffff80;
            reg_data[29]   <= 28'hfffff80;
            reg_data[30]   <= 28'hfffff80;
            reg_data[31]   <= 28'hfffff80;
        end
    end

    reg    [4:0] counter2;
    always @(posedge ms250_clk or negedge sys_rst) begin
        if (!sys_rst) begin
            q[27:0]    <= 28'hfffff80;
            counter2 <= 0;
        end
        else if(start) begin
                counter2 <= counter2 +1;
```

```
            q[27:0] <= reg_data[counter2];
        end
        else q <= q;
    end
    endmodule
```

lab6_tp.v 仿真参考程序代码如下：

```
    module lab6_tp;
        reg sys_clk;
        reg sys_rst;
        reg pb4;
        wire [3:0] led_sel;
        wire [7:0] led_out;
        parameter DELY=100;
        lab6 uut(sys_clk, sys_rst, pb4, led_out,led_sel);
        always #(DELY/2) sys_clk=~sys_clk;
        initial begin
            sys_clk = 0;
            sys_rst = 0;
            pb4=1;
            #DELY   sys_rst=1;
            #DELY   sys_rst=0;
            #DELY   sys_rst=1;
            #DELY   pb4=0;
            #DELY   pb4=1;
        end
      initial $monitor($time,,,"sys_clk=%b sys_rst=%b pb4=%b led_out=%b
                            led_sel=%b", sys_clk,sys_rst,pb4,led_out,led_sel);
endmodule
```

实验七　数字秒表一

1. 实验目的

◆ 掌握用硬件描述语言编写程序。
◆ 掌握 ISE 9.1i 综合工具的使用。
◆ 掌握 ModelSimSE 6.2b 仿真工具的使用。
◆ 掌握引脚分配方法。
◆ 掌握 JTAG 下载工具的使用。

2. 实验内容

本实验要求以 EZBoard 为开发板，完成逻辑设计后并下板测试。实现的功能为：以一只 pb 按键作为复位键，以另一只 pb 按键作为启动键。按复位键复位后，数码管全部清零。当按下启动键(下降沿触发)时，数码管开始累加，范围为 0～60:00，秒钟数字变化间隔为 1 s，数字到 60:00 时暂停。当再次按下此键(下降沿触发)时，数码管停止累加并保持当前显示状态。EZBoard 开发板上的晶振频率为 4 MHz，按键 pb(1)～pb(4)在按下时为低电平，数码管低电平驱动。

设计的端口连接如图 T7.1 所示，方框里的名称为设计模块中定义的名称(此名称是本实验参考程序中定义的名称)，方框外的名称为对应 EZBoard 开发板上的器件名称。

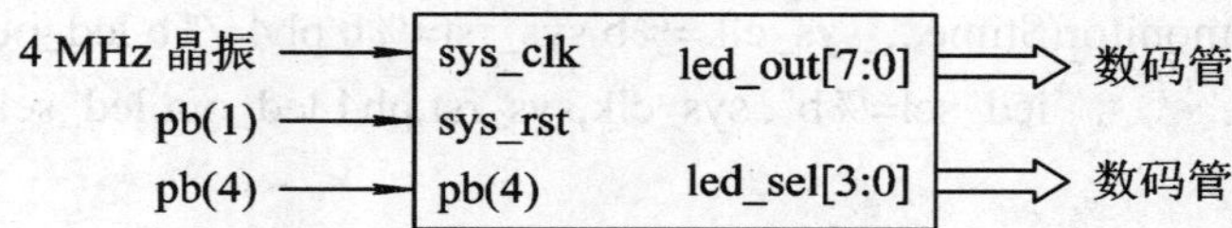

图 T7.1　数字秒表端口连接

要完成此实验，应按照下面的步骤一步一步进行。

(1) 使用 ISE 9.1i 新建工程项目。
(2) 使用 ISE 9.1i 文本编辑器进行电路逻辑设计。
(3) 使用 ISE 9.1i 综合工程项目。
(4) 使用 ISE 9.1i 文本编辑器编写测试文件。
(5) 使用 ModelSimSE 6.2b 工具进行仿真测试。
(6) 使用 ISE 9.1i 工具进行引脚分配、布线并生成下载的 jed 文件。
(7) 通过 JTAG 下载线将 PC 机与 EZBoard 板卡连接起来，使用 ISE 9.1i 的 iMPACT 工

具将 jed 文件下载至 EZBoard 板卡上。

(8) 通过按键，观察 EZBoard 板卡上的数字显示，以此来验证逻辑设计的正确性。

3. 实验步骤

(1) 建立 ISE 工程。

具体步骤如下：

① 打开 ISE 9.1i，选择“开始”→“程序”→“Xilinx ISE 9.1i”→“Project Navigator”(或者直接双击桌面图标启动 ISE) 。

② 新建一个工程项目，选择菜单命令“File”→“New Project”(如果打开 ISE 后，上面已经有存在的工程项目，请选择“File”→“Close Project”)。

③ 在弹出的“Greate New Project”对话框中，通过“...”按钮选择工程项目的存放路径(本实验以存放在 D 盘 EZboard_experiment \labs\lab7\文件夹下为例，路径可任意更改，但请确保所有路径都为英文名称)。在“Project Name”编辑框中输入工程名称(这里以输入 project 为例)，如图 T7.2 所示，然后点击“Next”按钮。

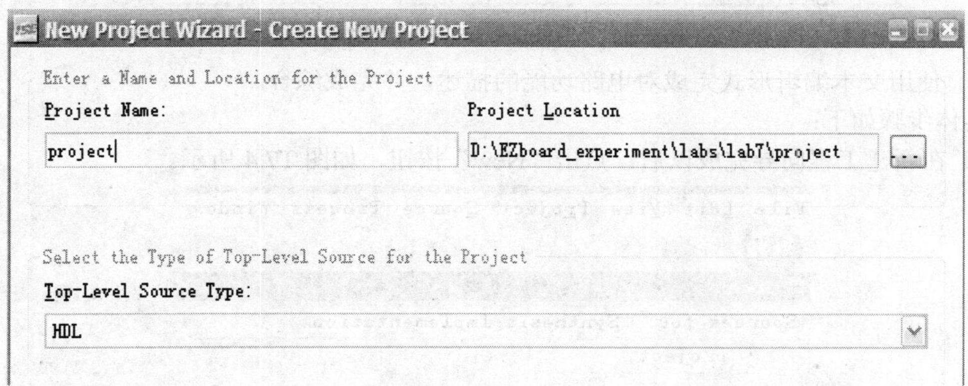

图 T7.2 新建工程向导

④ 在弹出的“Device Properties”对话框中选择 FPGA 的型号、仿真工具和硬件描述语言类型。

- Family: XC9500XL CPLDs。
- Device: XC95144XL。
- Package: TQ100。
- Speed: –10。
- Synthesis Tool: XST (VHDL/Verilog)。
- Simulator: Modelsim-SE Verilog。
- Preferred Language: Verilog(如果是 VHDL 语言用户，请选择 VHDL)。

⑤ 点击“Next”按钮，弹出“Create New Source”对话框。

⑥ 点击“Next”按钮，弹出“Add Existing Sources”对话框。

⑦ 点击“Next”按钮，在弹出的“Project Summary”对话框中点击“Finish”按钮，完成工程项目的建立，如图 T7.3 所示。

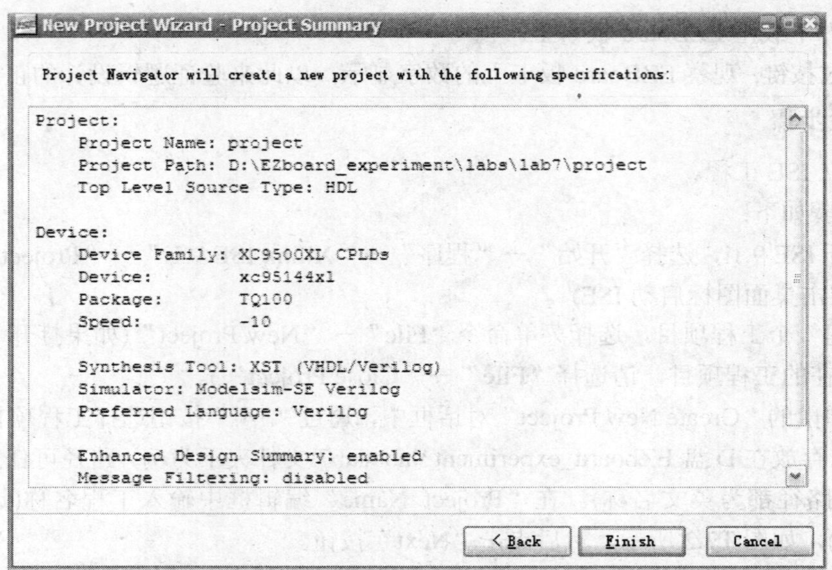

图 T7.3　“Project Summary”对话框

(2) 使用文本编辑形式完成对电路功能的描述，并完成综合。

具体步骤如下：

① 在新建工程向导完成以后，点击“New”按钮，如图 T7.4 所示。

图 T7.4　点击“New”按钮

② 在出现的“New”对话框里选择“Text File”，点击“OK”按钮，如图 T7.5 所示。

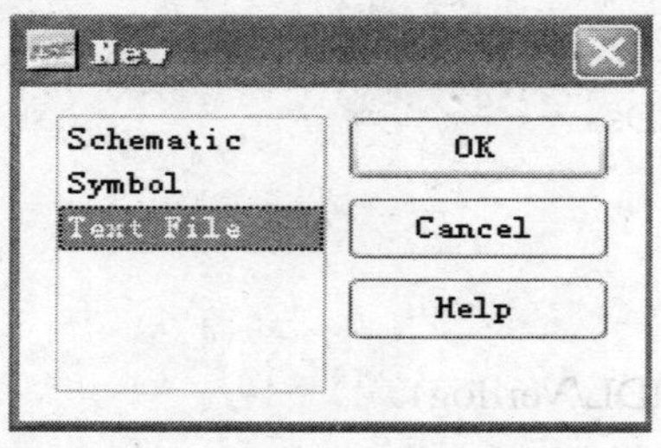

图 T7.5　选择“Text File”

③ 此时在新建的文本对话框中，按照本实验的功能说明，用 Verilog HDL 或 VHDL 语言完成此实验功能的逻辑编程。

④ 待程序设计完成后，选择菜单“File”→“Save As”保存文件，在“文件名”里填写要保存文件的名字(这里以 lab7.v 为例)，然后点击“保存”按钮，如图 T7.6 所示。

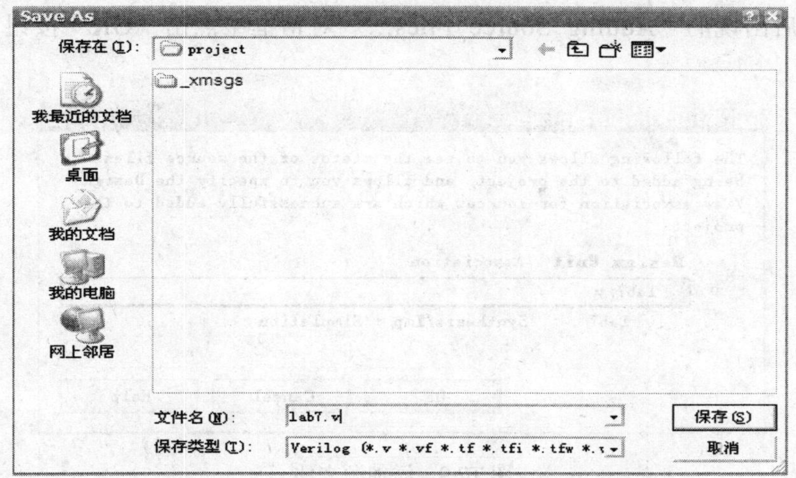

图 T7.6 保存文件

⑤ 在工程项目的“Sources”窗口中右击“xc95144xl-10TQ100”，选择“Add Source…”，如图 T7.7 所示。

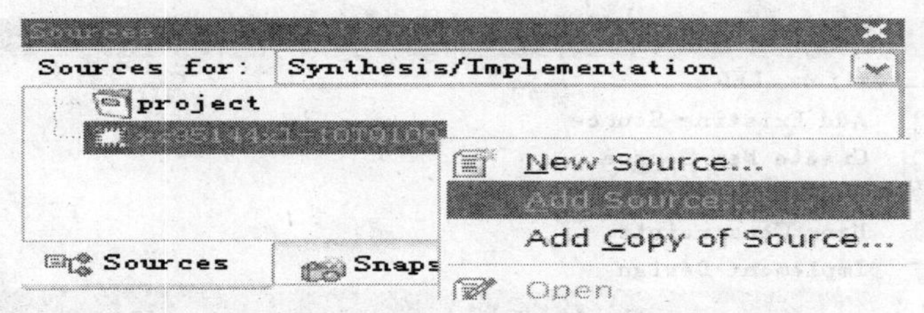

图 T7.7 加入源代码

⑥ 通过上一步骤会出现“Add Existing Sources”对话框，在此对话框中选择 lab7.v 文件，点击“打开”按钮，如图 T7.8 所示。

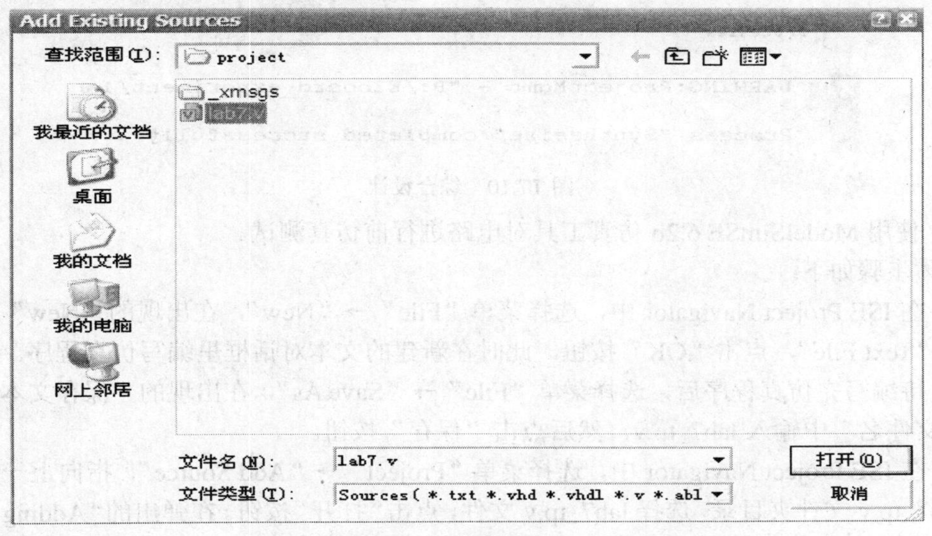

图 T7.8 选择源代码

⑦ 在随后出现的“Adding Source Files…”对话框中点击“OK”按钮，如图 T7.9 所示。

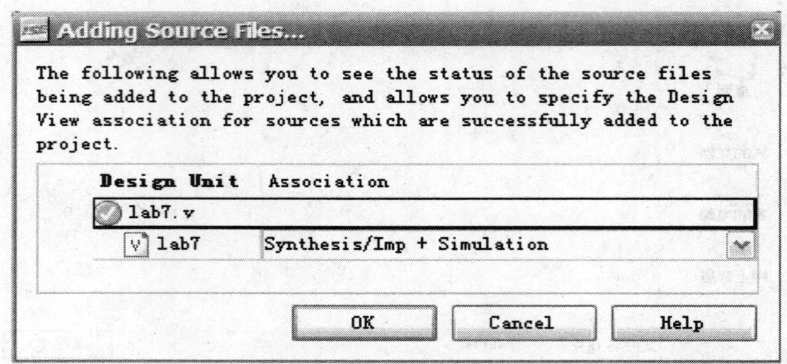

图 T7.9　添加源文件

⑧ 在工程项目的“Sources”窗口中，单击“led7.v”，在工程的资源操作窗口(Processes)中展开“Implement Design”，双击“Synthesize-XST”，进行综合，综合完成后如图 T7.10 所示。

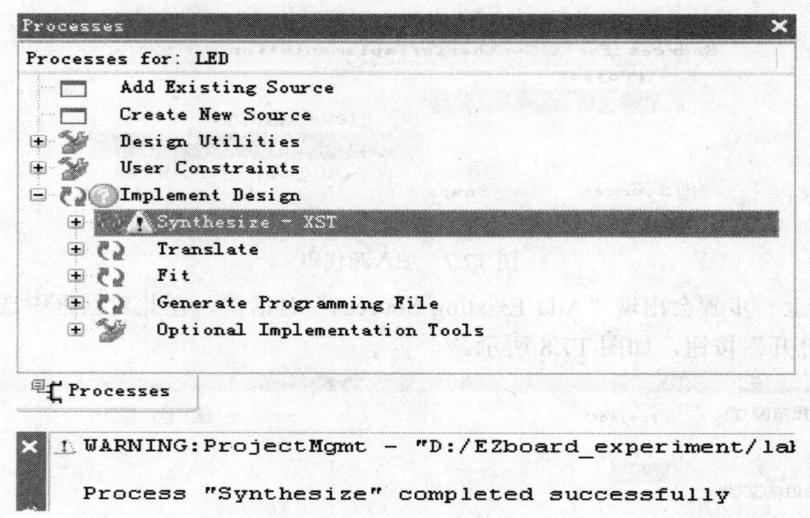

图 T7.10　综合设计

(3) 使用 ModelSimSE 6.2b 仿真工具对电路进行前仿真测试。

具体步骤如下：

① 在 ISE Project Navigator 中，选择菜单“File”→“New”，在出现的“New”对话框中选择“Text File”，点击“OK”按钮，此时在新建的文本对话框里编写仿真程序。

② 待编写完仿真程序后，选择菜单“File”→“Save As”，在出现的“保存文本”对话框的“文件名”中输入 lab7_tp.v，然后点击“保存”按钮。

③ 在 ISE Project Navigator 中，选择菜单“Project”→“Add Source”，指向上一步骤保存的 lab7_tp.v 文件夹目录，选择 lab7_tp.v 文件，点击“打开”按钮。在弹出的“Adding Source Files…”对话框里，点击“OK”按钮，如图 T7.11 所示。

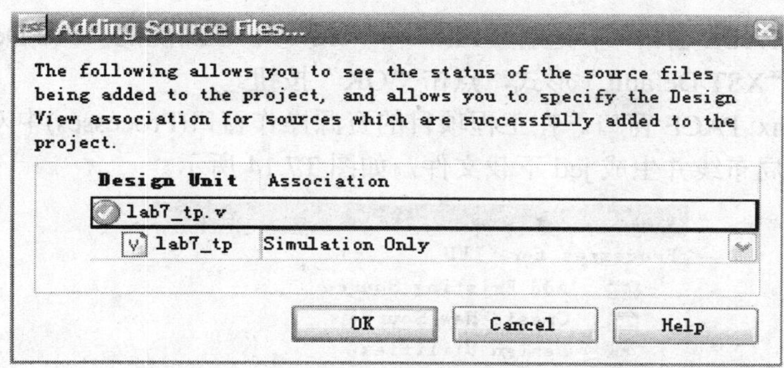

图 T7.11　添加仿真文件

④ 在工程项目的“Sources”窗口中，确保“Sources for”的选项为“Behavioral Simulation”。

⑤ 在工程项目的“Sources”窗口中，选中工程的顶层文件 lab7_tp.v(注意这很关键，不然仿真的波形出不来)，然后展开工程的资源操作窗口(Processes)中的“ModelSim Simulator”选项，双击“Simulate Behavioral Model”，进入“ModelSimSE 6.2b”仿真环境。

⑥ 按照相关步骤，最后仿真出来的参考波形如图 T7.12 所示。

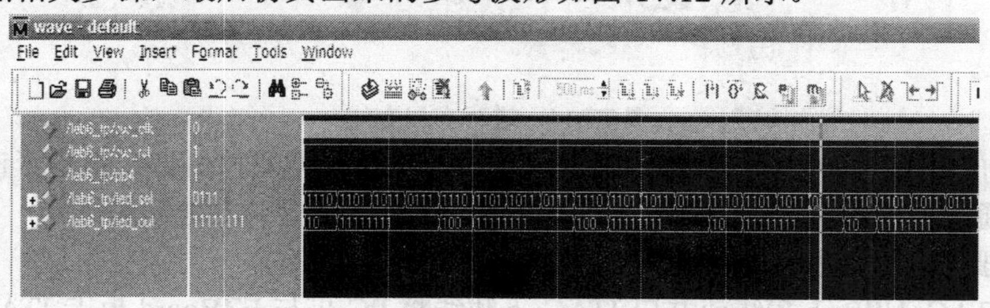

图 T7.12　时序波形

(4) 分配引脚，并完成布线，生成下载的二进制文件。

具体步骤如下：

① 在工程项目的“Sources”窗口中，确保“Sources for”选择了“Synthesis/Implementation”选项。此时单击工程的顶层文件 lab7.v，在工程项目的资源操作窗口(Processes)中，展开“User Constraints”，并双击“Assign Package Pins”。在随后出现的“Project Navigator”对话框里，点击“Yes”按钮。

② 在 Xilinx PACE 中浏览“Design Object List-I/O Pins”窗口，在 Loc 中输入对应的引脚。图 T7.13 为配置好的此实验的引脚图表。

Design Object List - I/O Pins

I/O Name	I/O Direction	Loc	Function Block	Macr
sys_clk	Input	P22	1	9
sys_rst	Input	P99	2	9
pb4	Input	P4	2	11
led_out<7>	Output	P77	4	7
led_out<6>	Output	P74	4	11
led_out<5>	Output	P79	4	18
led_out<4>	Output	P85	4	13
led_out<3>	Output	P81	4	10
led_out<2>	Output	P76	4	6
led_out<1>	Output	P72	4	4
led_out<0>	Output	P82	4	12
led_sel<3>	Output	P86	4	16
led_sel<2>	Output	P71	4	3
led_sel<1>	Output	P78	4	14
led_sel<0>	Output	P87	2	1

图 T7.13　参考“lab7_ucf.txt”文件配置引脚

③ 在 Xilinx PACE 窗口中，选择“File”→“Save”。在出现的“Bus Delimiter”对话框中，选择默认的“XST Default”形式，点击“OK”按钮。

④ 关闭 Xilinx PACE 窗口。在工程项目的资源操作窗口(Processes)中双击“Implement Design”，进行布局布线并生成 jed 下载文件，如图 T7.14 所示。

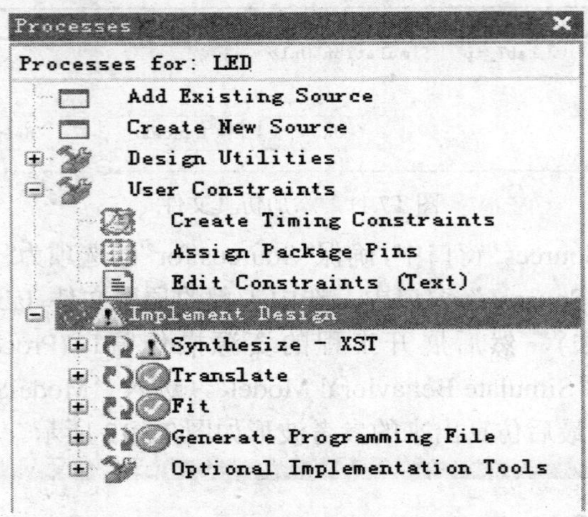

图 T7.14　进行布局布线

注意：布局布线完成后，如有错误出现，请查看芯片类型和引脚配置是否正确。

(5) 接通板卡电源和 JATG 下载线，并下载 jed 程序到板卡上进行测试。

具体步骤如下：

① 用 JTAG-USB 下载线或并口 JTAG 下载线将 PC 机与 EZBoard 板卡 JTAG 接口连接起来。

② 展开“Generate Programming File”，双击“Configure Device (iMPACT)”，如图 T7.15 所示。在出现“iMPACT-Welcome to iMPACT”对话框后，单击“Finish”按钮。

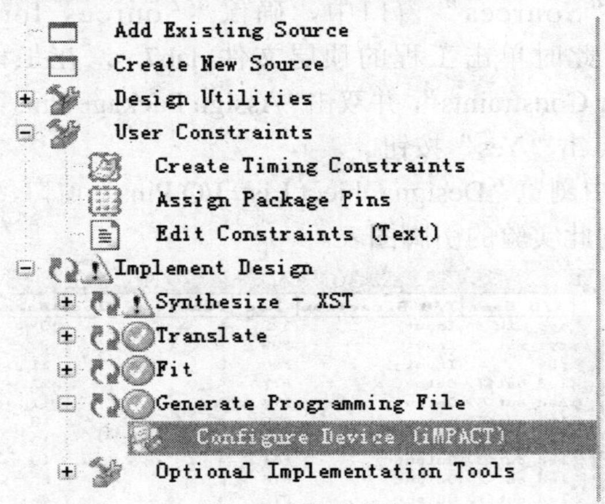

图 T7.15　启动 iMPACT

③ 在为 xc95144xl 芯片选择对应的下载程序时，选择 lab7.jed，点击“Open”按钮，如图 T7.16 所示。

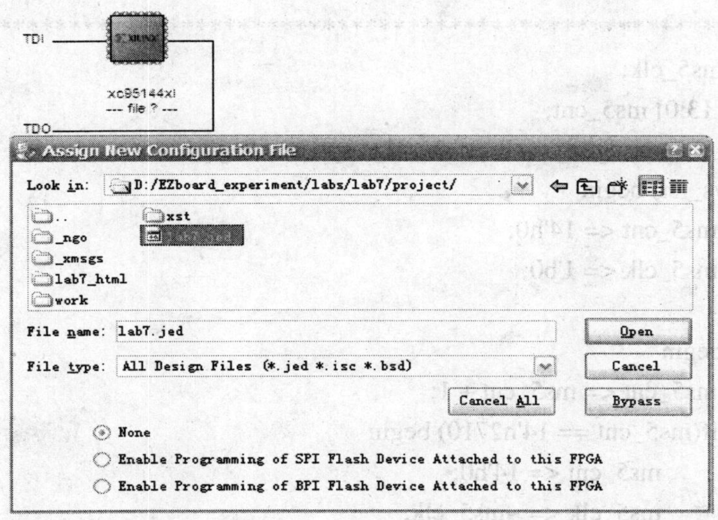

图 T7.16　选择下载 jed 文件

④ 选择完对应的下载 jed 文件后，在 xc95144xl 芯片上右键选择“Program…”。在随后出现的“Progamming Properties”对话框里，点击“OK”按钮。

⑤ 等下载完 jed 文件到 EZBoard 板卡上后，在开发板上验证此逻辑程序的正确性。通过按钮观察 EZBoard 板卡上的数字显示，以此来验证逻辑设计的正确性。

lab7.v 参考程序代码如下：

```
module lab7(
        sys_clk,
        sys_rst,
        button,
        DLA,
        DL
);

input   sys_clk;
input   sys_rst;
input   button;

output [3:0] DLA;
output [7:0] DL;

reg [3:0] DLA;
reg [7:0] DL;
//***************************************************************
//      Generate the ms5_clk signal
```

```
//**********************************************************
reg     ms5_clk;
reg     [13:0] ms5_cnt;
always @ (posedge sys_clk or negedge sys_rst) begin
   if(!sys_rst) begin
         ms5_cnt <= 14'h0;
         ms5_clk <= 1'b0;
   end
   else begin
         ms5_cnt <= ms5_cnt + 1;
         if(ms5_cnt == 14'h2710) begin
               ms5_cnt <= 14'h0;
               ms5_clk <= ~ms5_clk;
         end
            else
                 ms5_clk <= ms5_clk;
   end
end
//**********************************************************
//          Generate the ms10_clk signal
//**********************************************************
reg    ms10_clk;
always @ (posedge ms5_clk or negedge sys_rst) begin
   if(!sys_rst)
         ms10_clk <= 1'b0;
   else
         ms10_clk <= ~ms10_clk;
end
//**********************************************************
reg         laststate;
reg         delay_laststate;
reg         counter1=1;
wire        s_button;

assign    s_button = laststate & (~delay_laststate);

always @ (posedge sys_clk or negedge sys_rst) begin
   if(!sys_rst)
         laststate <= 1;
```

```
    else if(ms5_clk == 1) begin
        if(button == 0)
            laststate <= 0;
        else
            laststate <= 1;
    end
end

always @ (posedge sys_clk or negedge sys_rst) begin
    if(!sys_rst)
        delay_laststate <= 1;
    else
        delay_laststate <= laststate;
end

always @ (posedge s_button or negedge sys_rst) begin
    if(!sys_rst)
        counter1 <= 0;
    else
        counter1 <= counter1 + 1;
end
//**************************************************************
reg [2:0] q_cnt;
reg [3:0] g_cnt;
always @ (posedge ms10_clk or negedge sys_rst) begin
    if(!sys_rst)
        g_cnt <= 4'h0;
    else if(counter1) begin
        if(g_cnt==4'h9||q_cnt==3'h6)
            g_cnt <= 4'h0;
        else
            g_cnt <= g_cnt+1'b1;
        end
    else
        g_cnt <= g_cnt;
end

reg s_clk;
reg [3:0] s_cnt;
```

```
always @ (posedge ms10_clk or negedge sys_rst) begin
   if(!sys_rst) begin
         s_clk <= 1'b0;
         s_cnt <= 4'h0;
           end
   else if(g_cnt==4'h9) begin
         if(s_cnt==4'h9||q_cnt==3'h6) begin
              s_clk <= 1'b1;
              s_cnt <= 4'h0;
              end
         else begin
              s_clk <= 1'b0;
              s_cnt <= s_cnt + 1'b1;
              end
         end
   else begin
         s_clk <= s_clk;
         s_cnt <= s_cnt;
         end
end

reg b_clk;
reg [3:0] b_cnt;
always @ (posedge s_clk or negedge sys_rst) begin
   if(!sys_rst) begin
         b_clk <= 1'b0;
         b_cnt <= 4'h0;
           end
   else begin
         if(b_cnt==4'h9||q_cnt==3'h6) begin
              b_clk <= 1'b1;
              b_cnt <= 4'h0;
              end
         else begin
              b_clk <= 1'b0;
              b_cnt <= b_cnt + 1'b1;
              end
   end
end
```

```
always @ (posedge b_clk or negedge sys_rst) begin
    if(!sys_rst)
        q_cnt <= 3'h0;
    else begin
        if(q_cnt==3'h6)
            q_cnt <= 3'h0;
        else
            q_cnt <= q_cnt + 1'b1;
        end
end
//*************************************************************
reg [6:0] reg_data [9:0];
always @ (negedge sys_rst or posedge sys_clk)
begin
    if(!sys_rst)
        begin
            reg_data[0] <= 7'h40;
            reg_data[1] <= 7'h79;
            reg_data[2] <= 7'h24;
            reg_data[3] <= 7'h30;
            reg_data[4] <= 7'h19;
            reg_data[5] <= 7'h12;
            reg_data[6] <= 7'h02;
            reg_data[7] <= 7'h78;
            reg_data[8] <= 7'h00;
            reg_data[9] <= 7'h10;
        end
end

reg [1:0] counter2;
always @(posedge ms5_clk or negedge sys_rst) begin
  if (!sys_rst) begin
        DLA[3:0] <= 4'b0111;
          DL[7:0] <= 8'hc0;
          counter2 <= 0;
  end
  else begin
        counter2 <= counter2 + 1;
```

```
        case(counter2)
            0 : begin   DLA[3:0] <= 4'b1110;   DL[6:0] <= reg_data[q_cnt]; DL[7] <=
                1; end
            1 : begin   DLA[3:0] <= 4'b1101;   DL[6:0] <= reg_data[b_cnt]; DL[7] <=
                0; end
            2 : begin   DLA[3:0] <= 4'b1011;   DL[6:0] <= reg_data[s_cnt]; DL[7] <=
                1; end
            3 : begin   DLA[3:0] <= 4'b0111;   DL[6:0] <= reg_data[g_cnt]; DL[7] <=
                1; end
        endcase
    end
  end
  endmodule
```

lab7_tp.v 仿真参考程序代码如下：

```
module lab7_tp;
 reg sys_clk;
 reg sys_rst;
 reg button;
    wire [3:0] DLA;
    wire [7:0] DL;

    parameter DELY=100;
 lab7 uut(sys_clk, sys_rst, button, DLA, DL);
 always #(DELY/2) sys_clk=~sys_clk;
 initial begin
       sys_clk = 0;
       sys_rst = 1;
       button=1;
       #DELY   sys_rst=1;
           #DELY   sys_rst=0;
       #DELY   sys_rst=1;
       #(DELY*10000);
       #DELY   button=0;
       #DELY   button=1;
 end
    initial $monitor($time,,,"sys_clk=%b sys_rst=%b button=%b DLA=%b DL=%b",
                    sys_clk,sys_rst,button,DLA,DL);
endmodule
```

实验八　数字秒表二

1. 实验目的

◆ 掌握用硬件描述语言编写程序。
◆ 掌握 ISE9.1i 综合工具的使用。
◆ 掌握 Modelsim SE 6.2b 仿真工具的使用。
◆ 掌握管脚分配方法。
◆ 掌握 JTAG 下载工具的使用。

2. 实验内容

本实验要求以 EZBoard 为开发板，完成逻辑设计后并下板测试。实现的功能为：以一只 Pb 按键作为复位键；以另外两只 Pb 按键作为复用校时按键，其中一只按键用于数码管位选择，另一只用于改变数字，0～9 循环；第四个 pb 按键作为启动定时键，当按下此键时，数码管从设定的数字开始倒计时(范围为 99～0)，直至为 0 时蜂鸣器响起，数字变化间隔为 1 s。EZBoard 开发板上的晶振频率为 4 MHz，按键 pb(1)～pb(4)在按下时为低电平，数码管低电平驱动。

设计的端口连接如图 T8.1 所示，方框里的名称为设计模块中定义的名称(此名称是本实验参考程序中定义的名称)，方框外的名称为对应 EZBoard 开发板上的器件名称。

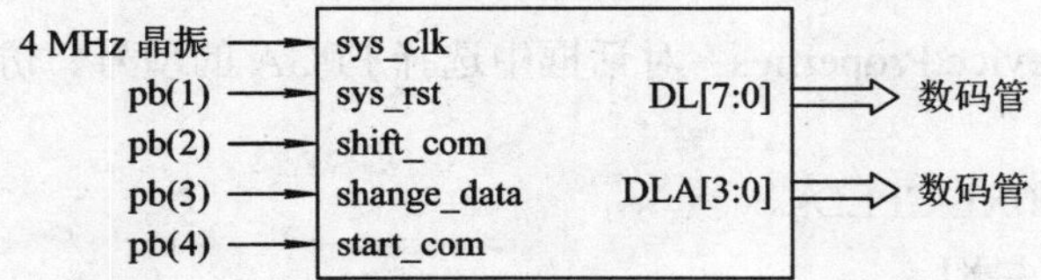

图 T8.1　数字秒表端口连接

要完成此实验，应按照下面的步骤。一步一步完进行。

(1) 使用 ISE9.1i 新建工程项目。
(2) 使用 ISE9.1i 文本编辑器进行电路逻辑设计。
(3) 使用 ISE9.1i 综合工程项目。
(4) 使用 ISE9.1i 文本编辑器编写测试文件。
(5) 使用 Modelsim SE 6.2b 工具进行仿真测试；
(6) 使用 ISE9.1i 工具进行管脚分配、布线并生成下载的 jed 文件。
(7) 通过 JTAG 下载线将 PC 机与 EZBoard 板卡连接起来,使用 ISE9.1i 的 iMPACT 工具

将 jed 文件下载至 EZBoard 板卡上。

(8) 通过按键，验证 EZBoard 板卡上数码管的数字显示情况，数字减到 0 时，蜂鸣器是否能响，以此来验证逻辑设计的正确性。

3. 实验步骤

(1) 建立 ISE 工程。

具体步骤如下：

① 打开 ISE9.1i，选择“开始”→“程序”→“Xilinx ISE 9.1i”→“Project Navigator”(或者直接双击桌面图标启动 ISE)。

② 新建一个工程项目，选择菜单命令“File”→“New Project”(如果打开 ISE 后，上面已经有存在的工程项目，请选择“File”→“Close Project”)。

③ 在弹出的“Create New Project”对话框中，通过“...”按钮选择工程项目存放路径(本实验以存放在 D 盘 EZboard_experiment \labs\lab8\文件夹下为例，路径可任意更改，但请确保所有路径都为英文名称)。在“Project Name”编辑框中输入工程名称(这里以输入 project 为例)，如图 T8.2 所示然后点击“Next”按钮。

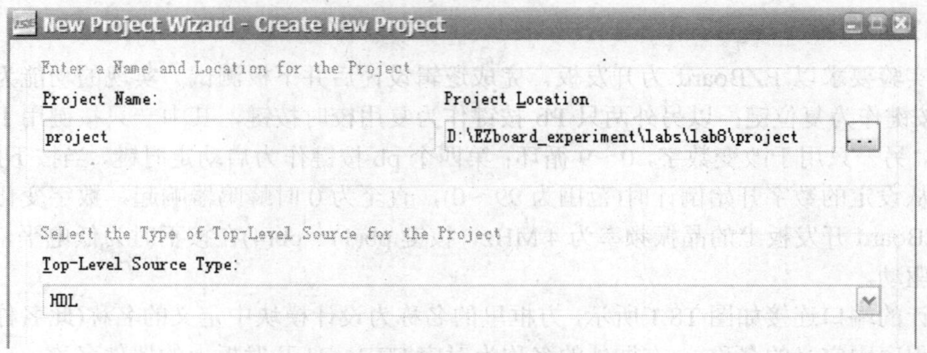

图 T8.2　新建工程向导

④ 在弹出的“Device Properties”对话框中选择 FPGA 的型号、仿真工具和硬件描述语言类型。

- Family: XC9500XL CPLDs。
- Device: XC95144XL。
- Package: TQ100。
- Speed: –10。
- Synthesis Tool: XST (VHDL/Verilog)。
- Simulator: Modelsim-SEVerilog。
- Preferred Language: Verilog(如果是 VHDL 语言用户，请选择 VHDL)。

⑤ 点击“Next”按钮，弹出“Create New Source”对话框。

⑥ 点击“Next”按钮，弹出“Add Existing Sources”对话框。

⑦ 点击“Next”按钮，在弹出“Project Summary”对话框里，再点击“Finish”按钮，完成工程项目的建立，如图 T8.3 所示。

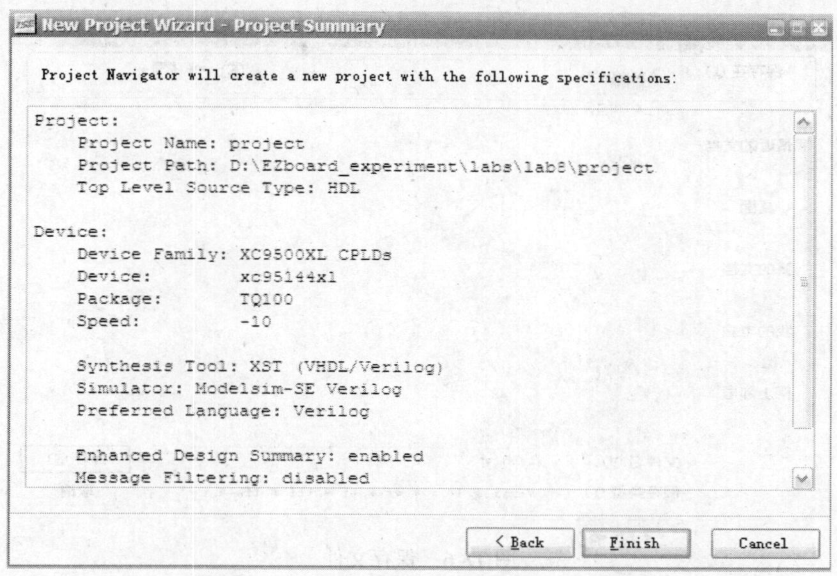

图 T8.3 “Project Summary”对话框

(2) 使用文本编辑形式完成对电路功能的描述，并完成综合。

具体步骤如下：

① 在新建工程向导完成以后，点击“New”按钮，如图 T8.4 所示。

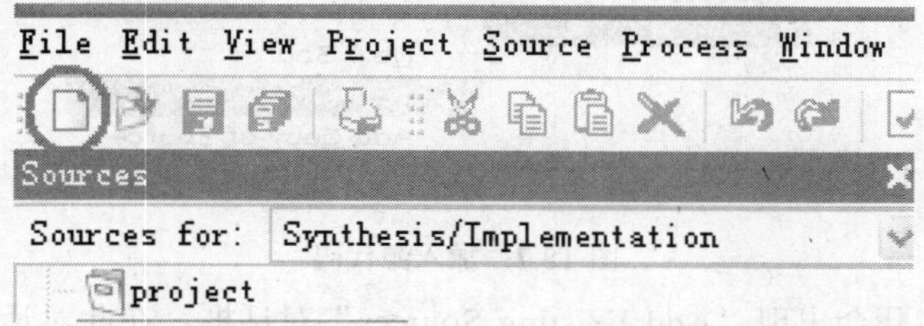

图 T8.4 点击“New”按钮

② 在出现的“New”对话框中选择“Text File”，点击“OK”按钮，如图 T8.5 所示。

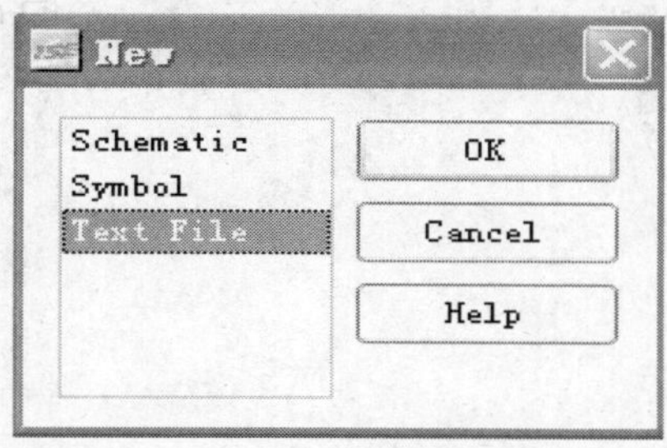

图 T8.5 选择“Text File”

③ 此时在新建的文本对话框中，按照本实验的功能说明，用 Verilog HDL 或 VHDL 语言完成此实验功能的逻辑编程。

④ 待程序设计完成后，选择菜单“File”→“Save As”保存文件，在“文件名”中填写要保存文件的名字(这里以 lab8.v 为例)，然后点击“保存”按钮，如图 T8.6 所示。

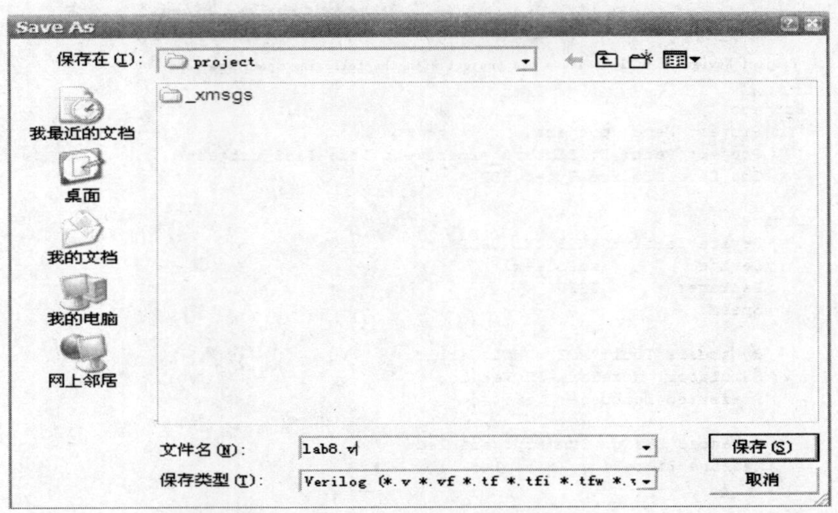

图 T8.6　保存文件

⑤ 在工程项目的"Sources"窗口中右击"xc95144xl-10TQ100"，选择"Add Source…"，如图 T8.7 所示。

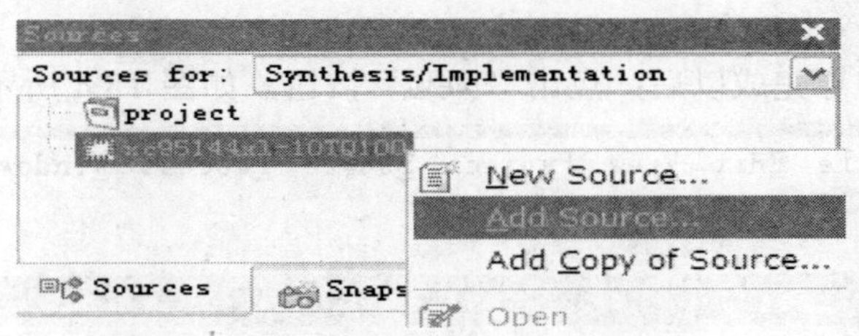

图 T8.7　加入源代码

⑥ 通过以上步骤会出现"Add Existing Sources"对话框，在此对话框中选择 lab8.v 文件，点击"打开"，如图 T8.8 所示。

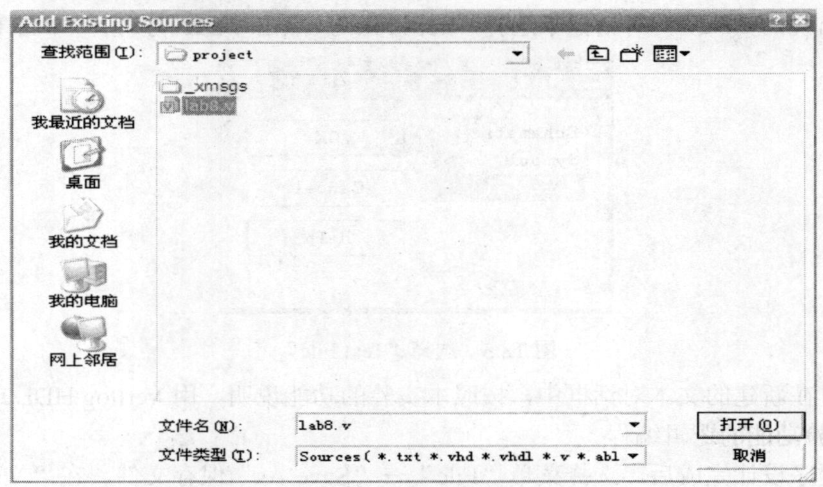

图 T8.8　选择源代码

⑦ 在随后出现的“Adding Sourca Files…”对话框中点击“OK”按钮，如图 T8.9 所示。

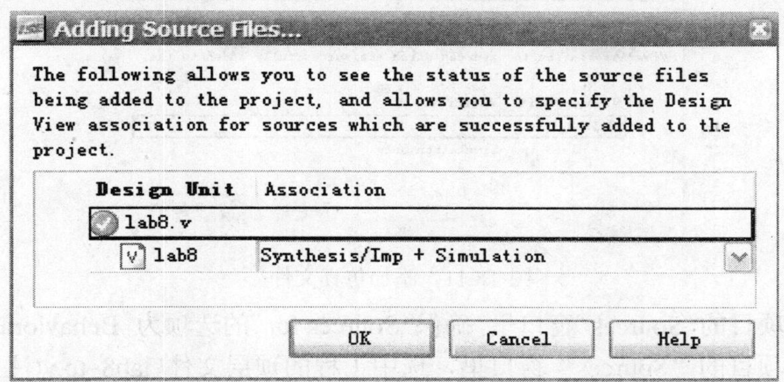

图 T8.9　添加源文件

⑧ 在工程项目的“Sources”窗口中，单击 lab8.v。在工程项目的资源操作窗口(Processes)中展开“Implement Design”，双击“Synthesize-XST”，进行综合，综合完成后如图 T8.10 所示。

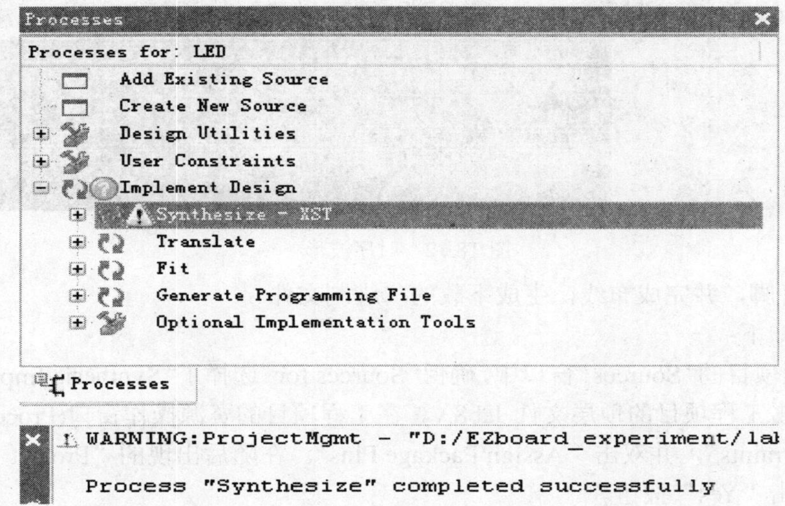

图 T8.10　综合设计

(3) 使用 ModelSimSE 6.2b 仿真工具对电路进行前仿真测试。

具体步骤如下：

① 在 ISE Project Navigator 里，选择菜单“File”→“New”，在出现的“New”对话框中选择“Text File”，点击“OK”按钮，此时在新建的文本对话框里编写仿真程序。

② 待编写完仿真程序后，选择菜单“File”→“Save As”，在出现的“保存文本”对话框的“文件名”中输入 lab8_tp.v，然后点击“保存”按钮。

③ 在 ISE Project Navigator 里，选择菜单“Project”→“Add Source”，指向上一步骤保存的 lab8_tp.v 文件夹目录，选择 lab8_tp.v 文件，点击“打开”。在弹出的“Adding Source Files…”对话框里，点击“OK”按钮，如图 T8.11 所示。

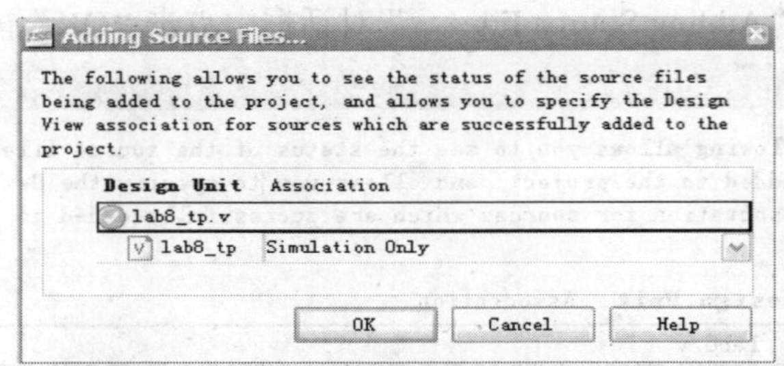

图 T8.11　添加仿真文件

④ 在工程项目的“Sources”窗口里，确保“Sources for”的选项为“Behavioral Simulation”。

⑤ 在工程项目的“Sources”窗口里，选中工程的顶层文件 lab8_tp.v(注意这很关键，不然仿真的波形出不来)，然后展开工程的资源操作窗口(Processes)中的“ModelSim Simulator”选项，双击“Simulate Behavioral Model”，进入“ModelSimSE 6.2b”仿真环境。

⑥ 按照相关步骤，最后仿真出来的参考波形如图 T8.12 所示。

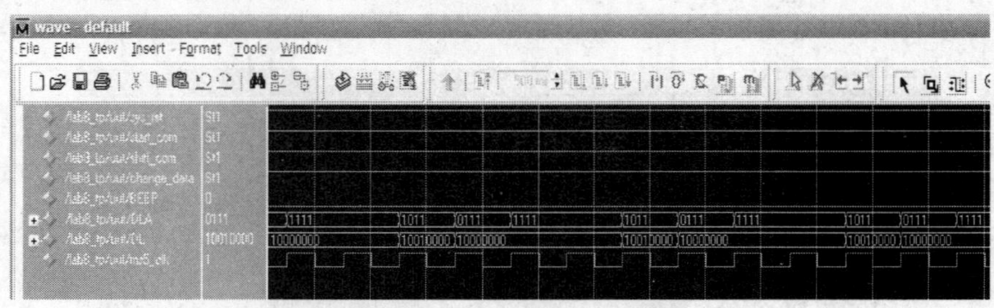

图 T8.12　时序波形

(4) 分配管脚，并完成布线，生成下载的二进制文件。

具体步骤如下：

① 在工程项目的“Sources”窗口中，确保“Sources for”选择了“Synthesis/Implementation”选项。此时单击工程项目的顶层文件 lab8.v。在工程项目的资源操作窗口(Processes)中，展开“User Constraints”，并双击“Assign Package Pins”。在随后出现的“Project Navigator”对话框里，点击“Yes”按钮。

② 在 Xilinx PACE 中浏览“Design Object List-I/O Pins”窗口，在 Loc 中输入对应的管脚。图 T8.13 为配置好的此实验的管脚图表。

Design Object List - I/O Pins

I/O Name	I/O Direction	Loc	Function Block	Mac
sys_clk	Input	P22	1	9
sys_rst	Input	P99	2	9
start_com	Input	P4	2	11
shift_com	Input	P1	2	10
change_data	Input	P3	2	7
BEEP	Output	P50	3	4
DLA<3>	Output	P86	4	16
DLA<2>	Output	P71	4	3
DLA<1>	Output	P78	4	14
DLA<0>	Output	P87	2	1
DL<7>	Output	P77	4	7
DL<6>	Output	P74	4	11
DL<5>	Output	P79	4	18
DL<4>	Output	P85	4	13
DL<3>	Output	P81	4	10
DL<2>	Output	P76	4	6
DL<1>	Output	P72	4	4
DL<0>	Output	P82	4	12

图 T8.13　参考“lab8_ucf.txt”文件配置管脚

③ 在 Xilinx PACE 窗口中，选择“File”→“Save”。在出现的“Bus Delimiter”对话框中，以默认的“XST Default”形式，点击“OK”按钮。

④ 关闭 Xilinx PACE 窗口。在工程项目的资源操作窗口(Processes)中双击“Implement Design”，进行布局布线并生成 jed 下载文件，如图 T8.14 所示。

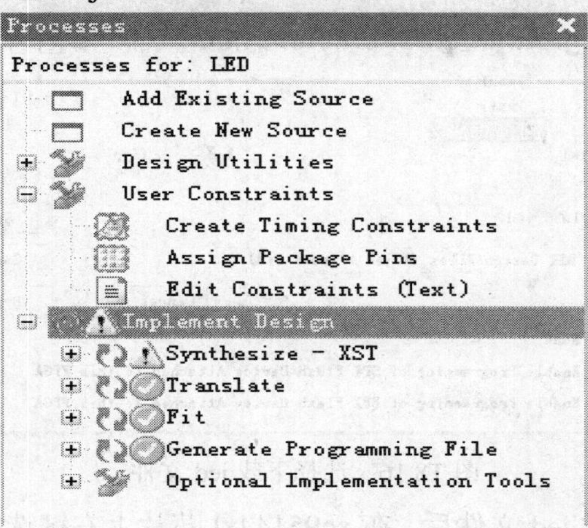

图 T8.14 进行布局布线

注意：布局布线完成后，如有错误出现，请查看芯片类型和管脚配置是否正确。

(5) 接通板卡电源和 JATG 下载线，并下载 jed 程序到板卡上进行测试。

具体步骤如下：

① 用 JTAG-USB 下载线或并口 JTAG 下载线将 PC 机与 EZBoard 板卡 JTAG 接口连接起来。

② 展开“Generate Programming File”，双击“Configure Device(iMPACT)”，如图 T8.15 所示。在出现“iMPACT-Welcome to iMPACT”对话框后，选“Finish”按钮。

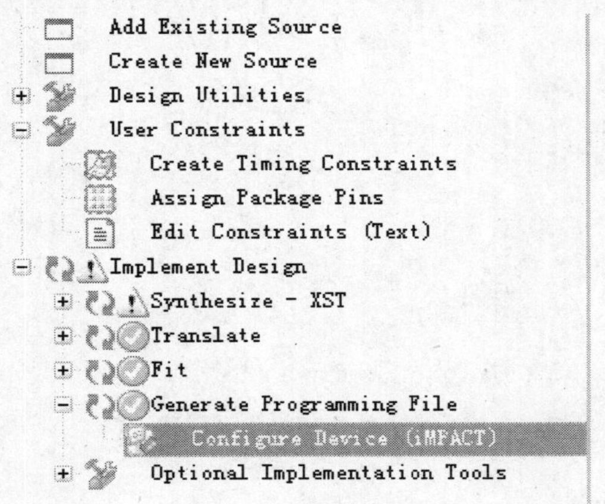

图 T8.15 启动 iMPACT

③ 在出现为 xc95144xl 芯片选择对应的下载程序时，选 lab8.jed，点击“Open”按钮。如图 T8.16 所示。

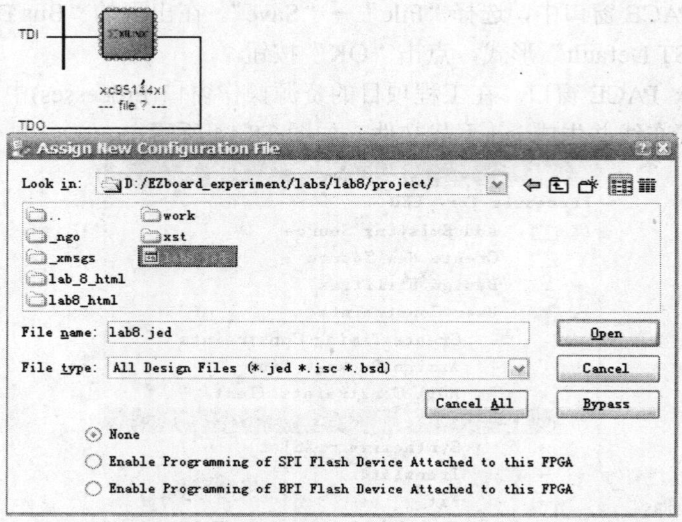

图 T8.16　选择下载 jed 文件

④ 选择完对应的下载 jed 文件后，在 xc95144xl 芯片上右键选择“Program…”。在随后出现的“Progamming Properties”对话框里，点击“OK”按键。

⑤ 等下载完 jed 文件到 EZBoard 板卡上后，在开发板上验证此逻辑程序的正确性。

通过按键，验证 EZBoard 板卡上数码管的数字显示情况，数字减到 0 时，蜂鸣器是否能响，以此来验证逻辑设计的正确性。

lab8.v 参考程序代码如下：

```
module lab8(
        sys_clk,
        sys_rst,
        start_com,
        shift_com,
        change_data,
        BEEP,
        DLA,
        DL
);

input   sys_clk;
input   sys_rst;
input   start_com;
input   shift_com;
input   change_data;

output BEEP;
```

```
output [3:0] DLA;
output [7:0] DL;

reg BEEP;
reg [3:0] DLA;
reg [7:0] DL;

//*****************************************************************
//      Generate the ms5_clk signal
//*****************************************************************
reg     ms5_clk;
reg     [13:0] ms5_cnt;
always @ (posedge sys_clk or negedge sys_rst) begin
   if(!sys_rst) begin
         ms5_cnt <= 14'h0;
         ms5_clk <= 1'b0;
   end
   else begin
         ms5_cnt <= ms5_cnt + 1;
         if(ms5_cnt == 14'h2710) begin
               ms5_cnt <= 14'h0;
               ms5_clk <= ~ms5_clk;
         end
      else
            ms5_clk <= ms5_clk;
   end
end
//*****************************************************************
//      Generate the s1_clk signal
//*****************************************************************
reg     s1_clk;
reg     [6:0] s1_cnt;
always @ (posedge ms5_clk or negedge sys_rst) begin
   if(!sys_rst) begin
         s1_cnt <= 7'h0;
         s1_clk <= 1'b0;
   end
   else begin
         s1_cnt <= s1_cnt + 1;
```

```
            if(s1_cnt == 7'h64) begin
                s1_cnt <= 7'h0;
                s1_clk <= ~s1_clk;
            end
        else
            s1_clk <= s1_clk;
    end
end
//****************************************************************
reg     counter;
reg     laststate1;
reg     delay_laststate1;

wire    s_shift_com;

assign  s_shift_com = laststate1 & (~delay_laststate1);
always @ (posedge sys_clk or negedge sys_rst) begin
    if(!sys_rst)
        laststate1 <= 0;
    else if(ms5_clk == 1) begin
        if(shift_com == 1)
            laststate1 <= 1 ;
        else
            laststate1 <= 0;
        end
end

always @ (posedge sys_clk or negedge sys_rst) begin
    if(!sys_rst)
        delay_laststate1 <= 0;
    else
        delay_laststate1 <= laststate1;
end

always @ (posedge s_shift_com or negedge sys_rst) begin
    if(!sys_rst)
        counter <= 0;
    else
        counter <= counter + 1;
```

```
end
//************************************************************
reg       [3:0] counter1;
reg       laststate;
reg       delay_laststate;

wire      s_change_data;

assign   s_change_data = laststate & (~delay_laststate);
always @ (posedge sys_clk or negedge sys_rst) begin
   if(!sys_rst)
         laststate <= 0;
   else if(ms5_clk == 1) begin
      if(change_data == 1)
            laststate <= 1 ;
      else
            laststate <= 0;
      end
end

always @ (posedge sys_clk or negedge sys_rst) begin
   if(!sys_rst)
         delay_laststate <= 0;
   else
         delay_laststate <= laststate;
end

always @ (posedge s_change_data or negedge sys_rst) begin
   if(!sys_rst)
         counter1 <= 8;
   else begin
         if(counter1==9)
            counter1 <= 0;
      else
               counter1 <= counter1 + 1;
   end
end
//************************************************************
reg start;
```

```
always @ (posedge sys_clk or negedge sys_rst) begin
   if(!sys_rst)
         start <= 1'b0;
   else if(!start_com)
         start <= 1'b1;
   else
         start <= start;
end
//*****************************************************************
reg [3:0] g_cnt;
reg [3:0] s_cnt;
always @ (posedge s1_clk or negedge sys_rst ) begin
   if(!sys_rst)
         g_cnt <= 4'h9;
   else if(start) begin
         if(g_cnt==4'h0 && s_cnt)
               g_cnt <= 4'h9;
         else if(g_cnt)
              g_cnt <= g_cnt - 1'b1;
      else
               g_cnt <= 0;
      end
   else
         g_cnt <= ((~start)&counter) ? counter1 : g_cnt;
end

always @ (posedge s1_clk or negedge sys_rst) begin
   if(!sys_rst)
         s_cnt <= 4'h9;
   else if((g_cnt==4'h0) && start) begin
         if(s_cnt==4'h0)
               s_cnt <= 4'h0;
      else
               s_cnt <= s_cnt - 1'b1;
         end
   else
         s_cnt <= ((~start)&(~counter)) ? counter1 : s_cnt;
end
```

```
//***********************************************************
reg [6:0] reg_data [9:0];
always @ (negedge sys_rst or posedge sys_clk)
begin
    if(!sys_rst)
        begin
            reg_data[0] <= 7'h40;
            reg_data[1] <= 7'h79;
            reg_data[2] <= 7'h24;
            reg_data[3] <= 7'h30;
            reg_data[4] <= 7'h19;
            reg_data[5] <= 7'h12;
            reg_data[6] <= 7'h02;
            reg_data[7] <= 7'h78;
            reg_data[8] <= 7'h00;
            reg_data[9] <= 7'h10;
        end
end
//***********************************************************
reg [1:0] counter2;
always @(posedge ms5_clk or negedge sys_rst) begin
   if (!sys_rst) begin
        DLA[3:0] <= 4'b0111;
     DL[7:0] <= 8'h90;
     counter2 <= 0;
   end
   else begin
        counter2 <= counter2 + 1;
        case(counter2)
             0 : DLA[3:0] <= 4'b1111;
             1 : DLA[3:0] <= 4'b1111;
             2 : begin   DLA[3:0] <= 4'b1011;   DL[6:0] <= reg_data[s_cnt]; end
             3 : begin   DLA[3:0] <= 4'b0111;   DL[6:0] <= reg_data[g_cnt]; end
     endcase
   end
 end

 always @(posedge sys_clk or negedge sys_rst) begin
   if (!sys_rst)
```

```
            BEEP <= 0;
        else if(s_cnt==4'h0 && g_cnt==4'h0)
            BEEP <= ms5_cnt[10];
        else
            BEEP <= BEEP;
    end
    endmodule
```

lab8_tp.v 仿真参考程序代码如下：

```
    module lab8_tp;
    reg   sys_clk;
    reg   sys_rst;
        reg   start_com;
        reg   shift_com;
        reg   change_data;
        wire [3:0] DLA;
        wire [7:0] DL;
        wire BEEP;
        parameter DELY=100;
    lab8 uut(sys_clk, sys_rst, start_com, shift_com, change_data, DLA, DL,BEEP);
    always #(DELY/2) sys_clk=~sys_clk;
    initial begin
        sys_clk = 0;
        sys_rst = 1;
        change_data=1;
          shift_com=1;
          start_com=1;
        #(DELY*100000);
            #DELY   sys_rst=0;
        #DELY   sys_rst=1;
        #(DELY*10000);
        #DELY   change_data=0;
        #DELY   change_data=1;
        #(DELY*10000);
        #DELY   change_data=0;
        #DELY   change_data=1;
        #DELY   shift_com=0;
        #DELY   shift_com=1;
        #(DELY*10000);
        #DELY   change_data=0;
```

```
            #DELY   change_data=1;
            #(DELY*10000);
            #DELY   change_data=0;
            #DELY   change_data=1;
            #DELY   start_com=0;
            #DELY   start_com=1;
        end
          initial  $monitor($time,,,"sys_clk=%b  sys_rst=%b  start_com=%b  shift_com=%b
change_data=%b DLA=%b DL=%b BEEP=%b",
        sys_clk,sys_rst,start_com,shift_com,change_data,DLA,DL,BEEP);
        endmodule
```

附录 1　基于 BASYS 的实验指导
——LED 循环流水灯显示

1.　实验目的

◆ 初步掌握用 Verilog HDL 硬件描述语言编写程序。

◆ 初步掌握 ISE 9.1i 综合工具的使用。

◆ 初步掌握 ModelSimSE 6.2b 仿真工具的使用。

◆ 掌握引脚分配方法。

◆ 掌握 JTAG 下载工具的使用。

2. 实验内容

本实验要求以 BASYS 为开发板，完成逻辑设计，并下板测试(BASYS 板卡对应引脚如图 F1.1 所示)。实现的功能为：以一只 SW 拨动开关作为开始和复位开关，开始后，LED 发光二极管依次熄灭，循环显示，亮灭占空比 500 ms；复位后，LED 发光二极管恢复到初始状态。BASYS 开发板上有 100 MHz、50 MHz 和 25 MHz 的可选时钟，按键开关按下去时为高电平，LED 高电平点亮，数码管高电平驱动。

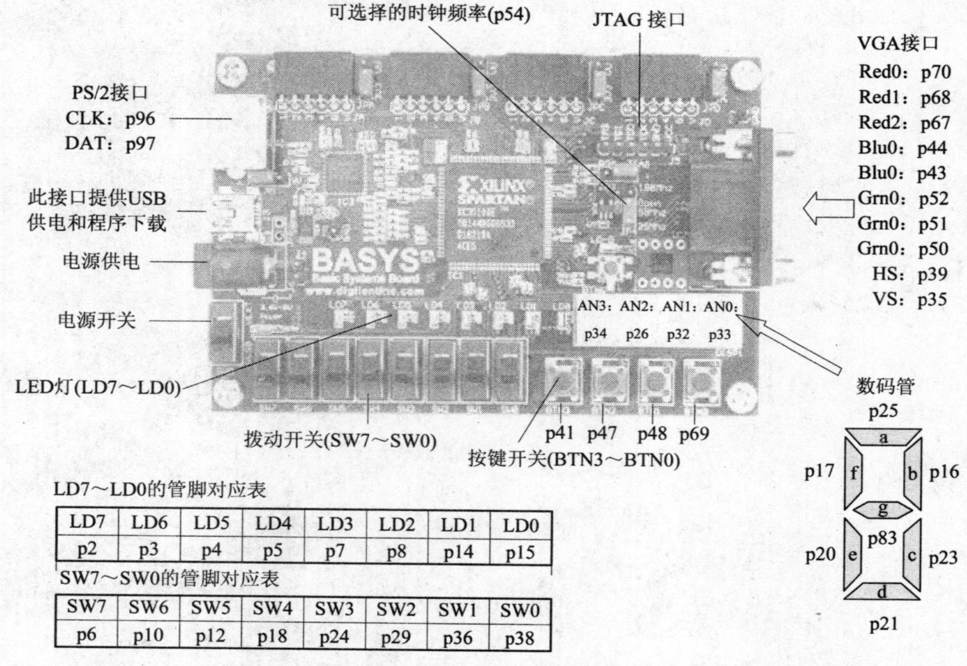

LD7	LD6	LD5	LD4	LD3	LD2	LD1	LD0
p2	p3	p4	p5	p7	p8	p14	p15

SW7	SW6	SW5	SW4	SW3	SW2	SW1	SW0
p6	p10	p12	p18	p24	p29	p36	p38

图 F1.1　BASYS 开发板上器件对应的引脚图

设计的端口连接如图 F1.2 所示，方框里的名称为设计模块中定义的名称(此名称是本实验参考程序中定义的名称)，方框外的名称为对应 BASYS 开发板上的器件名称。

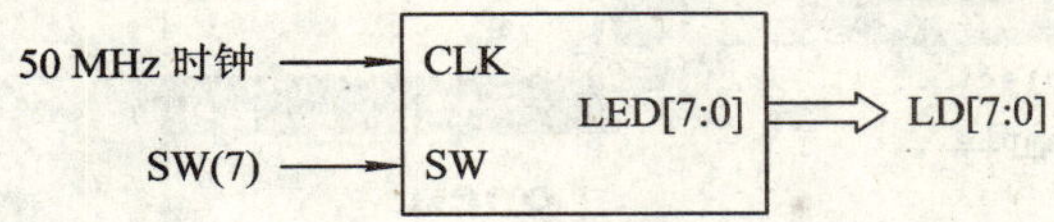

图 F1.2　LED 循环流水灯端口连接

要完成此实验，应按照下面的步骤一步一步进行。

(1) 使用 ISE 9.1i 新建工程项目。

(2) 使用 ISE 9.1i 文本编辑器进行电路逻辑设计。

(3) 使用 ISE 9.1i 综合工程项目。

(4) 使用 ISE 9.1i 文本编辑器编写测试文件。

(5) 使用 ModelSimSE 6.2b 工具进行仿真测试。

(6) 使用 ISE 9.1i 工具进行引脚分配、布线并生成下载的 jed 文件。

(7) 通过 ISE 9.1i 的 iMPACT 工具将二进制 bit 文件下载至 BASYS 板卡上。

(8) 通过拨动开关，验证 BASYS 板卡上 8 只 LED 的熄灭情况，以此来验证此逻辑设计的正确性。

3. 实验步骤

(1) 建立 ISE 工程。

具体步骤如下：

① 打开 ISE 9.1i，选择“开始”→“程序”→“Xilinx ISE 9.1i”→“Project Navigator”(或者直接双击桌面图标启动 ISE)，如图 F1.3 所示。

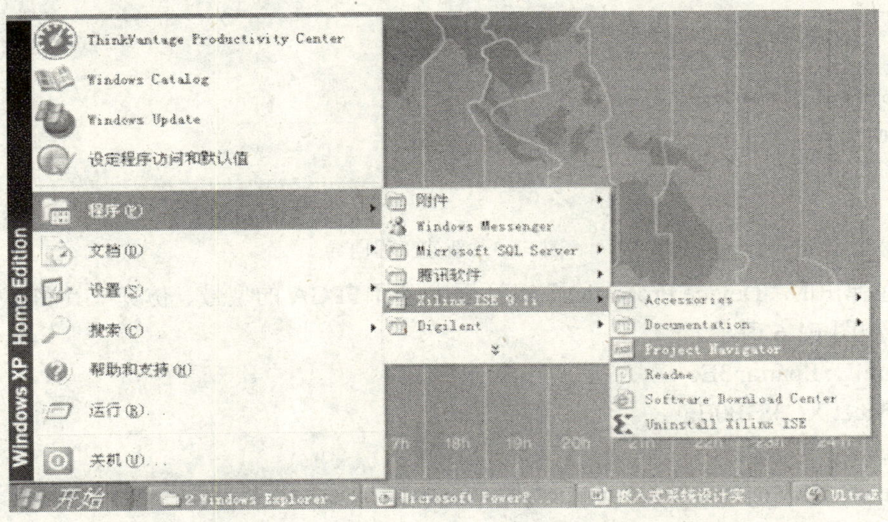

图 F1.3　启动 ISE

② 新建一个工程项目，选择菜单命令“File”→“New Project…”(如果打开 ISE 后，上面已经有存在的工程项目，请选择“File”→“Close Project”)，如图 F1.4 所示。

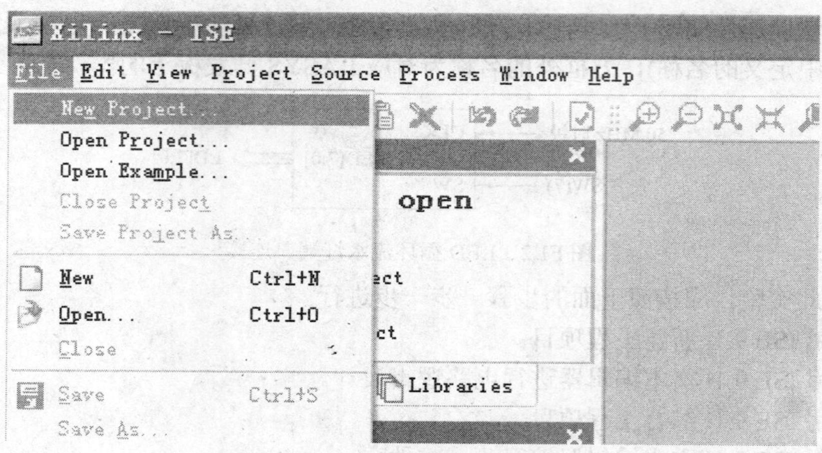

图 F1.4 新建工程项目

③ 在弹出的“Create New Project”对话框中，通过“...”按钮选择工程项目的存放路径(本实验以存放在 D 盘 Basys_experiment\labs\lab1\文件夹下为例，路径可任意更改，但请确保所有路径都为英文名称)。在“Project Name”编辑框中输入工程名称(这里以输入 project 为例)，然后点击“Next”按钮，如图 F1.5 所示。

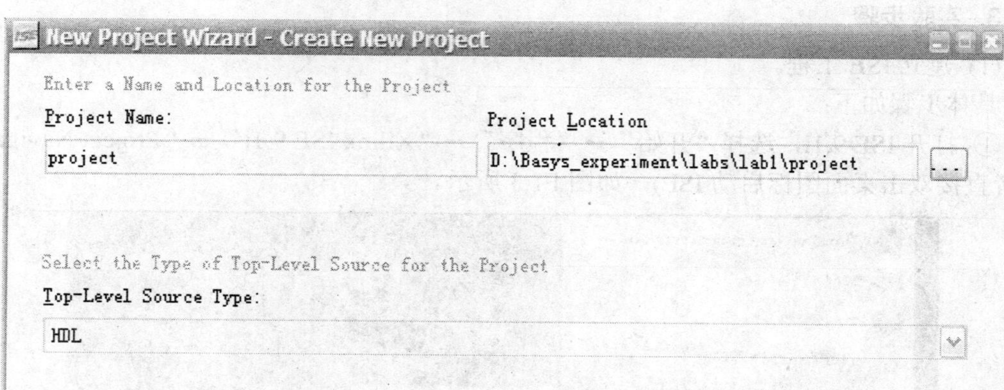

图 F1.5 新建工程向导

④ 在弹出的“Device Properties”对话框中选择 FPGA 的型号、仿真工具和硬件描述语言类型，如图 F1.6 所示。

- Family: Spartan3E。
- Device: XC3S100E。
- Package: TQ144。
- Speed: – 4。
- Synthesis Tool: XST (VHDL/Verilog)。
- Simulator: Modelsim-SE Verilog。
- Preferred Language: Verilog(如果是 VHDL 语言用户，请选择 VHDL)。

New Project Wizard - Device Properties

Select the Device and Design Flow for the Project

Property Name	Value
Product Category	All
Family	Spartan3E
Device	XC3S100E
Package	TQ144
Speed	-4
Top-Level Source Type	HDL
Synthesis Tool	XST (VHDL/Verilog)
Simulator	Modelsim-SE Verilog
Preferred Language	Verilog
Enable Enhanced Design Summary	☑
Enable Message Filtering	☐
Display Incremental Messages	☐

More Info　　< Back　Next >　Cancel

图 F1.6　“Device Properties”对话框

⑤ 点击“Next”按钮，弹出“Create New Source”对话框，如图 F1.7 所示。

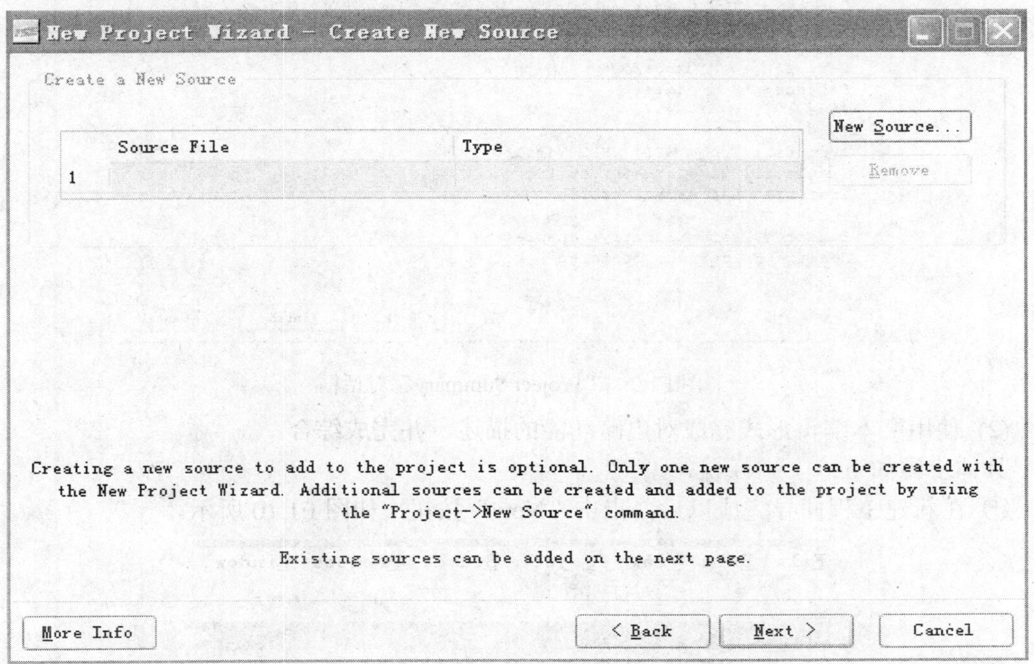

图 F1.7　“Create New Source”对话框

⑥ 点击“Next”按钮，弹出“Add Existing Sources”对话框，如图 F1.8 所示。

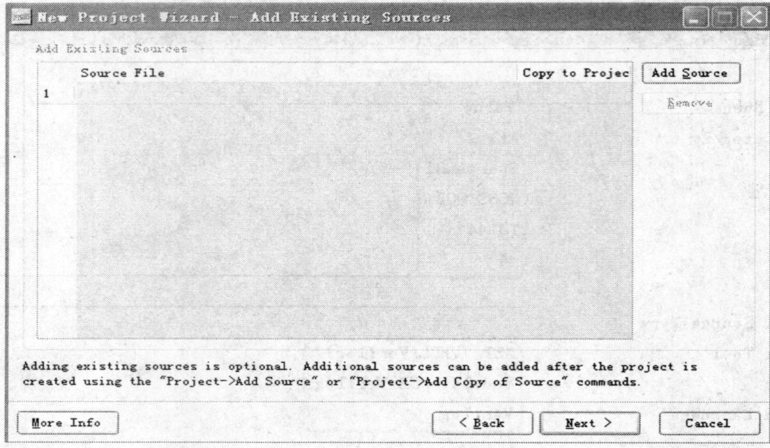

图 F1.8　“Add Existing Sources”对话框

⑦ 点击“Next”按钮，在弹出的“Project Summary”对话框中点击“Finish”按钮，完成工程项目的建立，如图 F1.9 所示。

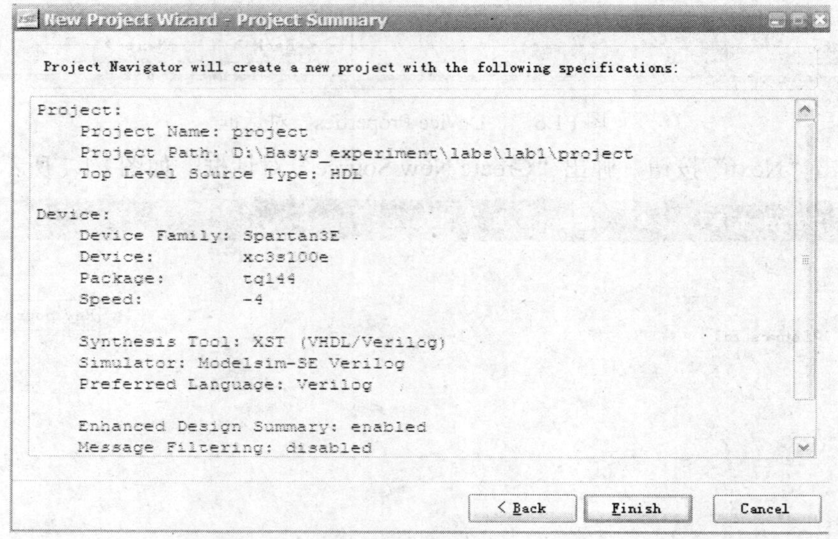

图 F1.9　“Project Summary”对话框

(2) 使用文本编辑形式完成对电路功能的描述，并完成综合。

具体步骤如下：

① 在新建工程向导完成以后，点击“New”按钮，如图 F1.10 所示。

图 F1.10　点击“New”按钮

② 在出现的“New”对话框中选择“Text File”，点击“OK”按钮，如图 F1.11 所示。

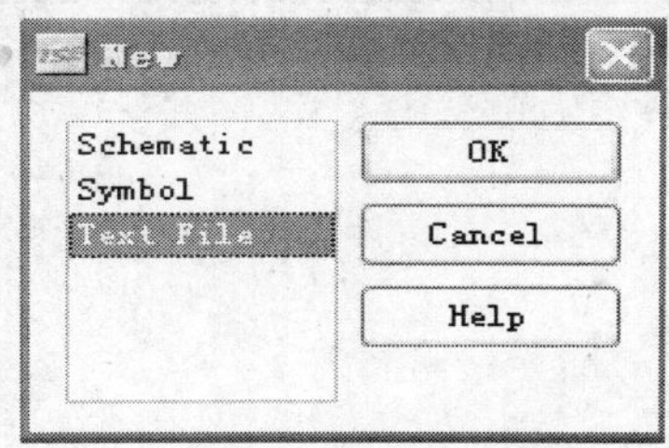

图 F1.11　选择“Text File”

③ 此时在新建的文本对话框里，按照本实验的功能说明，用 Verilog HDL 或 VHDL 语言完成此实验功能的逻辑编程(代码可参照本实验步骤说明后的参考程序)。

④ 待程序设计完成后，选择菜单“File”→“Save As”保存文件，在“文件名”里填写要保存文件的名字(这里以 lab1.v 为例)，然后点击“保存”按钮，如图 F1.12 所示。

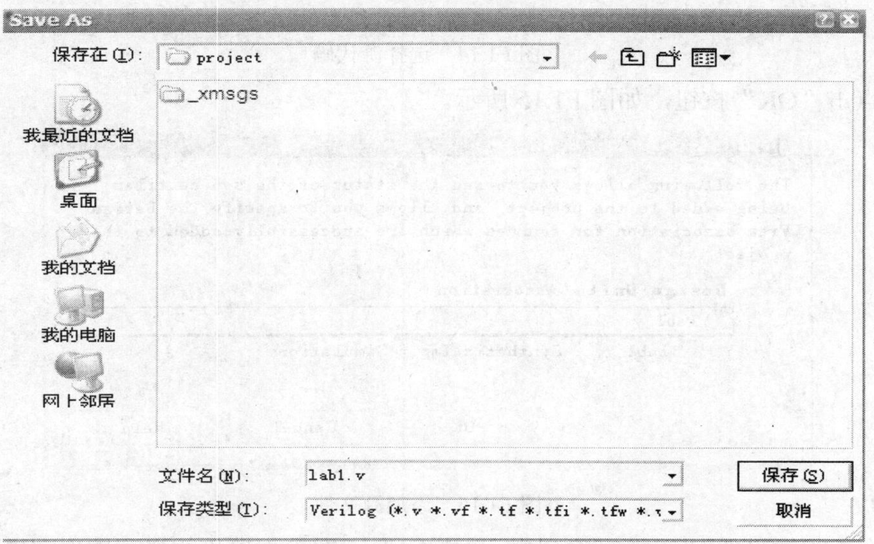

图 F1.12　保存文件

⑤ 在“xc3s100e-4tq144”上右键点击“Add Source…”，加入源代码，如图 F1.13 所示。

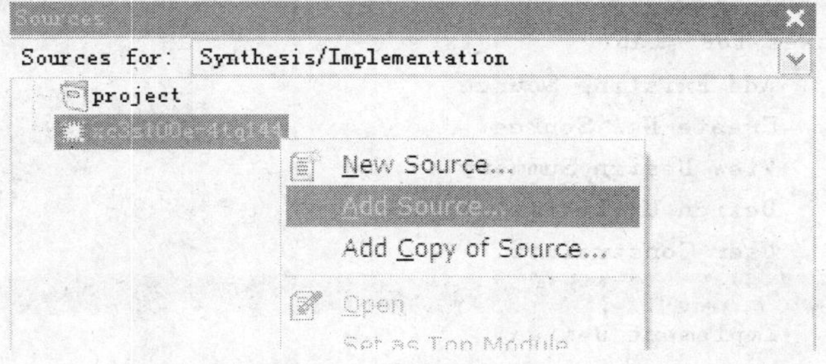

图 F1.13　加入源代码

⑥ 选择 lab1.v 文件，点击“打开”按钮，如下图 F1.14 所示。

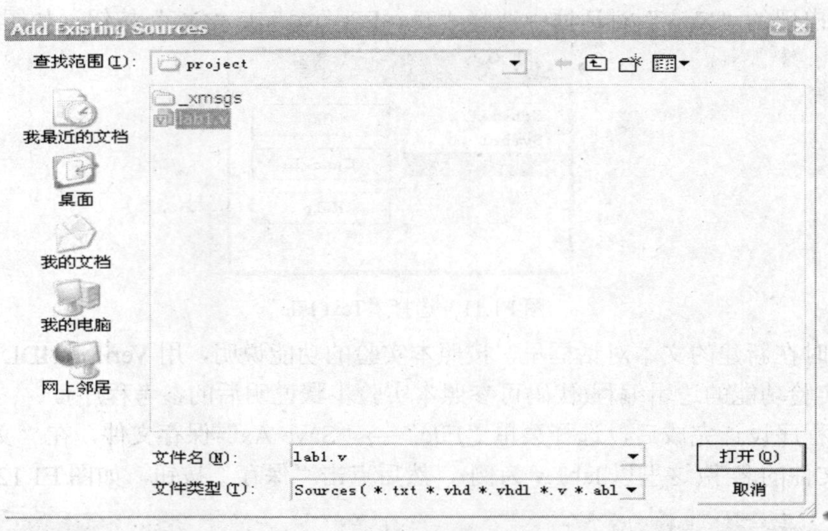

图 F1.14　选择源代码

⑦ 点击“OK”按钮，如图 F1.15 所示。

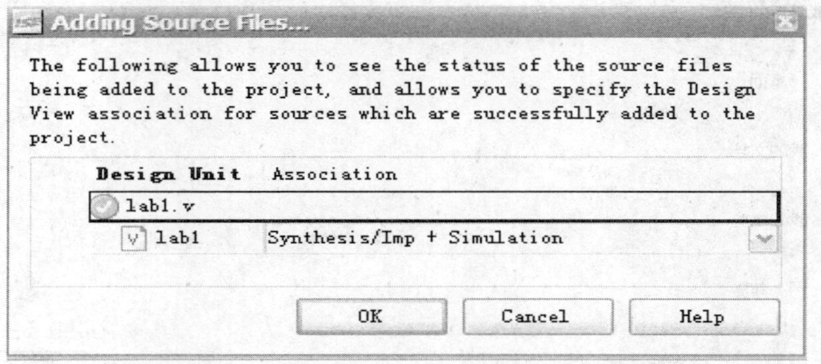

图 F1.15　添加源文件

⑧ 在工程项目的“Sources”窗口中，单击 lab1.v。在工程项目的资源操作窗口(Processes)中双击“Synthesize-XST”，进行综合，综合完成后如图 F1.16 所示。

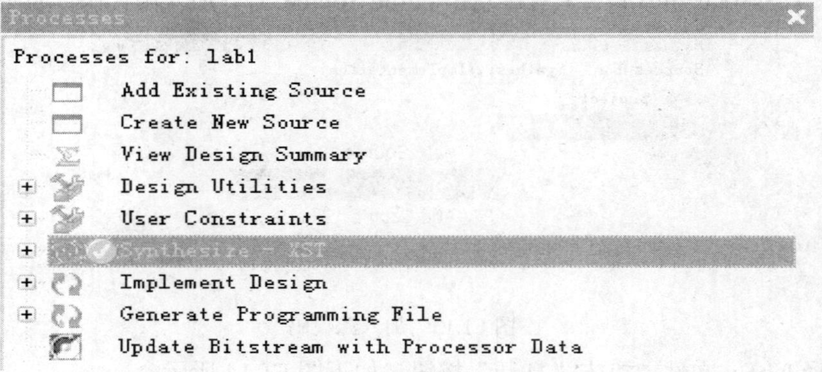

图 F1.16　综合设计

注意：综合完成后，在“Synthesize-XST”上会显示一个小图标，表示该步骤的完成情况。有些警告是可以忽略的。图标的含义如下：

- “对号”表示该操作步骤成功完成。
- “叹号”表示该操作步骤虽完成，但有警告信息。
- “叉号”表示该操作步骤因错误而未完成。

如果编写的程序有错误，请查看“errors”窗口里的提示信息，并修改相应的错误代码，然后保存，再进行综合。

(3) 使用 ModelSimSE 6.2b 仿真工具对电路进行前仿真测试。

具体步骤如下：

① 在 ISE Project Navigator 里，选择菜单“File”→“New”，在出现的“New”对话框中选择“Text File”，点击“OK”按钮，此时在新建的文本对话框里编写仿真程序(代码可参照本实验步骤说明后的参考程序)。

② 待编写完仿真程序后，选择菜单“File”→“Save As”，在出现的“保存文本”对话框的“文件名”中输入 lab1_tp.v，然后点击“保存”按钮。

③ 在 ISE Project Navigator 里，选择菜单“Project”→“Add Source”，指向上一步骤保存的 lab1_tp.v 文件夹目录，选择 lab1_tp.v 文件，点击打开。在弹出的“Adding Source Files…”对话框里，点击“OK”按钮，如图 F1.17 所示。

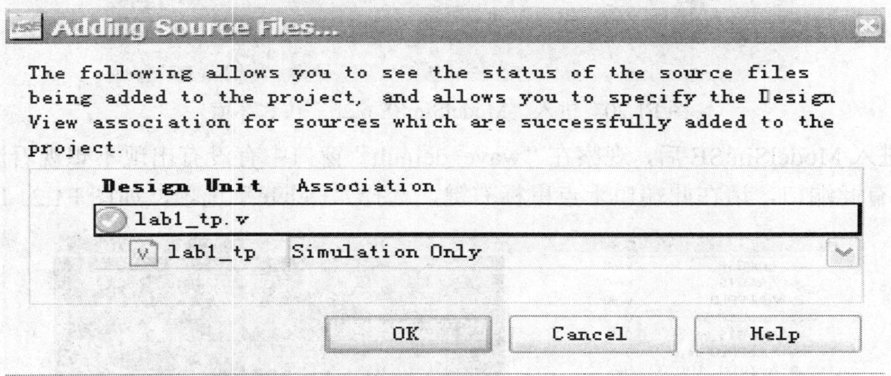

图 F1.17　添加仿真文件

④ 在工程项目的“Sources”窗口中，确保“Sources for”的选项为“Behavioral Simulation”，如图 F1.18 所示。

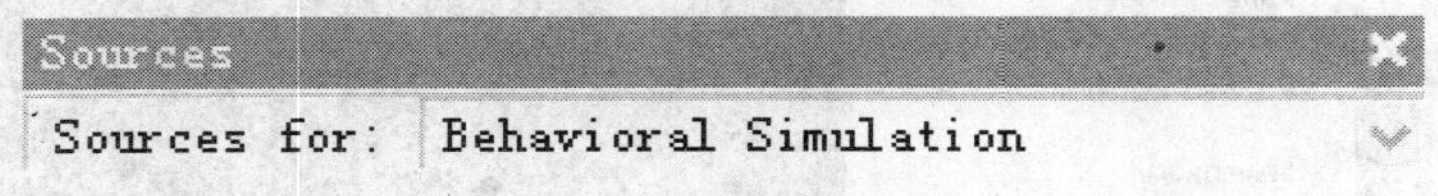

图 F1.18　确认选中“Behavioral Simulation”

⑤ 在工程项目的“Sources”窗口中，选中工程的顶层文件 lab1_tp.v(注意这很关键，不然仿真的波形出不来)，然后展开工程的资源操作窗口(Processes)里的“ModelSim Simulator”选项，双击“Simulate Behavioral Model”，如图 F1.19 所示。之后会出现进入“ModelSimSE 6.2b”仿真环境，如图 F1.20 所示。

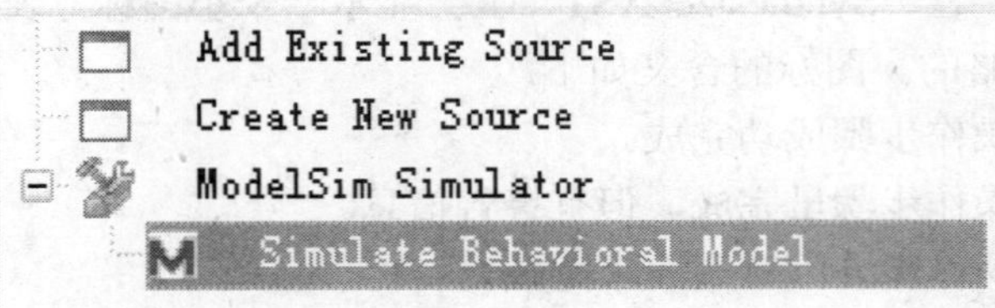

图 F1.19　双击"Simulate Behavioral Model"

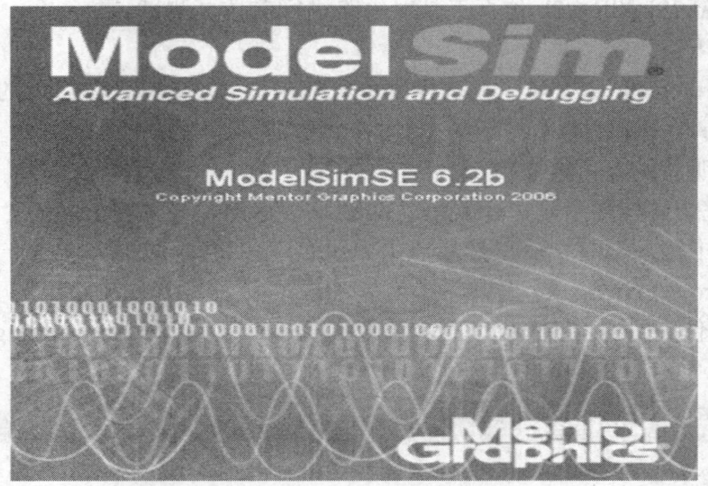

图 F1.20　进入"ModelSimSE 6.2b"仿真环境

⑥ 进入 ModelSimSE 后，观察在"wave-default"窗口中有没有出现不想观看波形的端口，如果有此端口，请在此端口上点鼠标右键，选择"Delete"选项，如图 F1.21 所示。

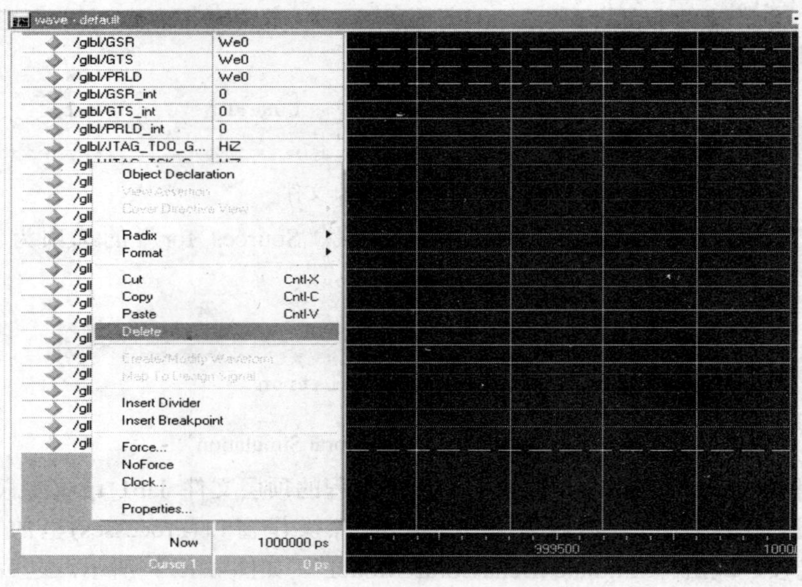

图 F1.21　"wave-default"窗口

删除此端口后，就将需要观察的寄存器或者 wire 型变量添加到观察窗口中，在“Workspace”窗口中选择“lab1_tp”，然后在“Objects”窗口中选择想要观看波形的端口，再在此端口上右键选择“Add to Wave”→“Selected Signals”，如图 F1.22 所示。

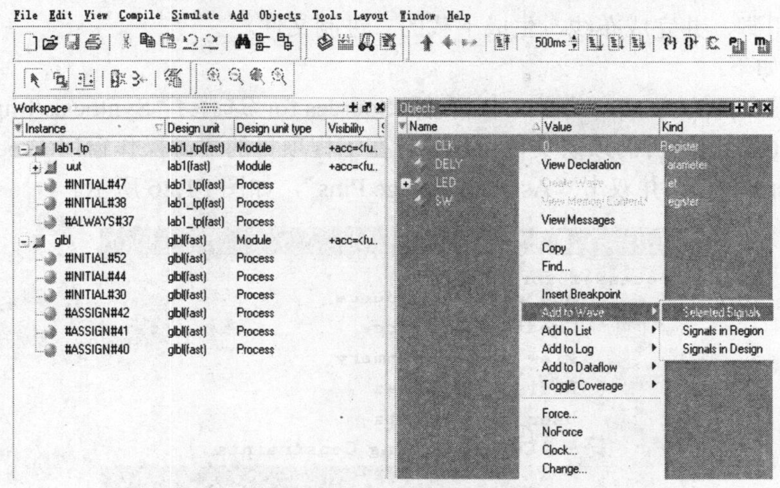

图 F1.22　添加观察变量

⑦ 在工具栏的红色标记编辑框中设置仿真时间，如图 F1.23 所示，时间自行设定，建议设置为 500 ms。

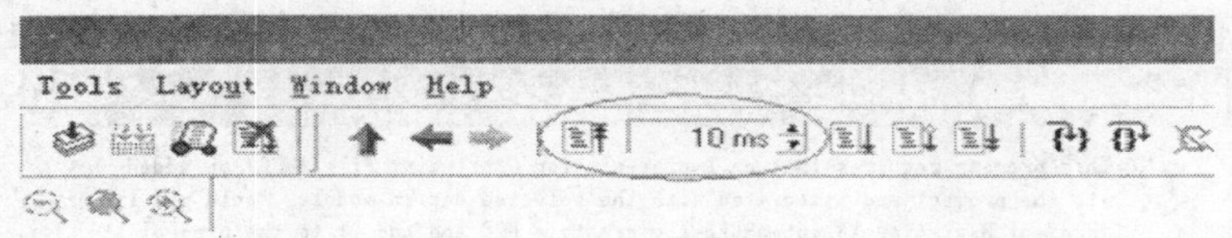

图 F1.23　设置仿真时间

⑧ 点击工具栏中红色标记框内按钮，开始仿真，如图 F1.24 所示。

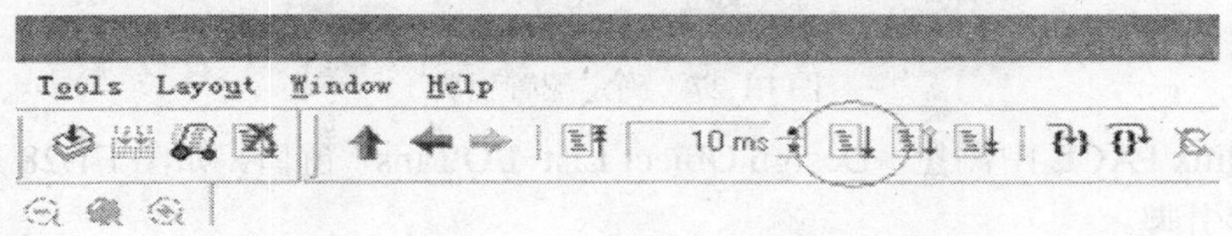

图 F1.24　开始仿真

⑨ 点击 Zoom Full 按钮(🔍 🔍 🔍)，再点击放大按钮观察生成的时序波形，本实验的参考波形如图 F1.25 所示。

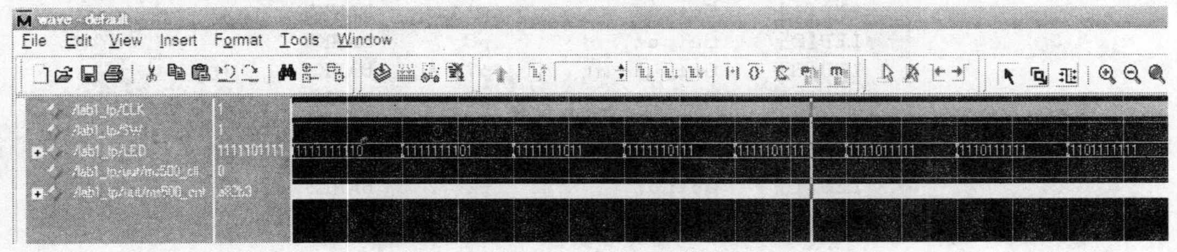

图 F1.25　时序波形

提示：因为此实验的分频系数较大，所以仿真波形要等一段时间才会完全出现。“wave-default”窗口可以通过点击“wave-default”窗口里的 Undock 按钮(+↗×)呈现出单独的窗口，这样便于观看波形。

(4) 分配引脚，并完成布线，生成下载的二进制文件。

具体步骤如下：

① 在工程项目的“Sources”窗口中，确保“Sources for”选择了“Synthesis/Implementation”选项。此时单击工程项目的顶层文件 lab1.v。在工程项目的资源操作窗口(Processes)中，展开“User Constraints”，并双击“Assign Package Pins”，如图 F1.26 所示。

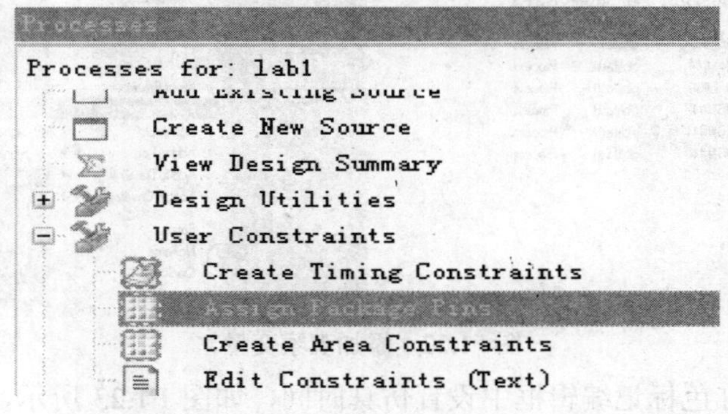

图 F1.26　双击“Assign Package Pins”

② 在出现的“Project Navigator”对话框中，点击“Yes”按钮，如图 F1.27 所示。

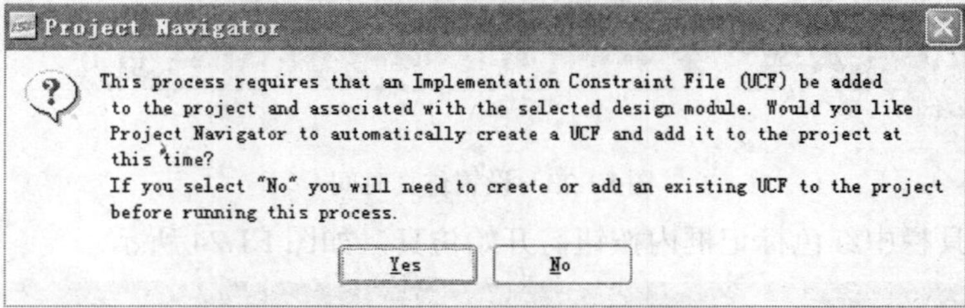

图 F1.27　确定配置引脚

③ 在 Xilinx PACE 中浏览“Design Object List-I/O Pins”窗口，如图 F1.28 所示，在 Loc 中输入对应的引脚。

Design Object List - I/O Pins

I/O Name	I/O Direction	Loc	Bank
CLK	Input	p54	BANK2
LED[0]	Output	p15	BANK3
LED[1]	Output	p14	BANK3
LED[2]	Output	p8	BANK3
LED[3]	Output	p7	BANK3
LED[4]	Output	p5	BANK3
LED[5]	Output	p4	BANK3
LED[6]	Output	p3	BANK3
LED[7]	Output	p2	BANK3
SW	Input	p6	BANK3

图 F1.28　参考“lab1_ucf.txt”文件配置引脚

④ 在 Xilinx PACE 窗口中，选择“File”→“Save”。在出现的“Bus Delimiter”对话框中，选择默认的“Synplify Verilog Default”形式，点击“OK”按钮，如图 F1.29 所示。

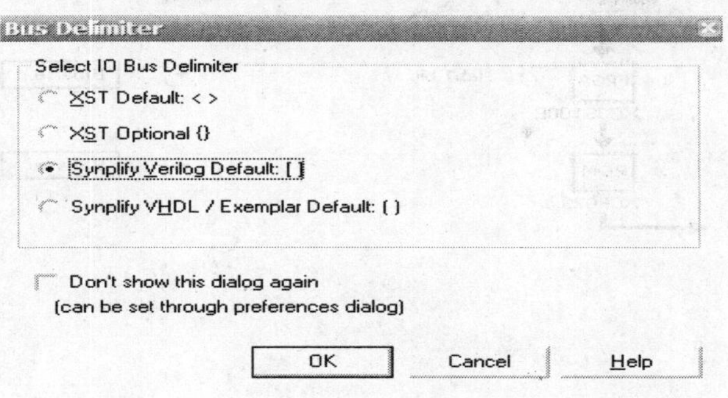

图 F1.29　“Bus Delimiter”对话框

⑤ 关闭 Xilinx PACE 窗口。在工程项目的资源操作窗口(Processes)中分别双击“Implement Design”和“Generate Programming File”，进行布局布线并生成 bit 下载文件，如图 F1.30 所示。

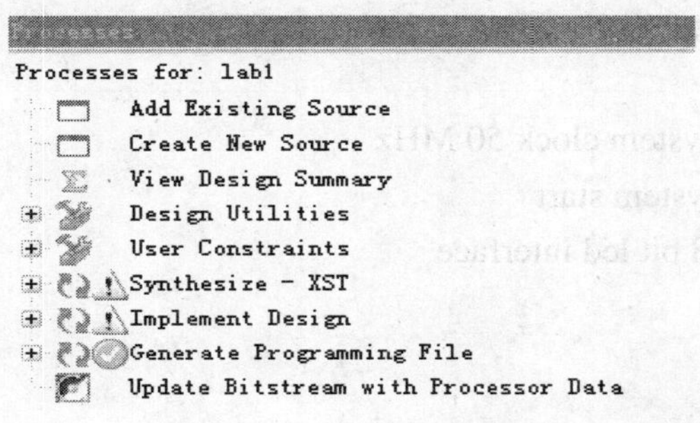

图 F1.30　进行布局布线

注意：布局布线完成后，如有错误出现，请查看芯片类型和引脚配置是否正确。

(5) 接通板卡电源线，并下载 bit 程序到板卡上进行测试。

具体步骤如下：

① BASYS 开发板上的下载线和电源线制作在一起，因此只要连上电源线，数据线也就连通了。双击 BASYS 开发板的下载工具 ExPort(此工具的安装程序在 BASYS 开发板附带的光盘里)，如图 F1.31 所示。

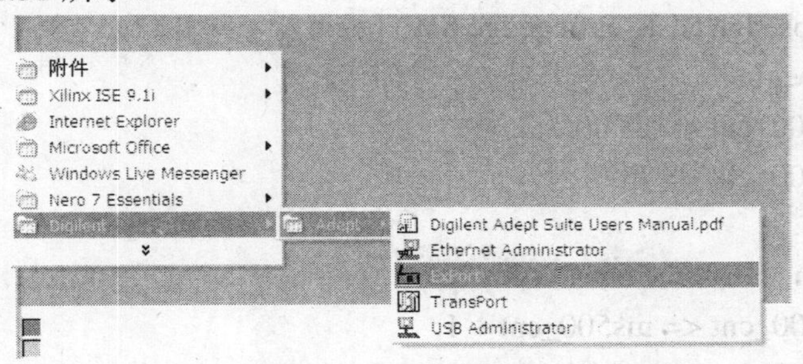

图 F1.31　启动下载工具“ExPort”

② 启动下载工具“ExPort”后，点击“Intialize Chain”，等出现图 F1.32 所示的界面时，通过“Browse…”按钮选择 lab1.bit 文件，然后点击“Program Chain”进行程序下载。

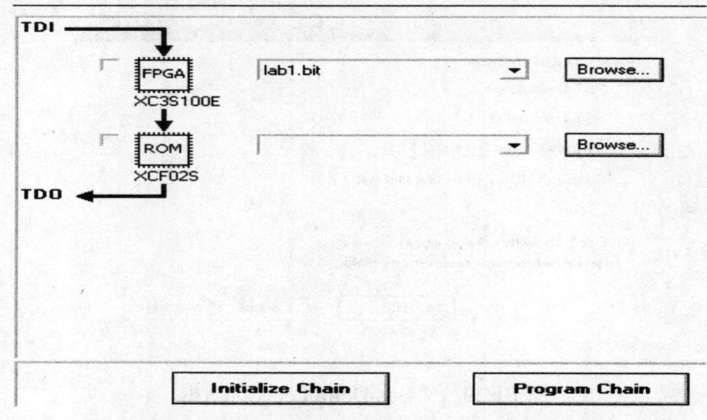

图 F1.32 Diglient 公司的“ExPort”下载工具界面

③ 等下载完 bit 文件到 EZBoard 板卡上后，在开发板上验证此逻辑程序的正确性。拨动开关 SW(7)，观察 LED 发光二极管的运行状态，以验证此逻辑电路设计的正确性。

lab1.v 参考程序代码如下：

```
module lab1(
        CLK,    //system clock 50 MHz
        SW,     //system start
        LED     //8 bit led interface
);
input   CLK;
input   SW;
output  [7:0] LED;
reg     [7:0] LED;
reg     ms500_clk;
reg     [23:0] ms500_cnt;
//**************************************************************
//      Generate the ms500_clk signal
//**************************************************************
always@(posedge CLK or negedge SW) begin
  if(!SW) begin
        ms500_cnt <= 24'h0;
        ms500_clk <= 1'b0;
  end
  else begin
        ms500_cnt <= ms500_cnt + 1;
        if(ms500_cnt == 24'hbebc20) begin
```

```
                ms500_cnt <= 24'h0;
                ms500_clk <= ~ms500_clk;
            end
            else ms500_clk <= ms500_clk;
        end
    end

    always@(posedge ms500_clk or negedge SW) begin
        if(!SW)
            LED <= 8'b11111110;
        else
            LED <= {LED[6:0],LED[7]};
    end
    endmodule
```

lab1_tp.v 仿真参考程序代码如下：

```
    module lab1_tp;
     reg CLK;
     reg SW;
     wire [7:0] LED;
        parameter DELY=100;
     lab1 uut(CLK, SW, LED);
     always #(DELY/2) CLK=~CLK;
     initial begin
         CLK = 0;
         SW = 0;
         #DELY    SW = 1;
         #DELY    SW = 0;
         #DELY    SW = 1;
     end
        initial $monitor($time,,,"CLK=%b SW=%b LED=%b", CLK,SW,LED);
    endmodule
```

附录 2　EZBoard CPLD 板卡介绍

F2.1　系 统 概 述

Xilinx FPGA/CPLD 初级入门学习套件是针对可编程逻辑器件初学者所设计的一套实验教学评估套件，配合 Xilinx 可编程逻辑器件初级入门教材完成一系列实验，通过实验增强学员对所学内容的理解。

学习板使用的核心器件是 Xilinx 公司 CPLD 的产品——XC95144XL-10TQG100C。此芯片为新推出的 XC9500XL 系列 CPLD 的成员之一，提供了一个高性能非易失性可编程逻辑解决方案，它采用先进的引脚锁定技术，无需改变电路板布局即可重新设计。在系统编程(ISP)具有出色的调试和反复设计的性能，提供 144 个可编程宏单元，并具有多种 I/O 性能。

板上留有 JTAG 下载电路，提供了一个 4 MHz 的有源时钟(可按照用户要求选配不同频率的有源晶振)。学员通过扩展接口与其他设备连接，就可以方便地和目标系统配合使用，便于学习。与学习板套件配套的 Xilinx JTAG 下载线可以为所用 Xilinx 公司的 FPGA 及 CPLD 器件提供并口下载。

本套件中包括 Xilinx 并口下载线一条、USB 线一根(仅用于电路板供电)、电路板一块。

本学习套件可由 Xilinx ISE、ModelSimSE 这两种软件进行开发。其中，Xilinx ISE 用来综合并产生下载程序，用 ModelSimSE 软件进行逻辑仿真。开发 FPGA 及 CPLD 一般可分为原理图输入和硬件设计语言两种。采用硬件设计语言具有可移植和可重用性，设计可以独立于半导件制造工艺之外，主要是依靠综合工具将代码分析为与、非门等组成的基本门电路，也可以生成相应的电路图。高级应用中也可以修改中间生成的电路图，以达到最佳的效果。设计语言一般有 VHDL 及 Verilog HDL 两种。Verilog HDL 简称 V 语言，在实现相同功能的情况下，V 语言仅需几乎 VHDL 语言一半的长度，而且 V 语言与 C 语言的语法近似，对于已经学习或使用 C 语言的人而言，应该可以较快地掌握。一般 V 语言采用文本文档编辑源文件，采用 ISE 综合软件生成扩展名为 JED 的烧录文件，通过电脑打印口或 USB 接口由 JTAG 下载线将烧录文件下载到 CPLD 器件中，结果从 I/O 端口反映出来。

F2.2　套件各部分详细说明

开发此学习套件是为了使初学者对可编程逻辑器件有初步的认识并能够进行初级的逻

辑设计。套件中包括以下部分：CPLD、电源、数码管、拨码开关、LED、按键、蜂鸣器、扩展接口等。

F2.2.1 主芯片——Xilinx XC95144XL-10TQG100C

主芯片采用了 Xilinx 公司的 XC9500 系列 TQFP100 封装的 XC95144XL 作为目标CPLD。XC95144XL 在系统可编程(ISP)CPLD 具有高性能、高密度、3.3V ISP、可擦除多达10 000 次、增强型的引脚锁定功能、灵活的功能模块、支持 JTAG 边界扫描、每个宏单元的功率可以单独配置、个别引脚输出速度可控、可驱动 24 mA 输出、采用先进的 3.3 V FastFlash 工艺等优点；内部有 144 个宏单元和 3200 个门电路，最多可有 144 个 I/O 接口，所有 I/O 口都可以交换使用；有 4 个全局时钟端，对于边沿触发的信号，请尽量使用全局时钟引脚；有全局复位端、全局清除端、全局输出允许端等，这几个特殊端口如不使用，可以作为普通 I/O 使用；设计工具采用 ISE 软件，可在 www.xilinx-china.com 上免费下载。

F2.2.2 电源部分

考虑到学员进行实验时必须使用电脑，为方便学员学习，套件采用 USB 电源供电，通过低压线性稳压器(LDO)对电路板进行供电。

LDO 的一般应用较为简单，只需要将公共端连接到参考地(如图 F2.1 所示)，注意输入/输出端放置适当电容以减少电源干扰对电路板上器件的影响即可。

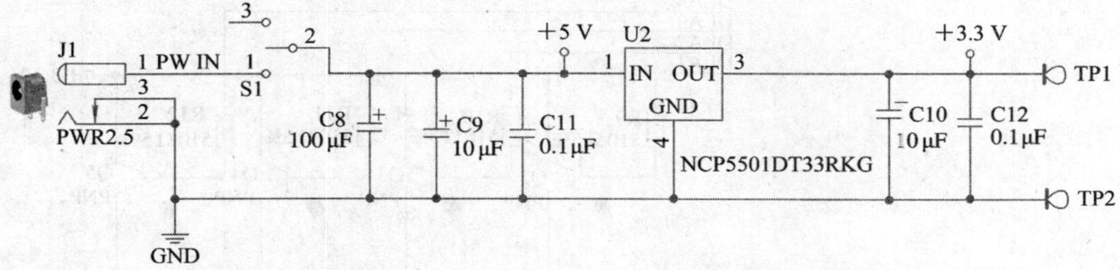

图 F2.1 LDO 电路

F2.2.3 LED

LED 又称发光二极管，其伏安特性与普通二极管相似。当 PN 结导通时，依靠少数载流子的注入及随后的复合而辐射发光，在正向导通之前，正向电流近似于零，LED 不发光。当电压超过开启电压时，电流急剧上升，LED 发光。因此，LED 数码管属于电流控制型器件，其发光亮度 L(单位是 cd/m^2)与正向电流 I_F 有关，用公式表示：$L=KI_F$，即亮度与正向电流成正比。LED 的正向电压 U 与正向电流以及管芯材料有关。使用 LED 时，工作电流一般选 10 mA 左右每段，这样既保证亮度适中，又不会损坏器件。可通过控制与其串联的电阻大小来控制 LED 的亮度。

LED 的输出光谱决定其发光颜色以及光辐射纯度，也反映出半导体材料的特性。常见的管芯材料有磷化镓(GaP)、砷化镓(GaAs)、磷砷化镓(GaAsP)、氮化镓(GaN)等，其中氮化镓可发蓝光。发光颜色不仅与管芯材料有关，还与所掺杂质有关，因此用同一种管芯材料可以制成发出红、橙、黄、绿等不同颜色的数码管。LED 数码管的产品中，以发红光、绿光的居多，这两种颜色也比较醒目。

此开发板使用阳端驱动(如图 F2.2 所示)，当 CPLD 输出为高时，LED 点亮。开发板上共有 10 个用户自定义的 LED。

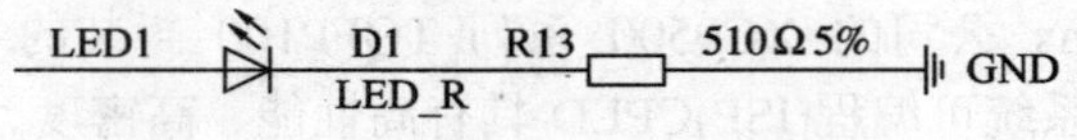

LED1　D1　LED_R　R13　510Ω5%　GND

图 F2.2　LED 驱动电路

F2.2.4　7 段 4 位数码管

LED 数码管等效于多个具有发光性能的 PN 结，分共阳极与共阴极两种，其工作特点是：当笔端电极接低电平、公共阳极接高电平时，相应笔端可以发光。共阴极 LED 数码管与之相反，它是将发光二极管的阴极(负极)短接后作为公共阴极，当驱动信号为高电平、公共端接低电平时，才能发光。

多位数码管将各个数码位笔端的选择端连接到了一起，这样可通过公共段来选择点亮哪位数码管。所以一般这种多位数码管都采用闪烁的方式工作，在某一时刻只有一位数码管被点亮，当闪烁的频率高到一定程度后，人眼不易察觉出数码管在闪烁，这样就可以在 4 位数码管上同时显示不同的内容。

图 F2.3 所示的三极管用来增强 I/O 的输出能力。

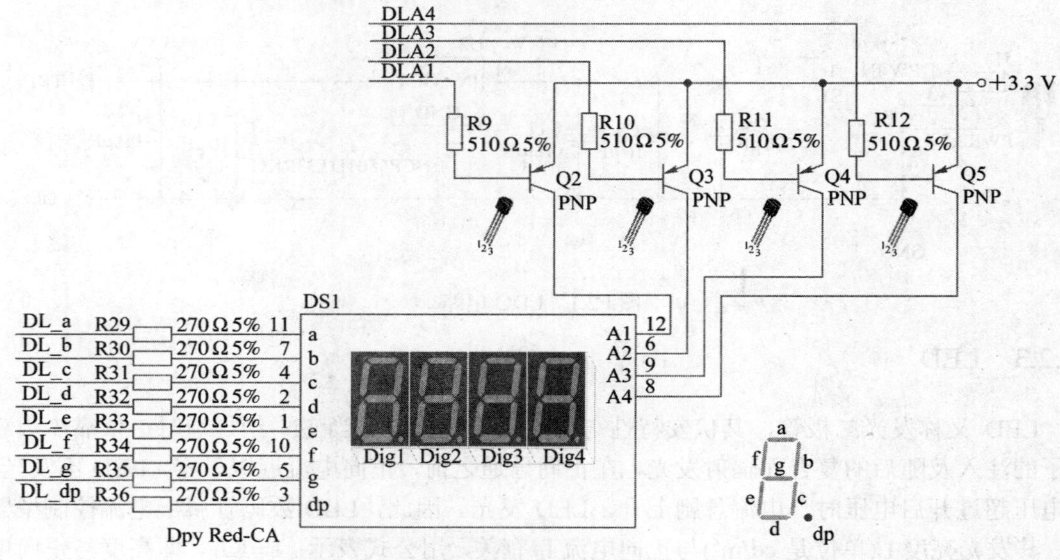

图 F2.3　数码管工作电路

F2.2.5　拨码开关

拨码开关有很多种，我们选用的这种拨码开关是较为常用的一种(如图 F2.4 所示)，它的开关状态比较容易理解，通常只具有导通(1)和断路(0)两种状态，在器件表面会标明导通端与断路端。评估板电路如图 F2.4 所示。

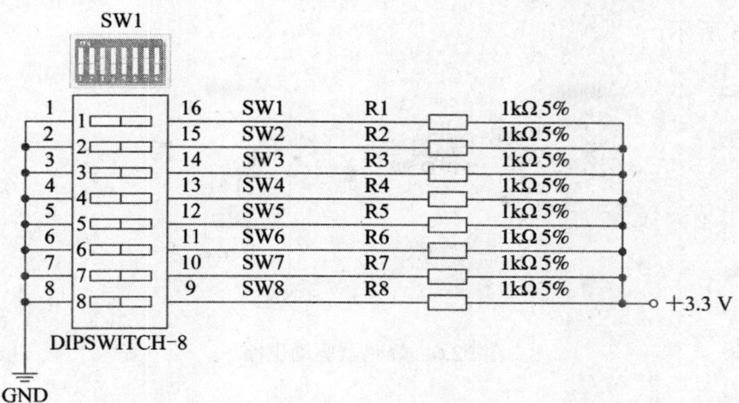

图 F2.4　拨码开关驱动电路

F2.2.6　按键

套件中采用的按键是一种轻触式闭合按键(如图 F2.5 所示)。正常状态时，引脚 1、3 连通，2、4 连通，上拉电阻使 I/O 保持高电平；当按键被按下后，引脚 1、2、3、4 全部连通，I/O 被连接到参考地，输出为低电平。电路中增加电容是为了防止按键抖动。

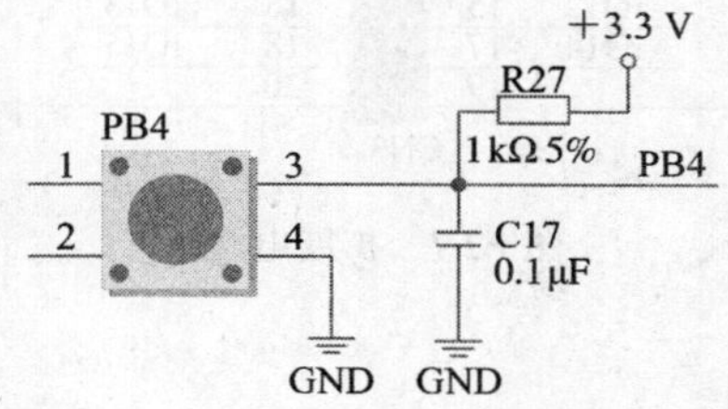

图 F2.5　按键电路

F2.2.7　蜂鸣器

在从事产品设计的过程中，经常会用到蜂鸣器。蜂鸣器是一种一体化结构的电子讯响器，采用直流电压供电，广泛应用于计算机、打印机、复印机、报警器、电子玩具、汽车电子设备、电话机、定时器等电子产品中作发声器件。蜂鸣器主要分为压电式蜂鸣器和电磁式蜂鸣器两种类型。压电式蜂鸣器主要由多谐振荡器、压电蜂鸣片、阻抗匹配器及共鸣箱、外壳等组成。有的压电式蜂鸣器外壳上还装有发光二极管。多谐振荡器由晶体管或集成电路构成。当接通电源(1.5～15 V 直流工作电压)后，多谐振荡器起振，输出 1.5～2.5 kHz 的音频信号，阻抗匹配器推动压电蜂鸣片发声。压电蜂鸣器由锆钛酸铅或铌镁酸铅压电陶瓷材料制成。在陶瓷片的两面镀上银电极，经极化和老化处理后，再与黄铜片或不锈钢片粘在一起。电磁式蜂鸣器由振荡器、电磁线圈、磁铁、振动膜片及外壳等组成。接通电源后，振荡器产生的音频信号电流通过电磁线圈，使电磁线圈产生磁场。振动膜片在电磁线圈和磁铁的相互作用下，周期性地振动发声。

本设计中采用的是压电式蜂鸣器，由于 CPLD 的 I/O 引脚驱动能力有限，所以电路中采用了 PNP 三极管来驱动蜂鸣器，蜂鸣器的发声频率与 I/O 输出的方波频率相同。蜂鸣器驱动电路如图 F2.6 所示。

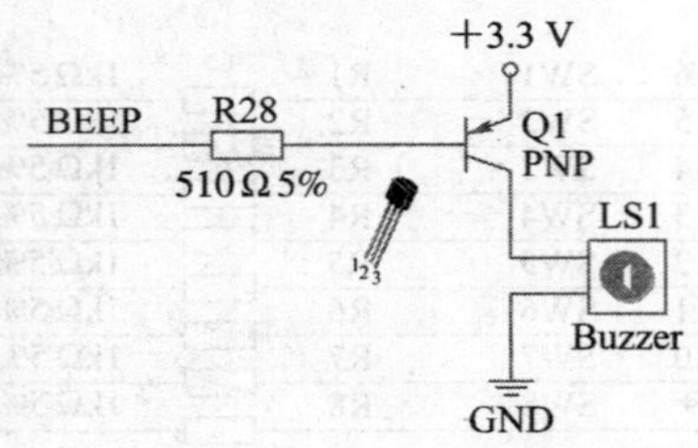

图 F2.6 蜂鸣器驱动电路

F2.2.8 扩展接口

图 F2.7 是本 CPLD 板卡中的扩展电路。

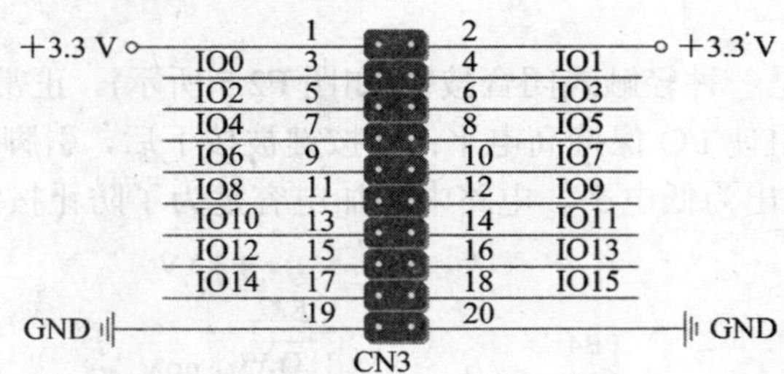

图 F2.7 扩展电路

F2.2.9 时钟电路

在电子学上，通常将含有晶体管元件的电路称做有源电路(如有源音箱、有源滤波器等)，而将仅由阻容元件组成的电路称做无源电路。晶体振荡器也分为无源晶振和有源晶振两种类型。无源晶振与有源晶振的英文名称不同，无源晶振为 crystal(晶体，一种矿物质)，而有源晶振为 oscillator(振荡器，晶体加外围电路)。

无源晶振是有 2 个引脚的无极性元件，需要借助于时钟电路才能产生振荡信号，自身无法振荡起来，所以“无源晶振”这个说法并不准确。信号电平是可变的，也就是说，是根据起振电路来决定的，同样的晶体可以适用于多种电压，可用于多种不同时钟信号电压要求的片子，而且价格通常也较低。因此，对于一般的应用，如果条件许可建议用晶体，这尤其适合于产品线丰富、批量大的生产者。无源晶振相对于有源晶振而言其缺陷是信号质量较差，通常需要精确匹配外围电路(用于信号匹配的电容、电感、电阻等)，更换不同频率的晶体时周边配置电路需要作相应的调整。

常用有源晶振有 4 只引脚：1-NC、2-GND、3-OUT、4-VCC，它是一个完整的振荡器，其中除了石英晶体外，还有晶体管和阻容元件。有源晶振信号质量好，比较稳定，而且连接方式相对简单(主要是做好电源滤波，通常使用一个电容过滤信号)，不需要复杂的配置电路。有源晶振通常的用法是：1 脚悬空，2 脚接地，3 脚接输出，4 脚接电源。相对于无源晶振，有源晶振的缺陷是其信号电平是固定的，需要选择好合适的输出电平，灵活性较差，而且价格高。对于时序要求敏感的应用，作者认为还是有源晶振好。有源晶振相比于无源晶振通常体积较大，但现在许多有源晶振是表贴的，体积和晶体相当，有的甚至比许多晶振还要小。本 CPLD 板卡上的有源晶振电路连线如图 F2.8 所示。

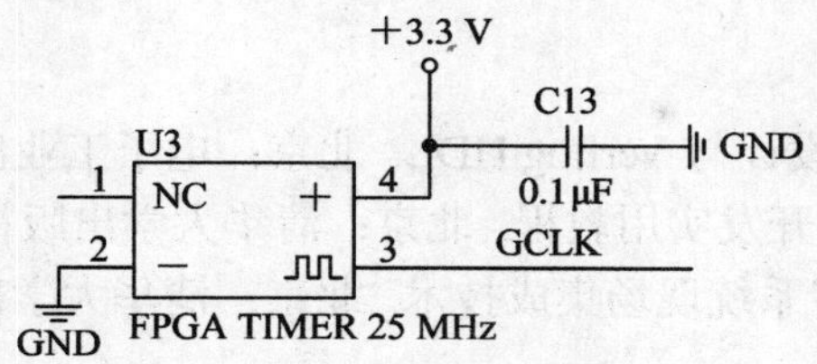

图 F2.8 有源晶振电路

F2.2.10 CPLD JTAG

CPLD 板的 JTAG 接口严格按照 Xilinx 公司提供的电路设计。随本 CPLD 板配套的 JTAG 下载线全部电路安装于一个普通的并行接口外壳中，具有程序下载功能和 JTAG 功能，也可以用于 Xilinx 公司其他型号的 FPGA 或 CPLD 器件，完全兼容 Xilinx 公司 Parallel-Ⅱ型下载电缆。本 CPLD 板卡上的 JTAG 电路连线如图 F2.9 所示。

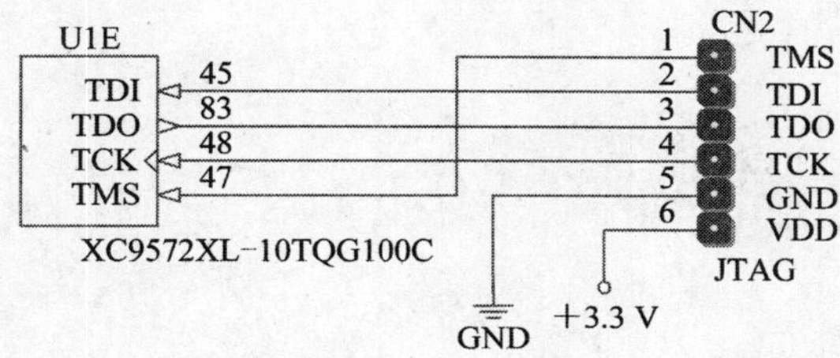

图 F2.9 JTAG 电路连线

参 考 文 献

[1] 王金明. 数字系统设计与 Verilog HDL. 北京：电子工业出版社，2005.
[2] 田耘. Xilinx FPGA 开发实用教程. 北京：清华大学出版社，2008.
[3] 朱明程. Xilinx 数字系统现场集成技术. 北京：清华大学出版社，2001.

欢迎选购西安电子科技大学出版社教材类图书

~~~~"十一五"国家级规划教材~~~~

计算机系统结构(第四版)(李学干) 25.00
计算机系统安全(第二版)(马建峰) 30.00
计算机网络 (第三版)(蔡皖东) 27.00
计算机应用基础教程(第四版)(陈建铎)
(for Windows XP/Office XP) 30.00
计算机应用基础(冉崇善)(高职)
(Windows XP & Office 2003 版) 23.00
《计算机应用基础》实践技能训练
与案例分析(高职)(冉崇善) 18.00
微型计算机原理(第二版)(王忠民) 27.00
微型计算机原理及接口技术(第二版)(裘雪红) 36.00
微型计算机组成与接口技术(第二版)(高职) 28.00
微机原理与接口技术(第二版)(龚尚福) 37.00
单片机原理及应用(第二版)(李建忠) 32.00
单片机应用技术(第二版)(高职)(刘守义) 30.00
Java程序设计(第二版)(高职)(陈圣国) 26.00
编译原理基础(第二版)(刘坚) 29.00
人工智能技术导论 (第三版)(廉师友) 24.00
多媒体软件设计技术(第三版)(陈启安) 23.00
信息系统分析与设计(第二版)(卫红春) 25.00
信息系统分析与设计(第三版)(陈圣国)(高职) 20.00
传感器原理及工程应用(第三版) 28.00
数字图像处理(第二版)(何东健) 30.00
电路基础(第三版)(王松林) 39.00
模拟电子电路及技术基础(第二版)(孙肖子) 35.00
模拟电子技术(第三版)(江晓安) 25.00
数字电子技术(第三版)(江晓安) 23.00
数字电路与系统设计(第二版)(邓元庆) 35.00
数字信号处理(第三版)(高西全) 29.00
电磁场与电磁波(第二版)(郭辉萍) 28.00
现代通信原理与技术(第二版)(张辉) 39.00
移动通信(第四版)(李建东) 30.00
移动通信(第二版)(章坚武) 24.00
物理光学与应用光学(第二版)(石顺祥) 42.00
数控机床故障分析与维修(高职)(第二版) 25.00
液压与气动技术(第二版)(朱梅) (高职) 23.00

~~~~~~~计算机提高普及类~~~~~~~

计算机应用基础(第三版)(丁爱萍) (高职) 22.00
计算机文化基础(高职)(游鑫) 27.00
计算机文化基础上机实训及案例(高职) 15.00
计算机科学与技术导论(吕辉) 22.00
计算机应用基础(高职)(赵钢) 29.00
计算机应用基础——信息处理技术教程 31.00
《计算机应用基础——信息处理技术教程》
习题集与上机指导(张郭军) 14.00
计算机组装与维修(中职)(董小莉) 23.00
微型机组装与维护实训教程(高职)(杨文诚) 22.00

~~~~~~~计 算 机 网 络 类 ~~~~~~~

计算机网络技术基础教程(高职)(董武) 18.00
计算机网络管理(雷震甲) 20.00
网络设备配置与管理(李飞) 23.00
网络安全与管理实验教程(谢晓燕) 35.00
网络安全技术(高职)(廖兴) 19.00
网络信息安全技术(周明全) 17.00
动态网页设计实用教程(蒋理) 30.00
ASP动态网页制作基础教程(中职)(苏玉雄) 20.00
局域网组建实例教程(高职)(尹建璋) 20.00
Windows Server 2003组网技术(高职)(陈伟达) 30.00
组网技术(中职)(俞海英) 19.00
综合布线技术(高职)(王趾成) 18.00
计算机网络应用基础(武新华) 28.00
计算机网络基础及应用(高职)(向隅) 22.00

~~~~~~~计 算 机 技 术 类 ~~~~~~~

计算机系统结构与组成(吕辉) 26.00
电子商务基础与实务(第二版)(高职) 16.00
数据结构—使用 C++语言(第二版)(朱战立) 23.00
数据结构(高职)(周岳山) 15.00
数据结构教程——Java 语言描述(朱振元) 29.00
离散数学(武波) 24.00

软件工程(第二版)(邓良松) 22.00

软件技术基础(高职)(鲍有文) 23.00

软件技术基础(周大为) 30.00

嵌入式软件开发(高职)(张京) 23.00

~~~计算机辅助技术及图形处理类~~~

电子工程制图 (第二版) (高职) (童幸生) 40.00

电子工程制图(含习题集) (高职) (郑芙蓉) 35.00

机械制图与计算机绘图 (含习题集) (高职) 40.00

电子线路 CAD 实用教程 (潘永雄) (第三版) 27.00

AutoCAD 实用教程(高职)(丁爱萍) 24.00

中文版 AutoCAD 2008 精编基础教程(高职) 22.00

电子CAD(Protel 99 SE)实训指导书(高职) 12.00

计算机辅助电路设计Protel 2004(高职) 24.00

EDA 技术及应用(第二版)(谭会生) 27.00

数字电路 EDA 设计(高职)(顾斌) 19.00

多媒体软件开发(高职)(含盘)(牟奇春) 35.00

多媒体技术基础与应用(曾广雄) (高职) 20.00

三维动画案例教程(含光盘)(高职) 25.00

图形图像处理案例教程(含光盘) (中职) 23.00

平面设计(高职)(李卓玲) 32.00

~~~~~~~~操 作 系 统 类~~~~~~~~

计算机操作系统(第二版)(颜彬)(高职) 19.00

计算机操作系统(修订版)(汤子瀛) 24.00

计算机操作系统(第三版)(汤小丹) 30.00

计算机操作系统原理——Linux实例分析 25.00

Linux 网络操作系统应用教程(高职) (王和平) 25.00

Linux 操作系统实用教程(高职)(梁广民) 20.00

~~~~~~~微 机 与 控 制 类 ~~~~~~~

微机接口技术及其应用(李育贤) 19.00

单片机原理与应用实例教程(高职)(李珍) 15.00

单片机原理与应用技术(黄惟公) 22.00

单片机原理与程序设计实验教程(于殿泓) 18.00

单片机实验与实训指导(高职)(王曙霞) 19.00

单片机原理及接口技术(第二版)(余锡存) 19.00

新编单片机原理与应用(第二版)(潘永雄) 24.00

MCS-51单片机原理及嵌入式系统应用 26.00

微机外围设备的使用与维护 (高职) (王伟) 19.00

微机装配调试与维护教程(王忠民) 25.00

《微机装配调试与维护教程》实训指导 22.00

~~~~~~数据库及计算机语言类~~~~~~

C程序设计与实例教程(曾令明) 21.00

程序设计与C语言(第二版)(马鸣远) 32.00

C语言程序设计课程与考试辅导(王晓丹) 25.00

Visual Basic.NET程序设计(高职)(马宏锋) 24.00

Visual C#.NET程序设计基础(高职)(曾文权) 39.00

Visual FoxPro数据库程序设计教程(康贤) 24.00

数据库基础与Visual FoxPro9.0程序设计 31.00

Oracle数据库实用技术(高职)(费雅洁) 26.00

Delphi程序设计实训教程(高职)(占跃华) 24.00

SQL Server 2000应用基础与实训教程(高职) 22.00

Visual C++基础教程(郭文平) 29.00

面向对象程序设计与VC++实践(揣锦华) 22.00

面向对象程序设计与C++语言(第二版) 18.00

面向对象程序设计——JAVA(第二版) 32.00

Java 程序设计教程(曾令明) 23.00

JavaWeb 程序设计基础教程(高职) (李绪成) 25.00

Access 数据库应用技术(高职) (王趾成) 21.00

ASP.NET 程序设计与开发(高职)(眭碧霞) 23.00

XML 案例教程(高职)(眭碧霞) 24.00

JSP 程序设计实用案例教程(高职)(翁健红) 22.00

Web 应用开发技术：JSP(含光盘) 33.00

~~~~电子、电气工程及自动化类~~~~

电路(高赟) 26.00

电路分析基础(第三版)(张永瑞) 28.00

电路基础(高职)(孔凡东) 13.00

电子技术基础(中职)(蔡宪承) 24.00

模拟电子技术(高职)(郑学峰) 23.00

模拟电子技术(高职)(张凌云) 17.00

数字电子技术(高职)(江力) 22.00

数字电子技术(高职)(肖志锋) 13.00

数字电子技术(高职)(蒋卓勤) 15.00

数字电子技术及应用(高职)(张双琦) 21.00

高频电子技术(高职)(钟苏) 21.00

现代电子装联工艺基础(余国兴) 20.00

微电子制造工艺技术(高职)(肖国玲) 18.00
~~~~

Multisim电子电路仿真教程(高职)	22.00
电工基础(中职)(薛鉴章)	18.00
电工基础(高职)(郭宗智)	19.00
电子技能实训及制作(中职)(徐伟刚)	15.00
电工技能训练(中职)(林家祥)	24.00
电工技能实训基础(高职)(张仁醒)	14.00
电子测量技术(秦云)	30.00
电子测量技术(李希文)	28.00
电子测量仪器(高职)(吴生有)	14.00
模式识别原理与应用(李弼程)	25.00
信号与系统(第三版)(陈生潭)	44.00
信号与系统实验(MATLAB)(党宏社)	14.00
信号与系统分析(和卫星)	33.00
数字信号处理实验(MATLAB版)	26.00
DSP原理与应用实验(姜阳)	18.00
电气工程导论(贾文超)	18.00
电力系统的MATLAB/SIMULINK仿真及应用	29.00
传感器应用技术(高职)(王煜东)	27.00
传感器原理及应用(郭爱芳)	24.00
测试技术与传感器(罗志增)	19.00
传感器与信号调理技术(李希文)	29.00
传感器技术(杨帆)	27.00
传感器及实用检测技术(高职)(程军)	23.00
电子系统集成设计导论(李玉山)	33.00
现代能源与发电技术(邢运民)	28.00
神经网络(含光盘)(侯媛彬)	26.00
电磁场与电磁波(曹祥玉)	22.00
电磁波——传输·辐射·传播 (王一平)	26.00
电磁兼容原理与技术(何宏)	22.00
微波与卫星通信(李白萍)	15.00
微波技术及应用(张瑜)	20.00
嵌入式实时操作系统μC/OS-II教程(吴永忠)	28.00
音响技术(高职)(梁长垠)	25.00
现代音响与调音技术 (第二版) (王兴亮)	21.00

~~~~~~通信理论与技术类~~~~~~

专用集成电路设计基础教程(来新泉)	20.00
现代编码技术(曾凡鑫)	29.00
信息论、编码与密码学(田丽华)	36.00
信息论与编码(邓家先)	18.00
密码学基础(范九伦)	16.00
通信原理(高职)(丁龙刚)	14.00
通信原理(黄葆华)	25.00
通信电路(第二版)(沈伟慈)	21.00
通信系统原理教程(王兴亮)	31.00
通信系统与测量(梁俊)	34.00
扩频通信技术及应用(韦惠民)	26.00
通信线路工程(高职)	30.00
通信工程制图与概预算(高职)(杨光)	23.00
程控数字交换技术(刘振霞)	24.00
光纤通信技术与设备(高职)(杜庆波)	23.00
光纤通信技术(高职)(田国栋)	21.00
现代通信网概论(高职)(强世锦)	23.00
电信网络分析与设计(阳莉)	17.00

~~~~~仪器仪表及自动化类~~~~~

现代测控技术 (吕辉)	20.00
现代测试技术(何广军)	22.00
光学设计(刘钧)	22.00
工程光学(韩军)	36.00
测试技术基础 (李孟源)	15.00
测试系统技术(郭军)	14.00
电气控制技术(史军刚)	18.00
可编程序控制器应用技术(张发玉)	22.00
图像检测与处理技术(于殿泓)	18.00
自动检测技术(何金田)	26.00
自动显示技术与仪表(何金田)	26.00
电气控制基础与可编程控制器应用教程	24.00
DSP在现代测控技术中的应用(陈晓龙)	28.00
智能仪器工程设计(尚振东)	25.00
面向对象的测控系统软件设计(孟建军)	33.00
计量技术基础(李孟源)	14.00

~~~~~~自动控制、机械类~~~~~~

自动控制理论(吴晓燕)	34.00
自动控制原理(李素玲)	30.00
自动控制原理(第二版)(薛安克)	24.00
自动控制原理及其应用(高职)(温希东)	15.00
控制工程基础(王建平)	23.00
~~~~~~

现代控制理论基础(舒欣梅) 14.00
过程控制系统及工程(杨为民) 25.00
控制系统仿真(党宏社) 21.00
模糊控制技术(席爱民) 24.00
工程电动力学(修订版)(王一平)(研究生) 32.00
工程力学(张光伟) 21.00
工程力学(皮智谋)(高职) 12.00
理论力学(张功学) 26.00
材料力学(张功学) 27.00
材料成型工艺基础(刘建华) 25.00
工程材料及应用(汪传生) 31.00
工程材料与应用(戈晓岚) 19.00
工程实践训练(周桂莲) 16.00
工程实践训练基础(周桂莲) 18.00
工程制图(含习题集)(高职)(白福民) 33.00
工程制图(含习题集)(周明贵) 36.00
工程图学简明教程(含习题集)(尉朝闻) 28.00
现代设计方法(李思益) 21.00
液压与气压传动(刘军营) 34.00
先进制造技术(高职)(孙燕华) 16.00
机械原理多媒体教学系统(资料)(书配盘) 120.00
机械工程科技英语(程安宁) 15.00
机械设计基础(郑甲红) 27.00
机械设计基础(岳大鑫) 33.00
机械设计(王宁侠) 36.00
机械设计基础(张京辉)(高职) 24.00
机械基础(安美玲)(高职) 20.00
机械 CAD/CAM(葛友华) 20.00
机械 CAD/CAM(欧长劲) 21.00
机械 CAD/CAM 上机指导及练习教程(欧) 20.00
画法几何与机械制图(叶琳) 35.00
《画法几何与机械制图》习题集(邱龙辉) 22.00
机械制图(含习题集)(高职)(孙建东) 29.00
机械设备制造技术(高职)(柳青松) 33.00
机械制造基础(高职)(郑广花) 21.00

数控加工与编程(第二版)(高职)(詹华西) 23.00
数控加工工艺学(任同) 29.00
数控加工工艺(高职)(赵长旭) 24.00
数控加工工艺课程设计指导书(赵长旭) 12.00
数控加工编程与操作(高职)(刘虹) 15.00
数控机床与编程(高职)(饶军) 24.00
数控机床电气控制(高职)(姚勇刚) 21.00
数控应用专业英语(高职)(黄海) 17.00
机床电器与 PLC(高职)(李伟) 14.00
电机及拖动基础(高职)(孟宪芳) 17.00
电机与电气控制(高职)(冉文) 23.00
电机原理与维修(高职)(解建军) 20.00
供配电技术(高职)(杨洋) 25.00
金属切削与机床(高职)(聂建武) 22.00
模具制造技术(高职)(刘航) 24.00
模具设计(高职)(曾霞文) 18.00
冷冲压模具设计(高职)(刘庚武) 21.00
塑料成型模具设计(高职)(单小根) 37.00
液压传动技术(高职)(简引霞) 23.00
发动机构造与维修(高职)(王正键) 29.00
机动车辆保险与理赔实务(高职) 23.00
汽车典型电控系统结构与维修(李美娟) 31.00
汽车机械基础(高职)(娄万军) 29.00
汽车底盘结构与维修(高职)(张红伟) 28.00
汽车车身电气设备系统及附属电气设备(高职) 23.00
汽车单片机与车载网络技术(于万海) 20.00
汽车故障诊断技术(高职)(王秀贞) 19.00
汽车营销技术(高职)(孙华宪) 15.00
汽车使用性能与检测技术(高职)(郭彬) 22.00
汽车电工电子技术(高职)(黄建华) 22.00
汽车电气设备与维修(高职)(李春明) 25.00
汽车使用与技术管理(高职)(边伟) 25.00
汽车空调(高职)(李祥峰) 16.00
汽车概论(高职)(邓书涛) 20.00
现代汽车典型电控系统结构原理与故障诊断 25.00

欢迎来函索取本社书目和教材介绍！　通信地址：西安市太白南路 2 号　西安电子科技大学出版社发行部
邮政编码：710071　邮购业务电话：(029)88201467　传真电话：(029)88213675。